网站分析实战

如何以数据驱动决策，提升网站价值

王彦平　吴盛峰

编著

U0207643

电子工业出版社·
Publishing House of Electronics Industry
北京·BEIJING

内 容 简 介

目前，越来越多的网站开始重视数据，并期望从中发现新的机会。不管你是做网络营销、互联网产品设计、电子商务运营还是个人站点运营维护，我们都希望从数据中寻找有价值的结论，并且指导公司管理层的决策，最终创造更大的网站价值。

本书以通俗易懂的方式来讲解网站分析所需掌握的知识，剖析日常工作中遇到的问题，并且配合大量实战案例的讲解。

本书适合网站运营人员、网络营销人员（SEO、SEM、EDM）、网站产品经理和个人站长阅读，本书也适合计算机专业或者市场营销专业的学生自学。

图书在版编目（CIP）数据

网站分析实战：如何以数据驱动决策，提升网站价值 / 王彦平，吴盛峰编著. —北京：电子工业出版社，2013.1
ISBN 978-7-121-19312-5

Ⅰ. ①网…　Ⅱ. ①王…　②吴…　Ⅲ. ①网站—数据采集　Ⅳ. ①TP393.092

中国版本图书馆 CIP 数据核字（2012）第 310262 号

责任编辑：张月萍
特约编辑：张　冉
印　　刷：中国电影出版社印刷厂
装　　订：中国电影出版社印刷厂
出版发行：电子工业出版社
　　　　　北京市海淀区万寿路 173 信箱　邮编 100036
开　　本：787×980　1/16　印张：19.75　字数：442 千字
版　　次：2013 年 1 月第 1 版
印　　次：2021 年 3 月第 10 次印刷
定　　价：59.00 元

凡所购买电子工业出版社图书有缺损问题，请向购买书店调换。若书店售缺，请与本社发行部联系，联系及邮购电话：(010) 88254888，88258888。

质量投诉请发邮件至 zlts@phei.com.cn，盗版侵权举报请发邮件至 dbqq@phei.com.cn。

本书咨询联系方式：(010) 51260888-819，faq@phei.com.cn。

前　言

　　网站分析是一个全新的行业，网站的数据被越来越多地受到重视，大家都试图从数据中寻找有价值的结论。网站分析这个行业注定会不断地向前发展，并被更多的公司和管理人员所认可。目前，越来越多的公司试图通过数据驱动业务。在国外，近几年关于网站分析的工具层出不穷，无论是集成各种功能的，还是针对某个应用领域的；同时很多网站分析相关的书籍也渐渐丰富起来，让我们可以更系统地接受各种知识。相比国外，国内的网站分析工具和书籍相对较少，但很多专业人士都在进行着各种各样的实践和探索，努力地推动网站分析行业发展。作为网站分析的爱好者，我们将自己在这个行业中所掌握的知识、在日常工作中遇到的问题，以及积累的经验进行整理汇总，在这本书中与大家分享。如果本书的内容能让你有些许收获，解决工作中的一两个问题，那都将是我们最大的荣幸。

我们的写作目标

　　与网站数据分析一样，在进行写作之前我们也设定了一个目标。这个目标就是让读者了解什么是网站分析，以及网站分析的基本方法，并且能够按照分析需求熟练地使用Google Analytics获得所需的数据。

我们的写作方法

　　为了达到写作目标，我们以简单轻松的方式对网站分析的知识点进行了详细的讲解，并对每个知识点都进行了图片辅助说明。而对于需要实际操作的内容，书中更是详细描述了每个步骤的内容及注意事项。同时本书还提供了关键问题和小技巧的提示信息。

你能收获什么？

　　在本书中我们将主要分享以下问题及答案：
- ★　网站分析对于网站的价值是什么？
- ★　如何开始一次全面的网站分析？
- ★　如何成为一名网站分析师，需要哪些必备条件？

★ 网站分析工具中的数据准确吗？我们该如何看待这些数据？

★ 网站分析师最常使用的方法有哪些？

★ 网站结构设计合理吗，访问者路径可以告诉我们哪些信息？

★ SEO们如何通过页面排名和转换效果深入挖掘关键词价值？

★ 如何进一步提升和优化SEM的投资回报率？

★ 如何找出广告媒介流量中的作弊流量？

★ 如何为网站量身定制合适的KPI，如何制作一份可执行的网站分析报告？

★ 网站拥有怎样的用户，他们如何为网站带来价值？

本书的内容组织

本书共9章，由浅入深划分如下：

第1章 解密神奇的网站分析——网站分析的目的、流程及价值。具体阐述网站分析如何帮助网站完成业务目标，实现价值，以及网站分析的基本流程。

第2章 从这里开始学习网站分析——网站分析中的基础指标解释。重点讲解网站分析工具获取数据的方法和原理，并详细说明了指标的分类、计算方法和可能对指标产生影响的因素。

第3章 网站分析师的三板斧——网站分析常用方法。结合实例解剖网站分析师常用的3种分析方法：趋势分析、对比分析和细分分析。

第4章 网站流量那些事儿——网站流量分析。解答了常见的流量分类问题，并提供了多种辨虚假流量的方法，让我们在日常营销过程中更好地认识流量。

第5章 你的网站在偷懒吗——网站内容效率分析。通过页面价值和热力图分析等多种方法提供了页面内容价值的分析和评判方法，让我们更好地认识并且利用网站内容。

第6章 谁在使用我的网站——网站用户分析。如何通过数据分析了解网站用户的不同形态，通过分析用户行为评估用户的忠诚度和价值。

第7章 我们的目标是什么——网站目标与KPI。对于网站运营人员而言，建立起科学的KPI无疑是意义重大的，本章就是具体说明网站分析KPI的创建、KPI标准的选择。

第8章 深入追踪网站的访问者——路径与转化分析。不管是网站营销、产品设计还是运营人员，都需要将转化率和收益直接关联起来，而网站分析中的漏斗模型以及基于内容组的访问者路径分析方法能够提供最直接的帮助。

第9章 从新手到专家——网站分析高级应用。本章讲解了网站分析工具Google Analytics的高级应用，以及如何通过数据分析和数据挖掘的方法有效地进行内容推荐，为个性化推荐的应用提供必要的支撑。

本书的读者

本书中的内容并不复杂，任何对网站分析感兴趣的朋友都可以来阅读，并且可以通过在免费的Google Analytics工具中的操作和实践快速掌握书中的知识。当然我们强烈推荐以下相关行业的朋友们阅读：

- ★ 网站运营人员：本书将帮助你快速创建网站分析KPI，有效促进网站目标达成，同时还将分享多种区分虚假流量的方法。
- ★ 搜索引擎优化（SEO）人员：本书提供了一个根据关键词在搜索引擎页面排名挖掘SEO有价值关键词的方法。
- ★ 搜索引擎营销（SEM）人员：本书剖析如何区分付费关键词和免费关键词的方法，同时也为你提供了提升SEM投资回报率的技巧。
- ★ 网站EDM负责人：本书提供了创建EDM点击热区图的方法，帮助了解访问者对EDM内容的偏爱，让EDM的设计更有针对性。
- ★ 网站产品经理：本书介绍了网站内容分析的方法，包括页面参与度分析、页面热区图分析、漏洞模型分析和路径分析等，帮助你了解产品和页面在转化过程中的表现。
- ★ 个人站长：本书详细讲解了Google Analytics的使用方法、指标的定义和计算方法。

致谢

写书是一件非常熬人的工作，庆幸的是我们得到了很多朋友的支持和鼓励。没有你们的支持和鼓励，我们无法完成这项工作。

感谢成都道然科技有限责任公司@长颈鹿27先生耐心而专业的指导，以及在整个写作过程中对我们的支持和帮助。感谢参与本书优化的朋友：王斌、李伟、张强林、万雷、李平、王晓、景小燕、余松。感谢插画师王馨的辛勤劳动。

感谢为本书撰写推荐的朋友们：陈歆、陈雪原、程远宾、邓凯、宫鑫、洪健飞、纪杨、卢松松、彭永东、邱南奇、@SEM在中国、宋星、天岸、张晓磊、郑海平。他们在百忙之中抽出时间阅读书稿，并提出了很多专业及宝贵的意见。

最后，感谢我们的家人，没有他们的支持和默默付出，我们同样无法完成这项工作。

与作者联系：

新浪微博：@蓝鲸碎碎念　@joeghwu
王彦平博客：http://bluewhale.cc
吴盛峰博客：http://webdataanalysis.net

与策划者联系：

邮箱：yaoxinjun@dozan.cn
新浪微博：@长颈鹿27
配套网站：www.dozan.cn

业内人士的推荐（排名不分先后，以姓氏拼音排序）

此书是我读过的内容最丰富、最具有实用价值的网站分析教程，是近几年网站分析领域不可多得的好书。作者通过生动的语言、详实的案例，毫无保留地将多年使用Google Analytics进行网站分析的宝贵经验在书中进行了归纳和总结，相信广大读者读后都会与我一样，感觉受益匪浅。

陈歆，中国联通电子商务部

在大数据时代的当下，网站分析已成为网站运营和互联网营销从业者的必备知识。本书作者用平实的语言，由浅入深且细致地讲解了网站分析的基础知识及方法论，并采用问答的方式，给出了丰富的网站分析实战案例，可谓国内少有的网站分析入门书，非常值得网站分析初学者和互联网从业者学习和研究。

陈雪原，好耶集团，系统产品部执行总监
@雪原，http://weibo.com/u/1647263272

不管你是做产品还是运营人员，数据分析都是件非常有意义，且充满乐趣和挑战的事，依据数据分析进行产品调整会带来持续的产品优化动力和成功感，不断挖掘出分析者和网站的潜在价值。数据分析是一种技能，分析工具是达到目标的手段，两位作者能结合真实案例介绍一些重要的网站数据指标的应用，以及如何通过分析工具Google Analytics获取数据，对网站优化工作十分有用，感谢两位作者的分享！

程远宾，穷游网（www.qyer.com），产品副总裁

数据的魅力在于解读，解读的魔力来源业务，网站分析的灵魂在于思路。面对浩瀚的网站数据，我们如何将其转化为上乘的业务心法，这需要我们不断从本书去领悟、学习作者的分析思路和视角，相信您会有很大的收获！

邓凯，数据挖掘与数据分析博主，资深数据分析师
@数据挖掘与数据分析，http://weibo.com/302072223

很荣幸成为这本书首批读者中的一员，对于一个看惯了翻译书的从业者来说，能拿到一本国人写的优秀的网站分析图书，精神一振。网站分析是门相对晦涩的学科，但本书读起来让人很轻松，两位作者流畅的文笔和丰富的案例点缀让整个阅读学习的过程变得有趣。另外，两位作者一贯的严谨认真也在书中有充分体现，许多问题都讲得透彻不留死角。相信不用多久，它会成为网站分析领域从业人员必备的一本教科书。

宫鑫，品众互动，首席优化师

网站分析是非常成熟的分析领域，难得的是，本书仍然给我很多惊喜：一是对指标的解读不是大而全，而是精当而实战；二是提炼了一些实用分析模型，可以有效实操。两位作者在这一领域浸淫多年，积累深厚，诸多真知灼见，郑重地推荐给大家！

洪健飞，沃尔玛（中国）电子商务有限公司，BI副总监

任何领域的学习和掌握都可以分为：初学者、熟练用户、专家。熟练用户掌握手头工作需要的知识，知道如何尽快地完成任务。专家则是那种很自然地把事情做好，并能够深入浅出地向别人讲解清楚的人，这不仅需要熟悉工具，还需要良好的理论知识积累。

本书在数据仓库、数据挖掘、统计学、网站分析度量等方面有细致的讲解，在阅读的过程中你会不知不觉地学习和掌握网站分析的基础知识，并以此为起点，完善你的网站分析知识体系。此外，如果你想深入理解Google Analytics，用Google Analytics解决实际问题，同时提出自己独到的见解，如果你还希望全面地理解和掌握Google Analytics的相关功能，并应用到自己的业务分析上，那就应该多看本书，本书不仅有学习方法也有分析思路。

本书是来自一线实践者的心得与总结，是理论与实践的结合。希望通过这本书，解答你的困惑，并指导你更好地开始自己的网站分析工作。

纪杨，沪江网，首席数据分析师 & 资深开发工程师
博客：jiyang.me

这本书是近年来我读过的最有价值的工具书了，网站数据分析是站长、营销人员、SEO、产品经理必备技能之一，特别适合这类人阅读。这本书显然有资格成为"数据分析"的教材，非常适合精读，书中涉及许多技术细节，都是值得大家融会贯通的。内容全面、由浅入深是我对这本书的第一印象，本书结合大量案例、数据、用户的分析，让我受益匪浅。

卢松松，http://lusongsong.com，知名独立博主

网站数据分析的终极目标就是为了解决网站存在的问题，并带来综合绩效的提升。网站分析不仅仅需要掌握GA等分析工具，更为核心的是对其分析原理和分析思路的领悟和使用。在本书中，作者对自己多年数据分析的实践经验进行总结，并将网站分析领域所涉及的内容划分为若干领域，以解决网站产品和运营过程中存在的具体问题，并结合大量实际发生的案例娓娓道来。本书将数据分析原理、思路和工具进行了恰到好处的融合，可谓网站分析领域不可多得的一部经典之作。

彭永东，原IBM全球咨询事业部高级咨询顾问，现链家地产副总经理
@链家彭永东 http://weibo.com/pengyd

一个优秀的网站运营人员应该读一读，书中包含许多生动的案例，如提高用户忠诚度、了解访问者需求、增加商品转换率等运营技巧，这些案例让我们在日常网站分析中的工作变得有章可循。会看数据、懂数据、用好数据是网站分析的根基之一，会看、能懂、用好，是成为一个优秀的运营人员必备的条件之一！

邱南奇，京东商城，SEO负责人

我在SEM行业的这几年中，感触颇多的就是发现不同网站对于转化率具有非常大的影响。同样的流量导入同行业不同的网站具有几倍甚至几十倍转化率的差距。为了提高营销的投资回报率，最后我的工作中心甚至转移到Landing Page的设计、网站转化步骤的设计工作当中。所以网站分析对于企业营销具有莫大作用。本书对网站分析内容写得非常"干"、也非常细节，一看就是作者多年实战经验的积累，值得一读。

@SEM在中国，http://weibo.com/conversion

系统性论述网站分析方法的一本可读性非常强的诚意之作——不仅让我们学习基础，更能够启发我们的思维，并且还与真实的商业实践很好地结合在一起，非常值得对网站分析感兴趣的朋友和从业者认真研读。

宋星，网站分析在中国（www.chinawebanalytics.cn），创始人

蓝鲸是国内首屈一指的Google Analytics专家，而Joeph则擅长通过数据建模解决实际问题，两人都有丰富的工作和写作经验。很高兴看到他们合作为WA领域再添一本著作，并荣幸地提前阅读了部分章节。本书别出心裁地以一个个问题为引线，以目的为导向，以业务逻辑为思路，以分析方法为体，以Google Analytics和数据挖掘技术为用，深入浅出、详实条理地总结了网站分析在实际工作中的应用方法，行文流畅，示例图表丰富，很适合初级学者深入系统学习网站分析和中级分析师解惑。

天岸，Twippo法国华人时尚媒体社区创始人，原奥美巴黎分部网站分析师

有些书是用来"读"的，有些书是拿来"用"的。稍微用心读完此书，就将得到调理网站的上好"利器"。书中内容与现实需要紧密结合，深入浅出，值得所有数据分析人员阅读、使用。让我们一起追寻数据背后的缘由和事事洞明后的愉悦。

张晓磊，前线网络客户总监

@首席原住民，http://www.weibo.com/yuanzhumin

作者一直至于力网站分析前沿的一些工作，尤其是对Google Analytics有非常深入的研究。很多读者，包括我都从他们的文章中学到了非常多的知识。这本网站分析与产品结合的书，又进一步将网站分析实践拓展到了电子商务与互联网产品的领域，相信一定能让大家获益匪浅！

郑海平，今夜酒店特价创始人之一，《精通Web Analytics 2.0》译者

目　录

第 1 章

解密神奇的网站分析——
网站分析的目的、流程及价值

网站分析是一个全新的行业，很多人并不知道网站分析能为网站做些什么，大家经常会有这样那样的疑问，网站分析是干什么的？都分析哪些内容？为什么要对网站进行分析？这能带来什么价值？

因此，在开始工作之前，我们需要对网站分析的工作内容进行简单的介绍，并帮助大家了解网站分析可以为业务带来的价值和改变。在了解完这些内容之后，也许你会很希望成为一名网站分析师呢。

下面是一位新入职的网站分析师收到的运营总监发来的邮件，要求介绍一下网站分析的具体工作内容和对各部门的作用。让我们来看下他是如何回答这些问题并介绍自己的工作的。

> Mr. WA，你好：
>
> 欢迎加入我们的团队，希望你在正式开始工作前能先与公司各部门进行简单沟通，介绍一下网站分析的工作内容，以及数据可以为他们及网站带来的变化和价值。
>
> 现在我最关注的是营销推广这个部门，他们的工作非常努力，但我却看不到任何的效果改善，我看重的不只是流量的多少，而是它能为网站带来多少收入。但现在我担心营销推广部门在向错误的方向努力，并且没有意识到这个问题的严重性。同时我也怀疑是否因为网站页面的设计问题掩盖了流量的效果。但这些都只是我的猜测，我希望能与他们进行沟通，解决这些问题。当然优化流量和改善页面并不是你的直接工作，但你必须为他们提供分析和建议，尽快在公司中形成数据氛围，保证各个部门向着同一个目标前进。

在这封邮件中，运营总监很希望让公司的各个部门了解数据和分析对于网站的重要性，同时，他遇到了一个棘手的问题：网站的流量无法创造更多的收入。而运营总监心里已经对这个问题有了初步的分析和判断，需要网站分析师通过具体的数据和分析找出问题并给出改善建议。最后他希望在公司中统一标准，尽快形成以数据说话的氛围。

网站分析师决定与各个部门进行一次网站分析基本方法的介绍，以自问自答的方式通俗易懂地介绍自己的工作内容，同时针对网站流量和页面介绍一些深入的分析方法，并为营销推广部门和产品部门提出一些可行的工作建议。

1.1 为什么要对网站进行分析

首先，网站分析师问一个所有人都想问的问题：为什么要对网站进行分析？或者说得更直接一些，我们为什么需要你？你能为我们带来什么价值？网站分析并不是所有网站的标准配置，很多网站都没有进行这项工作，但是他们依然存在，甚至很赚钱。那么我们为什么需要网站分析呢?

　　在回答这个问题之前,网站分析师首先反问了一个问题,我们的网站为什么会存在? 如图1-1所示。如果不了解自己网站存在的目的,那么我们也不需要对网站进行分析,因为网站分析不会带来任何价值,它充其量只是提供一堆零散的指标和数据,不会有任何实质性的改进建议。网站分析师和街头算命先生的本质区别在于,我们没有未卜先知的能力。在进行数据分析之前,我们需要明确可衡量的网站目标!

图1-1　我们的网站为什么存在

　　每个网站都有自己存在的目的和意义。除政府和公益类网站之外,大部分网站存在的目的都是为了产生货币收入,说白了就是要赚钱。无论是以直接的方式在线销售产品,还是以间接的方式收集客户信息或产生销售线索,网站存在的根本目的都是为了赚钱,当然这也是网站的最终目标!

　　明确了网站目标后,网站分析师环顾了一下四周,继续发问:网站的目标确定了,我们如何来实现这个目标呢? 赚钱是一个很大、很复杂的目标,这个目标基本无法通过某个人或某一个部门的力量来完成。因此,我们需要对这个大目标进行分解,形成很多小的目标和可以执行的动作,如图1-2所示。就像减肥一样,每天嘴上喊着减肥并不能降低体重,而是要将减肥这个大目标分解成很多小目标,如三个月后的体重、半年后的体重和一年后的体重。为了实现这些小的目标,还需要将它们继续分解为可以执行的动作,如调整饮食、体育锻炼等。这里每一个可以执行的动作的效果都会影响到小目标的完成,而每个阶段小目标的表现都会最终影响大目标的表现。

图1-2　如何完成网站的目标

　　对于网站的目标也是如此。那么这些小的目标表现如何呢? 我们对这些小目标采取的举措是否有效呢? 我们需要对每个执行动作和小目标的表现进行有效的度量,并且不断地优化这些小目

3

标的表现，来确保网站大目标的完成。这就像网站分析领域中一句名言描述的一样，如果你无法度量它，那么你就不能改进它。网站分析对网站的作用就是通过对每一个可执行的动作以及小目标的度量和改进，持续促进网站大目标的达成。

1.2 网站分析是什么

了解为什么需要网站分析之后，网站分析师又问了第二个问题：网站分析是什么？

网站分析涉及的内容非常广泛，由很多部分组成，如图1-3所示，每个部分都可以作为一个单独的分析项目。

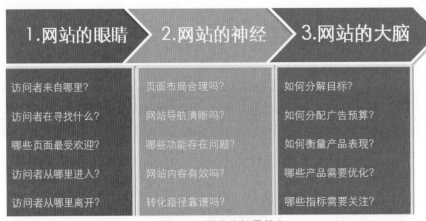

图1-3 网站分析是什么

这里我们做一个形象的比喻来帮助你理解什么是网站分析，如果我们将网站看成一个人，那么：

★ 首先，网站分析是网站的眼睛。它帮你看清网站里发生了什么事情、访问者来自哪里、他们在网站中寻找什么、网站中哪些信息最受欢迎，等等。这是从网站营销的角度看到的网站分析。在这部分中，网站分析的主要对象是访问者，访问者在网站中的行为以及不同流量渠道之间的关系。

★ 其次，网站分析是整个网站的神经系统。它让你了解网站的健康状况，网站页面的表现如何、哪个功能出现了问题、哪里需要进行调整、页面布局是否合理、导航是否清晰等等。这是从产品和架构的角度看到的网站分析。在这部分中，网站分析的主要分析对象是网站的逻辑和结构，网站的导航结构是否合理，注册及购买的逻辑流程是否顺畅。

★ 最后，网站分析是网站的大脑。它让我们在完成目标的过程中合理分配资源和预算，并通过优化不断提高网站的表现，这是从网站运营的角度出发的。在这部分中，网站分析的主要分析对象是投资回报率（ROI）。也就是说，在现有的情况下，如何合理地分配预算和资源以完成网站的目标。

1.3　如何进行网站分析

了解了为什么需要网站分析，以及网站分析是什么之后。网站分析师开始介绍日常的工作内容和流量以及产品的分析思路。如何对网站进行分析？分析哪些内容？

网站分析的整个过程是一个金字塔的结构。如图1-4所示，金字塔的顶部是网站的目标：投资回报率（ROI）。

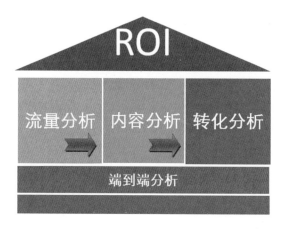

图1-4　网站分析的金字塔模型

要达到这个目标，首先需要有访问者，所以第一部分是网站的流量分析。其次，我们要针对访问者的需求，有效地展示我们的内容、商品和信息，并且让客户喜欢这些内容。因此，第二部分要对网站的内容进行分析。内容分析涵盖的范围比较广，包括导航分析、页面质量分析等。最后，也是最关键的部分，要让访问者转化为客户，购买我们的信息和商品。只有访问者完成了最后的转化，我们才能完成网站的最终目标。因此，要对网站的转化进行分析。最后，每一个问题都不是单一的原因引起的，每一个分析也都不是孤立存在的，因此我们还需要串联整个访问和购买过程，对网站进行端到端的分析。下面就来逐一说明每一部分的分析方法和要分析的内容。

1.3.1　网站流量质量分析

首先是流量质量的分析，如图1-5所示。流量对于每个网站来说都很重要，但流量并不是越多越好，我们应该更加看重流量的质量，换句话说就是流量可以为我们带来多少收入。

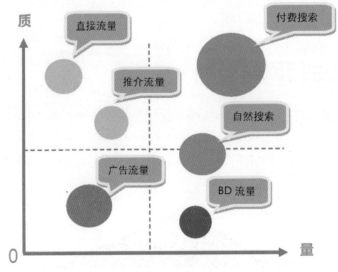

图1-5　网站流量质量分析

在流量目标下我们该如何分析网站的流量呢？我们首先按照质和量两个维度来衡量流量的表现。在上面的图中X轴代表量，指网站获得的访问量。Y轴代表质，指可以促进网站目标的事件次数（例如商品浏览、注册、购买等行为）。将流量按照它们在这两个维度上的表现展示在坐标轴上，不同的流量出现在了不同的位置上。这里圆圈的大小代表获得流量的成本。现在我们用虚线将流量划分到四个象限中。

★　第一象限的流量：质高量高。这是网站的核心流量，对于这部分流量保持即可。建议降低获取流量的成本。

★　第二象限的流量：质高量低。这部分流量是网站的忠诚用户，它们有很高的质，但数量较少。建议提高这部分流量的数量。

★　第三象限的流量：量还可以但质较低，并且获取流量的成本也比较高。可以直接砍掉这部分流量吗？我们后面进行说明。

★　第四象限的流量：量高质低。对于这部分流量要提高质。如何提高这部分流量的质量呢？我们建议使用细分的方法。

1.3.2　网站流量多维度细分

什么是细分呢？细分是在流量分析时最常用的方法，通常也是最有效的方法。细分是指通过不同维度对指标进行分割，查看同一个指标在不同维度下的表现，进而找出有问题的那部分指标，对这部分指标进行优化。图1-6展示了一个流量细分的示意图。

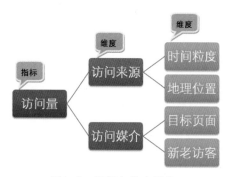

图1-6　指标多维度细分

指标是访问量，就是我们常说的流量。在来源维度、媒介维度、时间维度、位置维度等维度下，我们可以对访问量进行单独或者重叠的多维度细分。对于前面第四象限中的流量，细分就是一个很好的方法。通过细分我们可以发现流量中存在问题的那一部分，例如，某个流量来源、某个城市地区或者使用某一种浏览器的访问者，并加以解决。

Tips

细分是每个网站分析工具的标准功能，不需要复杂的操作和设置。如在Google Analytics中，你可以通过选择维度轻松对流量和内容进行细分。这部分内容将在后面的章节中详细介绍。

1.3.3　网站流量重合度分析

再来看看不同流量渠道之间的关系问题。还记得前面的象限图吗？我们曾留下一个问题：第三象限质较低的流量如何处理？是否可以直接砍掉？答案是不能。为什么呢？来看看图1-7所示。

图1-7　网站不同流量渠道重合度

因为访问者在整个购买过程中会穿梭于多个不同的流量渠道，他们使用不同的查询方式对信息和商品进行查询，对比并做出决策。并且越是价值高的商品，访问者需要的信息越多，决策时间越长。而每个渠道在访问者的转化过程中也会扮演不同的角色。有些渠道吸引注意，树立品牌形象。例如门户网站的Banner广告，有些提供精准信息，像搜索引擎广告，而有些帮助访问者进行决策，像比价和评论。因此，我们在处理前面的问题时，对于质比较差的第三象限流量渠道需要分析这个渠道与其他渠道间的关系，也就是渠道间的访问者重合度，以及这个渠道在整个转化过程中扮演的角色。这里我们可以看到，广告活动、付费搜索和直接流量之间有明显的重合。直接砍掉广告活动流量或者降低广告投放都有可能会影响另外两个渠道的表现。

Tips

不同流量渠道之间的关系，以及访问者在做出决策前对渠道的使用方式情况，可以在Google Analytics中的多渠道转化路径中查看。

1.3.4 网站内容及导航分析

以上是网站流量部分。下面继续来看如何对网站的产品进行分析，也就是网站内容分析。首先来看如何通过网站导航分析寻找诡异的访问行为。

对于所有的网站来说，页面都可以被划分为三个类别，即导航页、功能页和内容页。首页和列表页都是典型的导航页，站内搜索页面、注册表单页面和购物车页面都是典型的功能页，而产品详情页、新闻和文章页都是典型的内容页。导航页的目的是引导访问者找到信息，功能页的目的是帮助访问者完成特定任务，内容页的目的是向访问者展示信息并帮助访问者进行决策。以上三类页面共同组成了网站的整体页面结构。

图1-8是一个简单的网站结构示意图。顶部是首页部分，第二行是列表页，第三行是详情页。

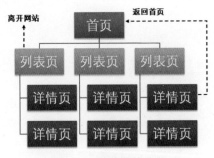

图1-8 网站导航分析

在这种结构的网站中，我们分析时主要寻找两类诡异的行为。一类是访问者在导航类页面中途离开，另一类是访问者从内容类页面重新返回导航类页面。这两类行为不符合我们对网站导航架构的设计初衷，都是我们不希望看到的行为。下面就来逐一说明这两类行为中存在的问题。

★ 在第一个问题中，访问者从导航类页面（首页）进入，在还没有看到内容类页面（详情页）之前从导航类页面（列表页）离开网站。在这次访问中，访问者并没有完成任务，导航类页面也没有将访问者带入到内容类页面（详情页）中。因此，我们需要分析导航类页面（列表页）造成访问者中途离开的原因。

★ 在第二个问题中，访问者从导航类页面（首页或列表页）进入网站，从内容类页面（详情页）返回到导航类页面（首页）。看似是访问者在这次访问中完成了任务（如果浏览内容页就是这个网站的最终目标的话），但其实访问者返回首页是在开始一次新的导航或任务。除非新的任务与目标的任务毫不相关或者数量很少，否则我们也应该分析内容页最初的设计，并考虑在内容类页面提供交叉的信息推荐。

前面介绍了网站导航的分析过程。下面来介绍如何对页面质量进行分析。如何判断一个页面的质量的好坏呢？如图1-9所示，对于导航类页面来说，最简单的方法是检查访问者从这个页面到下一个页面的分流情况。

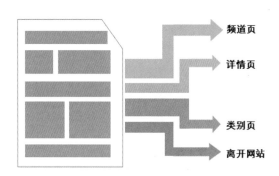

图1-9　网站页面效率分析

流量的去向是否符合我们最初的设计思路和逻辑，是否能将访问者带到促进目标达成的关键页面。如果答案是肯定的，那么这个页面就是OK的。当然，你可能会说，在现实中访问者并不会这么听话，导航类页面的设计也没有这么简单。是的，这只是一个最基本的页面分析思路，现实中的导航页面往往会兼顾很多任务。因此，我们还要对访问者进行分类，对不同页面位置及流量去向分配权重。

在上面的导航类页面分流的例子中，目标明确的访问者会直接流向详情页，浏览及寻找信息的访问者会流向不同的频道页或类别页。这三个流向对于导航页来说都是没有问题的，只是完成转化的不同路径。而离开网站很明显是有问题的流向，是需要通过对导航页进行优化来避免的。

1.3.5　网站转化及漏斗分析

最后，我们来看看转化分析。转化分析也属于产品的一部分。因为转化渠道与前面的导航页面很像，区别在于转化渠道通常是一个目标非常明确的封闭渠道。在这个渠道中我们希望访问者一路向前，不要回头也不要离开，直到完成转化目标。

对于转化渠道，我们主要进行两部分的分析，分别是访问者的流失和迷失。下面先来看第一部分：转化过程中的阻力与流失，如图1-10所示。转化的阻力是造成访问者流失的主要原因之一，这里的阻力包括错误的设计和错误的引导。

图1-10　转化中的阻力与流失

错误的设计包括访问者在转化过程中找不到下一步操作的按钮，无法确认订单信息，或无法完成支付等，这些情况都属于错误的设计。而在访问者的支付过程中提供很多离开渠道的链接，如不恰当的商品或活动推荐、对支付环节中专业名词的解释、帮助信息等内容都属于错误的引导。转化渠道分析的第二部分是访问者的迷失，如图1-11所示。

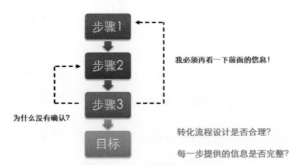

图1-11　转化路径中的迷失

造成迷失的主要原因是转化流量设计不合理。访问者得不到需要的信息，并且不能根据现有的信息做出决策。这里有一个例子，我在某票务网站购买演出票，直到支付时也没有看到在线选座的提示，这让我无法确认购买的演出票是否合适，同时担心在前面的流程中错过了在线选座的操作，不得不停止支付操作，再次返回前面的页面查看。最终通过电话客服了解到他们有两条转化路径，其中的一条转化路径包含在线选座的操作。

Tips

Google Analytics中的渠道可视化报告和目标流报告提供访问者在转化渠道中的行为数据。

1.4 网站分析为什么很重要

前面我们分别介绍了流量分析、内容分析和转化路径分析，下面让我们来继续后面的内容。网站分析为什么很重要？

如图1-12所示，首先来做个假设，如果你的网站直接为你创造货币价值，那么计算一下：网站的转化率每提高1%会对你的收入产生什么样的影响？提高1%对你的网站来说意味着多少个访问者？获得这些访问者的成本有多少？这些访问者可以带来的收入有多少？先来看网站分析中的经典漏斗模型，如图1-13所示。

图1-12 转化率的影响

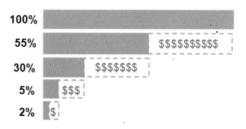

图1-13 转化率漏斗模型

100%的访问者进入网站，45%的访问者离开网站，这些访问者没有机会转化为客户为你带来收入，同时你花费在他们身上的广告费也打水漂了。只剩下55%的访问者继续前进，在下一级页面，因为导航设计问题，又有25%的访问者离开网站，你失去了这部分访问者的订单，同时再一次浪费了广告费。继续前进，因为页面内容问题，转化渠道阻力及流失问题，不断有访问者离开网站。最终只有2%的访问者成功下单支付，完成了网站的目标。而在这整个过程中你损失了98%的访问者和这些访问者可能产生的收入，以及为了获取这些访问者而支付的广告费。在这个漏斗模型中，要增加最终的收入有两个方法：

11

1. 获得更多的访问者，当然，购买访问者是需要花钱的，并且你依然在浪费广告费，这并不能让你获得更多的收入；

2. 提升每一步的转化率，降低访问者的流失比例。

转化率提升1%意味着什么？这意味着降低客户获取成本和增加潜在收入。其中：

$$降低客户成本 = \frac{成本 \div 访问者 \times 转化率 - 成本 \div 访问者 \times （转化率+1\%）}{成本 \div 访问者 \times 转化率} \times 100\%$$

$$增加潜在收入 = \frac{访问者 \times （转化率+1\%） \times 客单价}{访问者 \times 转化率 \times 客单价}$$

现在，再来看一下1%对于网站来说到底意味着什么？转化率的提高意味着购买流量的钱变得更有效，每个客户的获取成本更低。同时，新增的客户产生了更多的订单，进而创造了更多的收入。转化率提升1%对于网站来说是一个长期的、稳定的，并且可以不断累加的效果。

1.5 网站分析带来的价值及改变

再来看看网站分析对于网站及业务的价值是什么。先来回顾前面的内容，网站的目的是为了获得更多的收入，要完成这个目标需要很多的子目标。

首先，需要合格并且有质量的流量来访问网站，因此我们对网站的流量进行了分析，找出最优质的那部分流量，同时细分了表现较差的流量，并且看清了不同渠道流量之间的关系。

其次，需要有清晰的导航结构将访问者带到他们感兴趣的内容页面上、而提供的信息也必须符合访问者的需求。因此我们对网站的内容进行了分类，分别对导航类页面、功能类页面和内容类页面进行了分析，并检查了访问者的访问路径，找出了诡异的访问行为。

最后，要让访问者顺利完成目标。这里的目标主要指网站的目标，因此我们在转化流程中为每个子目标提供准确的指标度量，并通过分析找出其中存在问题的环节进行优化和改善。

通过以上三部分工作，网站分析最终可以带来的价值和改变就是提高网站的投资回报率（ROI），并且通过准确度量每个子目标的表现，以及持续的改进和优化来驱动网站目标达成！而这些也是网站分析师的价值，如图1-14所示。最后再来介绍一下网站分析的基本流程。

提高ROI

驱动目标达成！

图1-14 提供ROI渠道目标达成

1.6　网站分析的基本流程

网站分析虽然不是一项很复杂的工作或很庞大的工程，但也不能以简单草率的态度对待，没有规范的分析流程容易使最后的结果逻辑混乱或偏离原来的主题，所以一套规范的流程能够使网站分析更加清晰和有效。

网站分析其实就是一个发现问题、分析问题和解决问题的过程。问题的发现可以来源于多方面：网站运营中遇到的问题、用户的反馈和抱怨、日常统计数据的表现异常等；分析问题的过程就是根据遇到的问题运用合理的方法对其进行解释；而最后的解决问题则是最为关键的一点，也是目前最被忽视的一点，目前的网站分析工作往往在找到问题后无法落实到寻求最优的解决方案并执行和解决问题这一点上，即使采取了相应的措施也无法进行持续的反馈，并从根本上解决问题，很多只是针对一时的举措，而解决问题的过程恰好是最能体现公司执行力的时候，如果没有最终解决问题或实现优化，那么网站分析就没有丝毫的价值。

随着互联网的不断发展成熟，网站的发展趋势将更加规范化、精细化，更加注重用户体验，今后的网站建设很重要的一点就是网站的质量管理，所以这里就借用质量管理里面的六西格玛中的DMAIC循环来梳理一下网站数据分析的流程，DMAIC是PDCA质量环的改进，这里将其核心设置为"用户体验"，因为不同网站会有不同的目标，而提高"用户体验"则是所有网站的共同目标。

正如图1-15所示，基于DMAIC循环，网站分析的流程也可以用这5步来实现。

图1-15　网站分析基本流程

1.6.1　定义（Define）

原意是识别和确定用户需求，定义任务的目标和意义。对于网站数据分析来说，可以表述为确定这次分析所针对的问题是什么，分析最终需要达到何种目的，对网站有何实际的意义，同时需要确定分析的范围，以及规划本次分析工作的进度和质量控制。

1.6.2　测量（Measure）

原意是收集数据，量化分析。对于网站数据分析来说，同样也是一个收集和获取数据的过程，尽量获得完整、真实、准确的数据，做好数据的预处理工作，以便分析工作的开展。

1.6.3　分析（Analyze）

原意是使用数据统计和分析的方法找到问题的本质。分析不只是对数据的简单统计描述，其结果不应该是一张报表或图表这么简单，分析的本质应该是从表面的数据中找到问题的本质，最后需要第一步针对的问题进行归纳和总结。同时需要注意的是，分析要紧跟"定义"，不能偏离问题的范围和本质。

1.6.4　改进（Improve）

原意是找到最优的解决方案，使问题得到解决或使问题的负面影响降到最低。个人认为这一步是最为关键的一步，也是目前很多网站分析工作中容易被忽视的一步，很多网站分析只呈现结果，缺少解决问题的方案，这就相当于找到了管道的漏水点却任由其漏水而不进行处理，任何不付诸实践的分析结果都是废纸，毫无意义。这一步也是最考验网站执行力的一个步骤。

1.6.5　控制（Control）

原意是监控改进的结果，使相同问题不再重现。这一步也是目前很容易被忽略的一步，很多改进方案实施之后根本不会再去关注反馈情况，而有些改进方案治标不治本，就像网站的访问量无法通过一两次的推广活动得到本质上的提升，关键还在于网站本身的质量，推广活动可能让数据在短期内获得提升，但想要保持长期增长还需要不断地优化和改进。所以"控制"要的是持续的反馈和监控，并不断寻找能从最根本上解决问题的最优方案。

所以，网站建设是一个循序渐进的过程，很多网站数据分析也是长期不断地监视、跟踪并改进，而DMAIC循环也正体现了这个概念，通过持续的网站分析来提高网站质量，提高用户体验。

1.7　我能成为网站分析师吗

在与网站中的各部门分享了网站分析的作用和价值后，网站分析师又接到了几封来自营销推广部门的邮件。这些邮件来自之前参加会议的几个同事，他们表达了对网站分析的兴趣，并询问如何能够成为一名网站分析师。

Mr. WA，你好：

　　听完你的介绍后，我感觉网站分析并不像之前想象的那么神秘了，它和我之前的认识也不一样，不是每天陷在数字中，而是需要综合地运用自己的经验和现有的数据对问题进行推理、假设和判断。这看上去没有那么枯燥，同时，工作也变得很有意思了。我现在对网站分析非常感兴趣。请问如何才能成为一名网站分析师呢？需要我掌握哪些知识和编程技术呢？

　　会议结束后能收到这样的邮件，说明我们对网站分析的工作介绍是成功的。最起码很多人都听懂网站分析的工作内容，并且还产生了浓厚的兴趣，而兴趣也是学习网站分析最基本的要求。学习网站分析本身并不是一件困难的事情，在学习网站分析的过程中你可能需要了解很多相关领域的知识，这里既包括业务方法的知识，比如网站的业务模式，使用的推广手段等，也包括技术方面的知识，比如JS和HTML的基本知识。但对比来看，我认为这些都不重要，即使你没有任何技术背景。这里唯一的要求是学习的兴趣和一点点敢于犯错误的勇气。有了这两点，在学习网站分析的过程中，你就已经有一个很好的开始了。

1.7.1　网站分析行业概况

　　网站分析在全世界范围内都是一个全新的行业，在学习网站分析之前，先让我们了解下这个行业的基本概况，以及潜在的机会。

　　根据美国网站分析协会统计，网站分析在一个公司中最主要的几项作用是：为网站改版收集数据和信息，为未来的活动进行效果预测，确定广告创意并进行测试，以及为商业目标规划营销预算。在网站分析工具的使用方面，有近一半的分析师在使用两种以上的网站分析解决方案。

　　而对于网站分析师来说，近一半的人从业时间少于3年，他们希望在Web 2.0，目标和细分领域以及A/B测试和多变量测试领域获得提高。

　　以上的数据说明，网站分析是一个全新的行业，与美国的数据相比，中国的网站分析行业更是方兴未艾，而现在开始学习并尝试进入网站分析领域时机恰到好处。

1.7.2　兴趣和一个免费的分析工具

　　兴趣是学习网站分析的关键。网站分析在开始的阶段并不算难，但绝对是一个枯燥的过程。

你需要理解和记住很多不同维度下的基础指标，以及它们的计算方法。而在实际操作中初级的网站分析师还会面对大量的基础数据。而所有这些都需要你对网站分析有强烈的兴趣。现在请再次确认一下你对网站分析是否有足够的兴趣呢？如果此时此刻，你已经没有兴趣再继续阅读下去了，那么我劝你不要浪费时间。

除了兴趣之外，另一个至关重要的因素是工具。工欲善其事，必先利其器。一款功能强大、易用并且免费的网站分析工具可以让你将学到的东西马上付诸实践，而在具体的操作中又不会因为操作问题或技术问题耽误太多的时间，可大大缩短学习过程。我强烈推荐所有希望学习网站分析的朋友使用Google Analytics，如图1-16所示，而且本书后面所介绍的内容和操作方法也都将以Google Analytics分析工具为例进行讲解。Google Analytics是一款完全免费的网站分析工具，注册方法非常简单，请通过Google搜索学习，本书不再做介绍。

图1-16　免费网站分析工具Google Analytics

1.7.3　了解JS及HTML语言

JS（如图1-17所示）和HTML并不是学习网站分析必须掌握的知识，但如果你希望了解网站分析工具的工作原理，指标的来源，学习网站分析中最基础的内容，对所有的数据归根溯源，那么就必须了解它们。大部分网站分析工具采用在网站页面中进行JS插码的方法对网站和访问者的数据进行收集与追踪，对于使用Google Analytics也是如此。因此，了解JS和HTML语言对学习网站分析有三个方面的帮助。

图1-17　JavaScript语言

1. 了解网站分析工具追踪和收集网站及访问者数据的原理，熟悉每个基础指标背后代表的真实意义，避免被数据及指标的名称误导。

例如：网站分析工具如何记录访问者？新访问者如何计算？背后的含义是什么？网站停留时间是如何获得并计算出来的？

2. 在对网站进行追踪代码的实施过程中，与技术团队或第三方供应商使用同一种语言进行沟通，紧密配合，合理预期代码实施的工作量及时间，同时也避免被忽悠。

例如：追踪代码如何实施在网站的所有页面中？这个工作量有多大？如何快速检查代码实施的完整性？

3. 拥有按照业务需求对追踪代码进行定制的能力，可以根据不同的指标和数据需求对追踪代码进行定制，追踪特定的行为并获取数据。

例如：如何追踪访问者在填写表单时的流失率？如何获得特定层级页面的访问量？如何追踪页面中关键按钮的点击量？

1.7.4　了解网络营销知识及常见广告模式

了解网站流量的来源和获得方式是学习网站分析必备的知识，否则就无法对流量进行有效的分析。因此，你需要学习最常见的流量渠道和获取方式，例如直接流量、搜索引擎流量、推介流量和广告流量等。这些流量的定义我们会在第4章中详细介绍。

除了常见的流量渠道外，还需要了解常见的网络广告模式，以及它们的区别，如图1-18所示。

图1-18　常见网络广告模式

1.7.5　Excel和PPT的使用能力

在网站分析的日常工作中，除了网站分析工具之外，最常用的就是Excel和PPT了。Excel帮助我们对网站数据进行收集和汇总，并进行更细致的分析工作；而PPT则是我们展现分析结果时必备的工具。因此，良好的Excel和PPT的操作也是网站分析师必备的技能。

对于Excel，我们在日常分析中用到最多的就是函数和图表功能。函数可以提高处理数据的效率，这在处理10万级以上的数据时效果相当明显，其中统计类函数和查找引用类函数使用频率很高，另外，日期和时间函数、文本和数据函数以及逻辑函数也需要了解。除此之外，图表也是在Excel中必备的一个技能。好的数据需要清晰的图表来展示。在后面的章节中，你将会学习到很多Excel的技巧和实用方法。

PPT的作用你已经通过本章前面的部分看到了，它是网站分析师的脸，它负责将你所有的劳动成果展现在老板及需求方面前，因此PPT在网站分析中的重要性可想而知。PPT中要掌握的技能包括整体逻辑、版面设计和图表的使用。

1.7.6　强大的沟通能力

网站分析的工作与网站所有部门都会产生工作交集。无论是市场部门、产品部门还是技术部门，强大的沟通能力在工作中可以让你事半功倍，其中主要有两个原因：

1．经验告诉我们，网站中近一半的数据异常是网站自己人主动造成的。这里包括营销活动、服务器状态、产品修改等。及时地掌握这些信息可以避免很多不必要的劳动；

2．让其他部门了解你的工作内容，熟悉他们自己关注的指标，可以提高整个网站的数据驱动力。分析是一项耗费时间的工作，而我们的时间有限，无法关注所有细节的变化。

1.7.7　不畏错误和挑战的能力

网站分析和其他所有工作一样，是一个会犯错的工作。同时还是一个极易犯错的工作。如果说其他工作是在避免错误，那么网站分析就是在不断地测试错误。我们并不是每次的分析都有结果，也并不是每次的分析都能找出正确的原因。大胆假设，小心求证是网站分析师的座右铭，网站分析就是一个不断试错、不断积累的工作。因此，你需要有极大的耐力和抗压能力来测试错误，发现机会。

1.7.8　良好的职业操守和道德底线

最后还有一点必须要说，数据不是公司部门之间进行政治斗争的武器和砝码，网站分析报告也不是为网站歌功颂德的牌坊。每一位网站分析师都应该有良好的职业操守和道德底线。客观而公正地提供数据，发现问题并给出建议。坦率地说，这虽然很难做到，但是一旦你提供了一次假数据，网站分析报告便会失去公信力，从而变得毫无价值。

1.8　本章小结

　　网站分析通过有效地度量网站在各方面的表现，为网站的优化改进提供有力的参考依据，并最终帮助网站实现目标。

　　网站分析主要包括**流量分析**、**内容分析**、**转化分析**三块。

　　网站分析通过量化网站的目标价值直接衡量网站的产出，通过减低成本增加收益最终提升网站的ROI。

　　网站分析可以通过**定义**、**测量**、**分析**、**改进**、**控制**的DMAIC流程实现不断的优化迭代。

　　要想成为网站分析师，兴趣很重要，同时需要具备一些基础的技能，熟悉一些网站分析的工具，了解互联网和网络营销，同时具备坚毅的性格和良好的沟通能力，最后就是对数据保持一颗真诚的心。

第 2 章

从这里开始学习网站分析——
网站分析中的基础指标解释

我们如何获得网站的数据

网站分析中的基础指标

网站分析的基础是指标和数据，无论是定量分析（Quantitative Analysis）还是定性分析（Qualitative Analysis），始终以数据作为分析的原材料和依据，所以，要全面地了解网站分析，需要从网站分析的基础指标开始。这一章主要介绍网站分析的基础指标体系，包括从数据的获取到指标的定义、计算和应用的全过程，以便全面地了解和掌握网站分析的基础指标。

2.1　我们如何获得网站的数据

当我们试图从各种网站分析的报表中解读各种指标和数据的时候，需要去了解它们的定义（Definition）和计算规则（Computation Rule），其中必须要具备的基础知识就是在网站中通常以何种方式获取数据。下面就介绍数据获取的基本方式，以及原始数据是以何种形式存在的。

2.1.1　常见的数据获取方式

其实网站的数据统计（早期叫流量统计）由来已久，因为网站管理员需要了解和监控网站的访问状况，通常需要记录和统计网站流量的基础数据，但随着网站在技术和运营上的不断发展，人们对数据的要求越来越高，以求实现更加精细的运营来提升网站的质量，所以网站的数据获取方式也随着网站技术的进步和人们对网站数据需求的加深而不断地发展。从使用发展的情况来看，主要分为3类：**网站日志文件（Log Files）、Web Beacons（俗称打点）、JS页面标记（JavaScript Tags）**。其实这3种数据获取方式也反映了一个进阶的过程，从网站日志到JS标记，每一项后面使用的技术都是对前面技术的部分沿用和改进，规避之前技术可能存在的一些缺陷和不足，我们可以大致了解一下数据获取（Data Capture）的基本知识和发展过程。

◉ 网站日志文件

记录网站日志文件的方式是最原始的数据获取方式，主要在服务端完成，在网站的应用服务器配置相应的写日志的功能就能实现，如图2-1所示。

图2-1　网站日志文件数据获取方式

　　网站的应用服务器输出的日志所记录的其实是用户终端为了满足用户的访问需要，对服务器发起的所有的资源请求，这些资源请求不仅包含页面请求，页面展现的所有相关元素请求也会被记录，如图片、CSS、文件（Flash、视频、音乐等），另外一些iframe也会被当成请求记录。所以原始的日志文件记录了很多统计中用不到的内容，这些内容产生的筛选和过滤工作带来了巨大成本，同时导致了统计数据的不准确。日志文件的另外一个缺陷就是由于数据获取在服务端进行，很多用户在页面端的操作（如点击、Ajax的使用等）无法被记录，限制了一些指标的统计和计算。

◉ Web Beacons

　　为了避免网站日志文件形式给应用服务器带来的额外压力，以及过量的日志记录导致数据筛选过滤的成本，于是就出现了Web Beacons的数据获取方式，貌似还没有正规的中文翻译，一般被称为打点。Web Beacons的实现方式是在需要统计的网站页面或者模块上嵌入一个1×1像素的透明图片，用户完全察觉不到，当用户访问该网页的同时会请求透明图片，并完成页面访问的记录工作，就像是在纸上画了一个不易看到的小点来标记那张纸，如图2-2所示。

图2-2　Web Beacons数据获取方式

　　Web Beacons的方式实现了日志记录服务器与网站应用服务器的分离，使用独立的日志记录和处理服务器避免了应用服务器的额外压力，而且可控的图片嵌入方式大幅度降低了日志记录数（对于一般的网站页面而言，当请求一个页面时，传统网站日志记录数是6到10条，也就是说，使用Web Beacons的方式记录的日志数量大约只有原始服务器日志的1/8，传统的流量统计工具如AWStats、Webalizer等用Hits这个指标来记录原始记录数，一般是正常页面浏览PV的6到10倍，对于某些复杂的站点甚至是20多倍），保证了数据统计的效率和准确性。

　　而Web Beacons的最大劣势就是获取信息的有限性，尤其是记录的来源页面（Referral）为图片所在的页面，而不是该页面的前一个页面，同时由于与网站应用服务器分离，用户cookie等信息的记录也有可能丢失。所以单纯使用Web Beacons的形式无法完全获取网站分析指标需要的信息，于是就出现了JS页面标记。

◉ JS页面标记

　　JS页面标记同样是对Web Beacons的改进，弥补Web Beacons在信息获取上的不足。JS页面标记同样需要在页面端进行处理，只是嵌入的不再是图片，而是JS标记代码，当用户访问网页时同时出发并执行JS代码，JS代码会将一些统计需要的信息以URL参数的形式附带在图片请求地址的后面，然后再向日志服务器请求图片，这样日志服务器就可以获取比较完整的访问数据。如图2-3所示。

图2-3　JS页面标记数据获取方式

　　JS页面标记的方式具备了数据获取的灵活性和可控性，以及获取信息的完整性等优势，同时可以监控页面端的各种操作，如点击、Ajax等，唯一的缺点就是当用户禁用JS功能时，所有的信息将无法获取。

　　通过以上对三类数据获取方式的介绍，我们可以来比较下它们的优缺点，见表2-1。

表2-1　三种数据获取方式的比较

获取方式	优势	缺陷
日志文件	完整的服务端请求记录，包括爬虫等的请求	日志的获取和清洗过滤成本 无用日志对统计干扰造成数据不准确 灵活性有限（页面端很多操作无法记录）
Web Beacons	日志服务器与应用服务器分离 数据获取的可控性使日志处理成本降低	需要在页面植入小图片 获取的信息比较有限 无法获取爬虫等不请求图片的访问记录
JS页面标记	数据获取的可控性和灵活性 可以对页面端操作进行记录 获取的数据比较完整丰富	需要在页面植入JS标记代码 当用户禁用JS功能时无法获取数据 无法获取爬虫等不请求JS的访问记录

　　所以，JS页面标记方式因为其使用灵活性、可获取数据的丰富度和统计得到的指标的相对准确性成为目前最常用的一种数据获取方式。下面来简单比较一下网站的日志文件和JS标记所获取的数据具备哪些信息、记录的方式有何不同。

2.1.2 网站日志和JS标记

其实无论是哪种数据获取方式，最终的输出形式都是网站日志，只是原始日志输出的是既定的记录，而JS页面标记输出的是执行过JS代码经过处理的图片日志请求记录，所以我们不妨先来看下网站日志记录的数据包括哪些。

网站的日志形式最常见的是Apache日志格式，以一定的格式规范记录服务器的每次请求，以一个请求一条记录的形式输出日志文件，而网站分析之后的指标统计和计算基本都来源于这些日志中记录的信息，所以网站的日志记录是网站分析的最原始数据（Raw Data）。Apache日志的标准格式如图2-4所示（我的博客文章页面的访问记录，当条记录原始格式不换行，为便于展现做了换行处理）。

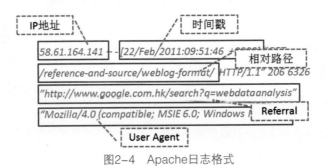

图2-4　Apache日志格式

图2-4中用红色框起来的是一些统计中常用的信息字段，主要包括以下几个信息。

◉ 访问终端IP地址

即用户访问网站时所用设备的IP地址，这里用了"访问终端"，因为移动设备的兴起使网站访问不再局限于PC，手机、平板电脑等设备同样可以浏览网站，同样也有相应的IP地址。IP地址信息对于指标统计非常重要，在最初的时候IP地址被当成识别访问用户的标志，即使当前还有很多网站把访问IP数作为一个重要指标来衡量网站的热门程度；同时，使用IP地址可以识别访问终端所处的地域，用于地域省份的维度细分。但由于代理、VPN的使用和伪IP的存在，使得IP的统计存在误差。

◉ 访问时间戳

访问时间戳记录了用户访问的时间点（其实是资源被请求的时间点，几乎可以认为是同时发起），是统计中必不可少的信息。主要包括日期、时间、时区等信息，可以精确到毫秒级别：

[22/Feb/2011:09:51:46+0800]
日期时间时区

时间戳记录了动作的时间点，是所有统计中时间维度的基础，有了时间戳我们可以判断用户页面浏览的先后顺序，也可以根据时间做基于小时或天等粒度的统计汇总。

◉ 访问地址路径

日志里面记录的访问地址一般是相对路径，也就是不包含HTTP+域名信息，由于服务器自身知道指向哪个域名，所以只要有相对路径就能准确获取请求的资源，比如图2-4中用户的完整访问的URL应该是：*http://webdataanalysis.net/reference-and-source/weblog-format/*，其中*http://webdataanalysis.net*被省略。所以访问地址路径其实定位了访问的具体对象，网站的页面和内容信息就是通过访问地址来确定的，因为URL唯一地标识了网站的所有资源。

在JS标记的日志中，访问的资源路径是最关键也是信息含量最高的一个字段，所有由JS代码产生的附带信息都会以参数的形式附带在图片URL请求的后面，如*pic.gif?a=&b=&c=*…通过之后的URL解析可以得到相应参数a、b、c……的值，进而获取统计需要的信息。

◉ 访问来源

访问来源对于网站分析而言同样是非常重要的一个信息，它直接关系流量的来源判定和优化，如果是JS标记，来源页信息一般会以参数形式带到URL中，但网站原始日志中就会记录相应页面访问的Referral信息。如图2-4中该页面浏览的访问来源就是Google搜索关键词"webdataanalysis"后的结果页。通过这个信息可以进一步区分来源的类型（Source），是搜索引擎如Google、Baidu，还是外链网站，或者是直接访问（Direct），当用户直接访问或者由于某些特殊原因Referral丢失时，日志中该字段会显示"-"。

◉ User Agent

UA中附带了用户终端的一些信息，包括操作系统OS、浏览器Browser的信息，有些"访问者"为了表明自己的身份也可以将一些身份信息写入UA中，如正规搜索引擎的爬虫，所以UA信息用户可以自己定制，如果你详细看过浏览器的设置选项，那么就会发现一般都有设置UA信息的地方。

UA被用于识别用户的身份，统计用户所使用终端设备的产品和版本信息，但由于UA可以自定义，统计的信息也可能因此存在偏差。

◉ 其他定制信息

当然，Apache的日志格式不仅有这些信息，我们还可以在设置日志输出时定制需要的信息，详细可以参考Apache日志格式定制的官方文档或者询问网站的技术人员。通常还会增加如域名（Domain）和Cookie信息，对于拥有多个域名或者多个子域名的网站，Domain可以帮我们更好地分离日志和数据，而Cookie是用户信息的另一种标记方式，从一定程度上可以弥补用户身份识别的误差。

下面再来了解一下JS获取数据的方式，通过在网站页面实施JS代码来获取数据是目前较为流行的方法。很多工具都在使用这种方法，无论是付费的商业网站分析软件，如Omniture和Webtrends，还是免费的网站分析工具Google Analytics，以及国内常见的CNZZ和百度统计。现在就以Google Analytics为例来介绍JS获取数据的方式。

当我们访问带有GA追踪代码的页面时，页面中的GA追踪代码被执行，然后会向Google服务器发送一个1像素的图片请求（http://www.Google-analytics.com/__utm.gif），并将所收集到的数据作为请求__utm.gif图片链接的变量一起发送回Google服务器，然后经过Google服务器的处理发布到我们的数据报告里，如图2-5所示。

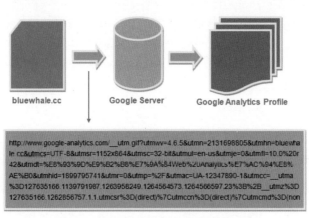

图2-5　Google Analytics传输数据过程

通过分析链接里的这些变量，就可以知道GA都追踪到了哪些信息。以下是GA追踪日志中的常见变量含义。

```
http://www.Google-analytics.com/__utm.gif
?utmwv=4.6.5追踪代码版本
&utmn=2131698805utm.gif的唯一ID号
&utmhn=bluewhale.cc主机名
&utmcs=UTF-8浏览器语言编码
&utmsr=1152x864屏幕分辨率
&utmsc=32-bit屏幕颜色
&utmul=en-us浏览器语言设置
&utmje=0浏览器是否支持JAVA
&utmfl=10.0%20r42  Flash版本
&utmdt=%E8%93%9D%E9%B2%B8%E7%9A%84Web%20Analytics%E7%AC%94%E8%AE%B0网页标题
&utmhid=1899795741
&utmr=0推介链接URL
&utmp=%2F当前页面产生的请求
&utmac=UA-12347890-1 Google Analytics账户ID
```

```
&utmcc=
    __utma%3D127635166.1139791987.1263958249.1264564573.1264566597.23%3B%2B
    __utmz%3D127635166.1262856757.1.1.utmcsr%3D(direct)%7Cutmccn%3D(direct)%7Cutmcmd%3D(none)%3B%2B
    __utmv%3D127635166.user%3B　Cookie里存储的数据
```

通常，这里面的大部分值是不会经常改变的，如utmsc屏幕颜色，utmsr分辨率，utmul语言设置等，而另一些变量在用户访问不同的网页时，值会不一样，如utmdt网页标题URL、utmp当前页面产生的请求等。通过这些变化的变量值，我们可以检查不同的页面上的追踪代码是否正常工作。比如utmp就是一个非常重要的值，我们利用_trackPageview函数所监测的各种数据都存在这个变量里，通过检查这个链接里的变量值，可以知道GA的代码以及我们的定制追踪部分是否能正常工作。

我们可以使用很多工具查看Google Analytics追踪日志中的内容，并检查代码设置是否正确。如httpwatch。当然，以上这些只是GA发送数据的一部分。如果你的网站开通了电子商务追踪功能或事件追踪功能，在返回Google服务器的链接中就会看到更多的变量值。

例如：

&utme事件追踪数据

&Utmipc用户购买的产品编号

&Utmipn用户购买的产品名称

&Utmipr用户购买的产品单价

&Utmtsp运费

&Utmttx税款

……

表2-2是Google Analytics返回数据中的参数名称和功能的列表。按照这个列表你能很轻松地发现Google在日志中记录到了哪些内容。同样，也可以用这些参数和值来检查代码设置是否正确。

表2-2　Google Analytics追踪日志参数描述

变量名称	功能描述	示例
utmac	Google Analytics 账户ID号	utmac= UA-12347890-1
utmcc	Cookie里存储的数据	流量来源，访问次数等。详见cookie内容详解
utmcn	启动一个新的广告系列会议。无论utmcn或utmcr存在任何给定的要求。更改广告系列跟踪的数据，但不启动一个新的会话	utmcn=1
utmcr	指示一重复进行的竞选活动。这时任何后续时设定的点击次数相同的链接发生。无论utmcn或utmcr存在任何给定的要求	utmcr=1
utmcs	语言编码的浏览器。有些浏览器不设置此变量，在这种情况下设置为"-"	utmcs=ISO-8859-1
utmdt	网页标题，这是一个URL编码的字符串	utmdt=analytics%20page%20test

27

续表

变量名称	功能描述	示例
utme	事件跟踪数据参数	Value is encoded.
utmfl	Flash 版本	utmfl=9.0%20r48&
utmhn	主机名	utmhn=x343.gmodules.com
utmipc	电子商务追踪中的产品编号	utmipc=989898ajssi
utmipn	电子商务追踪中的产品名称	utmipn=tee%20shirt
utmipr	电子商务追踪中的产品单价	utmipr=17100.32
utmiqt	电子商务追踪中的产品数量	utmiqt=4
utmiva	变化的一个项目，如大型、中型、小型、粉红色、白色、黑色、绿色，String是URL编码	utmiva=red;
utmje	浏览器是否支持Java	utmje=1
utmn	唯一的ID生成每个gif要求，以防止GIF图像缓存	utmn=1142651215
utmp	当前页面产生的请求	utmp=/testDirectory/myPage.html
utmr	推介，完整的URL	utmr=http://www.example.com/aboutUs/
utmsc	屏幕颜色	utmsc=24-bit
utmsr	屏幕分辨率	utmsr=2400x1920&
utmt	一种特殊类型的变量适用于事件、交易、项目和用户定义的变量	utmt=Dog%20Owner
utmtci	电子商务追踪中交易产生的城市	utmtci=San%20Diego
utmtco	电子商务追踪中交易产生的国家	utmtco=United%20Kingdom
utmtid	电子商务追踪中的订单ID	utmtid=a2343898
utmtrg	电子商务追踪中交易产生的地区	utmtrg=New%20Brunswick
utmtsp	电子商务追踪中的运费、单价等	utmtsp=23.95
utmtst	电子商务追踪中的从属关系	utmtst=Google%20mtv%20store
utmtto	电子商务追踪中单位和价格总计	utmtto=334.56
utmttx	电子商务追踪中税款	utmttx=29.16
utmul	浏览器语言设置	utmul=pt-br
utmwv	追踪代码版本	utmwv=1

2.1.3 用户识别

上面已经提到了Cookie，Cookie是目前网站分析中用户身份识别的主流方法，但其实根据网站数据统计的发展，用户身份的识别也经过了一系列演变。随着网站的不断发展，同时由于网站的平台和业务特征的区别，各类网站都有自己的一套用户身份识别的方法，这里大概归纳了一下，并生成了一张用户身份识别的关键词图，如图2-6所示。

图2-6 用户身份识别关键词

图2-6基本包含了目前识别用户身份可能用到的一些信息和方法的关键词，随着互联网的不断发展和越来越广泛的跨平台应用，用户识别的方法会更加多样。这里主要介绍几个有代表性的、对网站普遍适用的方法，从最初使用IP到目前广泛使用的Cookie，来看看它们的优势和特点。

◉ IP地址

IP地址是最早使用的识别唯一用户的标志，目前仍然有很多网站分析工具提供IP数这个指标，尤其是一些国内的工具，其实很大一方面的原因就是数据的用户已经习惯观察IP数，而被广泛提到的UV（Unique Visitors）最早就是通过IP去重统计得到的。

使用IP来标识唯一用户目前来看会有很大的弊端，造成用户数统计的误差，伪IP、代理、动态IP、局域网共享同一公网IP出口等情况都会干扰获取的IP地址的唯一性和准确性，但无论怎么样，IP地址都是最容易获取的信息。

◉ IP + User Agent

于是，人们开始察觉到单一使用IP地址无法准确地定位每个用户，IP地址的不确定性太多，但为了不增加数据获取的难度，于是就有了多个信息联合去确定用户身份的方法，其中最常见的就是IP + User Agent。对于用户而言，当使用相同的终端浏览网站时，User Agent的信息是相对固定的，固定的操作系统，相对固定的浏览器，使用通过IP + User Agent的方式可以适当提高IP代理、公用IP这类情况下用户的分辨度，从而使唯一用户数的统计更加准确。

当然，只要使用了IP地址，伪IP、动态IP和VPN等IP变动的情况同样无法避免，同时又因为User Agent的信息是用户可以自定义的，用户身份识别的准确度还是不够高。

◉ Cookie

当Cookie被引入作为网站识别用户身份的方式后，用户唯一身份定位的准确性有了一定程度的提升。Cookie是网站以一小段文本的形式存放在用户本地终端的信息，以便网站之后的读取。Cookie都有一定的有效期限，其中Google Analytics用于识别用户身份的Cookie的有效期是2年，由GA通过随机数和时间戳来生成字符串唯一地标识用户。

Cookie几乎能够唯一对应到用户的访问终端，但不像IP地址都能获取到，Cookie需要预先写入访问终端，如果用户禁用Cookie，那么这种用户识别机制就会失效，当用户执行了清理Cookie或者重装系统等操作时，Cookie同样也会丢失。

◉ User Id

如果你的网站提供用户注册的功能，那么在用户注册完成后一般都会分配给每个用户一个用户ID，这个用户ID必然是唯一的，所以完全可以作为用户身份的标识符。同时，很多网站把这个用户ID写入到Cookie中以便用户下次访问时直接判别用户身份，或者完成"自动登录"的功能，如图2-7所示，当我进入亚马逊网站时，即使我没有登录，网站仍然知道我的身份。

亚马逊
amazon.cn

您好，Joegh. 我们为您准备的推荐. (不是 Joegh?)
Joegh的亚马逊 | **促销专区** | **礼品卡**

图2-7 亚马逊用户身份识别

User_Id相较上面介绍的其他用户身份识别方式的另外一个区别就是用户ID绑定的不再是用户使用的终端设备，而是用户本身；同时使用用户ID可以串联用户的访问记录数据和CRM及后台其他系统的用户数据，为之后的关联分析和交叉分析提供便利。但使用用户ID的要求也相对较高，网站需要提供用户注册功能，同时在用户首次登录后将用户ID写入Cookie中以便之后的调取。所以一般用户ID会跟Cookie结合使用，已注册用户访问网站时获取用户ID作为用户标识，未注册的用户用随机分配的Cookie识别用户身份，这样保证了所有用户身份的可标记识别。

◉ 其他

现在还有很多网站注册时把邮箱地址或者手机号码作为用户的识别ID，当然它们也可以被认为是User_Id的一种形式。对于那些PC平台的客户端而言，它们可以获取PC机的MAC地址，这个地址具有长久的固定性，是作为用户标识的不错选择；而在手机或者其他移动平台，需要用户使用SIM卡时，获取用户的SIM卡ID来作为用户身份标识也是一种非常不错的选择。

2.1.4　点击流模型

通过前面对网站底层数据获取方式、底层日志格式和用户识别技术的介绍，就可以引出我们在网站分析的指标统计中最常用的底层数据模型——点击流模型（Clickstream）。点击流来源于网站的原始日志数据，经过一定的处理来区分用户的每次访问（Visit）及每次访问中浏览页面的先后顺序，其实就是将原先分散记录的"点"串成了"线"，如图2-8所示。

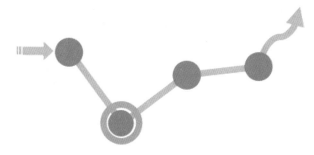

图2-8　点击流模型图

图2-8中，原始的网站日志中记录的信息可以被认为是以蓝色的点的形式存在的，一次访问请求一条记录，虽然也有时间戳和Referral信息，但我们无法知道那条记录具体是对应用户的哪次访问，也无法知道这条请求记录的是用户整个访问浏览网站过程中的哪一步。而生成点击流的过程就是将所有蓝色的点用黄色的线串连的过程，所有串联的线形成了用户的一次完整的访问，而根据时间顺序排列后，所有的点就有了前后的次序，这些信息对于某些指标的统计计算至关重要，甚至部分指标没有点击流就无法计算得到。

Tips

　　这里有必要先解释一下访问（Visit）这个概念，简单地说，一次访问就是用户从进入网站到离开网站的一个过程，这个过程可能很短（用户只打开一个页面就直接离开了），也可能很长（用户对网站很感兴趣，一口气浏览了很多网页，停留了很长一段时间）。访问（Visits）介于独立用户（Unique Visitors）和页面浏览（Pageviews）之间，一个用户在一天中可能会产生多次访问（比如用户早晨进入网站访问一次，下午或晚上又来访问一次，虽然是同一用户但产生的访问数是多个）；而一次访问可能产生多次页面浏览（用户访问网站时可以浏览一个页面，也可以浏览多个）。

我们可以来具体看一下生成点击流模型的详细过程。先设定一张简化的解析后的原始日志记录表，假如以JS页面标记的方式获取到了更加丰富的信息，见表2-3。

表2-3 用于生成点击流的日志表

时间戳	IP地址	Cookie	Session	请求URL	Referral
2012-01-01 12:31:12	101.0.0.1	user01	s001	/a/…	somesite.com
2012-01-01 12:31:16	201.0.0.2	user02	s002	/a/…	-
2012-01-01 12:33:06	201.0.0.2	user02	s002	/b/…	/a/…
2012-01-01 12:35:42	234.0.0.3	user03	s003	/c/…	baidu.com
2012-01-01 15:16:39	101.0.0.1	user01	s004	/c/…	Google.com
2012-01-01 15:17:11	101.0.0.1	user01	s004	/d/…	/c/…
2012-01-01 15:19:23	101.0.0.1	user01	s004	/e/…	/d/…
……	……	……	……	……	……

表2-3的Cookie其实就是用户身份的唯一标记，Session是用户访问的唯一标记，是技术层面的一种叫法，也称为"会话"，如果Session相同说明用户的这些浏览动作发生在同一次访问过程中，这个过程中用户未离开网站并且沉默时间不超过30分钟（Session标记跟Cookie一样，也有一个有效期，当用户停留在你的网站但长时间不活动时，Session将被重置，Google Analytics对这段时间的定义是30分钟）。如果你已经对网站分析的指标有所了解，可以尝试从上表中算一下，看哪些指标可以直接从原始日志记录中计算得到。如果将上面的用户访问记录用可视化的方法画成图形表现出来，可以是如图2-9所示的形式。

图2-9 原始日志记录可视化展现图

如图2-9所示，许多用户在各个时间点对各个页面的访问浏览以点的形式散布在一个平面坐标系上。其中横坐标代表时间轴，事件由左向右按时间顺序依次发生；纵坐标代表了网站拥有的N个页面，它们其实没有顺序之分，独立地罗列出来就行；点的不同颜色代表着不同的访问用户，也就是表2-3中用Cookie进行区分的；空白区间内的点就代表了用户的一次页面浏览，也就是表2-3中的一条记录，用记录的时间戳对应横坐标，页面URL对应纵坐标来确定位置，这样我们只要看图就能知道谁在什么时间访问了什么页面。但对于指标统计而言，这些信息还远远不够，因为我们无法区分用户的这些浏览行为是在一次访问中完成的，还是访问了多次，每次都进行一些操作，同时我们也需要将这些点整理得更加有序，能够一目了然地发现用户浏览各页面的先后顺序，以及用户从哪里进入，又从哪里离开网站。

于是，就有了从原始日志记录生成点击流模型的过程，目的就是为了解答以上的诸多问题。其实生成点击流的思路非常简单，就是将相同Session的点根据发生时间的先后（根据时间戳判断）和页面浏览的前后关系（根据Referral判断）连成线的过程，当然在程序中实现需要考虑诸多因素，并没有图形上显示的那么简单。于是，假设我们将所有的线连接起来后画出的结果如图2-10所示。

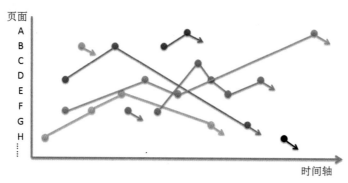

图2-10　点击流模型可视化展现图

看到图2-10后，用户的访问路径似乎变得清晰可见了，每个箭头代表了用户离开网站，有些用户只浏览了一个页面就离开了（淡蓝色和黑色的用户），有些用户选择浏览多个页面以查看他们感兴趣的内容（红色、紫色、黄色、绿色用户），当然这些用户的浏览页面数或多或少，访问的时间跨度也可长可短，有些用户则多次访问了网站（蓝色用户，第一次浏览一个页面后直接离开了，紧接着又一次进入网站，并浏览了多个页面）。经过简单的连线操作，让原始日志记录所能反映的信息更加丰富。

从可视化图形的变化效果，我们看到了生成点击流模型的基本过程，那么底层的日志记录表也需要做相应的改变——从一张拆分成两张。生成点击流的基本思路就是让原先只有页面浏览（点）的日志记录划归到相应的访问（线）的层面，所以底层的表可以从单纯记录页面浏览拆分为记录页面浏览和网站访问的两张表，一张就是原日志表简化后的表，不妨叫Pageviews表（参见表2-4），另一张记录了每次的访问信息，不妨叫Visits表。

表2-4　点击流模型Pageviews表

浏览时间	页面URL	Session	停留时长（秒）	第几步
2012-01-01 12:31:12	/a/…	s001	0	1
2012-01-01 12:31:16	/a/…	s002	110	1

续表

浏览时间	页面URL	Session	停留时长（秒）	第几步
2012-01-01 12:33:06	/b/…	s002	0	2
2012-01-01 12:35:42	/c/…	s003	0	1
2012-01-01 15:16:39	/c/…	s004	32	1
2012-01-01 15:17:11	/d/…	s004	132	2
2012-01-01 15:19:23	/e/…	s004	0	3
……	……	……	……	……

表2-4中，因为对访问信息做了拆分，相应的页面浏览记录可以进行简化，一些用户信息（包括IP、Cookie等）不需要记录在Pageviews表中，而只需要记录Session字段就可以通过关联从Visits表中获取的相应信息。而基于页面的每次浏览时间和浏览的页面URL需要进行记录，同时根据每次页面浏览在每个访问中所处的前后位置记录位于"第几步"的信息，同时每步的Referral就可以省略。这里比较关键的是计算得到了每个页面的停留时长，通过请求后面一个页面的时间点减去请求当前页面的时间点得到的时间间隔就是用户在该页面停留的时长。

页面停留时间注意点！

日志中记录的时间戳其实就是用户打开页面的时间点，也就是向服务器发送请求的时间点，所以当用户未打开后续页面时我们认为用户在浏览当前页面（当然用户也可能被外界因素打扰，如电话、临时呼唤、处理其他事物等），而请求当前页面到后续页面的请求之间的时间间隔被当成该页面的停留时长。所以，每次访问的最后一个页面无法计算得到停留时长，因为无后续页面请求，这会干扰页面平均停留时间的计算，需要格外注意。

表2-5是根据Session区分出来的Visits表信息。

表2-5 点击流模型Visits表

Session	起始时间	结束时间	进入页面	离开页面	访问页面数	IP	Cookie	Referral
s001	2012-01-01 12:31:12	2012-01-01 12:31:12	/a/…	/a/…	1	101.0.0.1	user01	somesite.com
s002	2012-01-01 12:31:16	2012-01-01 12:33:06	/a/…	/b/…	2	201.0.0.2	user02	-
s003	2012-01-01 12:35:42	2012-01-01 12:35:42	/c/…	/c/…	1	234.0.0.3	user03	baidu.com
s004	2012-01-01 15:16:39	2012-01-01 15:19:23	/c/…	/e/…	3	101.0.0.1	user01	Google.com
……	……	……	……	……	……	……	……	……

表2-5中，每个Session唯一标识一次访问，在Visits表中生成一条记录，其中Session就是关键词字段，因为每次访问的用户必然是相同的，所以用户的信息被统一记录在Visits表中，包括IP、Cookie等；而每个访问的站外Referral信息也需要记录在Visits表中，因为这是访问的外部来源，如果没有，则可能像s002这个Session一样记录的是短横杠，说明用户是直接访问或者

Referral信息丢失。然后再根据串连页面访问的结果，可以记录每个访问的起始时间、结束时间、进入页面、离开页面，当然整个访问的浏览页面数也可以被计算得到。所有这些信息让很多基于访问层级的指标的统计变得更加容易。

点击流模型生成的两张表可以用Session字段实现相互之间的关联，从而Pageviews层面也可以获取用户的IP、Cookie等信息。在生成了点击流模型后，如果你熟悉网站分析指标，不妨再试试从这两张表中计算一下，看看现在你可以算出哪些指标了？而下面要介绍的正是网站分析中的基础指标，包括指标的定义、计算方法和应用，如果你已经完全了解了点击流模型，那么下面的指标学习你将游刃有余。

2.2 网站分析中的基础指标

指标是网站分析的基础，用来记录和衡量访问者在网站中的各种行为。我们经常挂在嘴边的流量就是一个网站指标，它用来衡量网站获得的访问量。除此之外我们还会用到很多指标，这些指标包括基本指标、复合指标、自定义指标等。下面来看一下网站分析中最常用的几个基本指标。

2.2.1 网站分析中的骨灰级指标

1. 骨灰级指标一：IP地址

你的网站今天有多少IP？IP的数量曾经是每个网站都关心的指标。在早期的网站统计工具中，IP可以表示网站流量，也可以表示网站的访问者数量，图2-11所示的就是一个典型的IP地址数据报告。很多新接触Google Analytics的朋友几乎都会问这几个问题：GA中有IP的概念吗？访问次数是IP吗？绝对唯一访问者是通过IP计算的吗？网站的流量是每日网站的IP地址数量吗？

基本流量状况				
	访问量	浏览量		
总量：	1313193 IP	2462582 PV		
今日流量：	893 IP	1229 PV		
昨日流量：	1183 IP	1726 PV	最高访问量：6752 IP	
本月合计：	6122 IP	8668 PV	发生在：2012-6-2	
今年合计：	611398 IP	1012195 PV		
平均每日：	1396 IP	2617 PV	最高浏览量：12256 PV	
预计今日：	1133 IP	1580 PV	发生在：2012-6-2	

图2-11 IP地址报告

在Google Analytics中也有IP地址的概念，但是这里的IP既不是访问次数，也不是绝对唯一访问者。同时，IP也不能表示网站的流量。在Google Analytics的报告中，使用Cookie来记录网站获得的访问次数、辨别绝对访问者的身份。IP地址只有一个作用，就是获取访问者的地理位置信息，并生成访问者报告下的"地图覆盖图"报告。

Tips

　　IP地址曾经是很多网站用来统计网站流量和访问者数量的指标，但相对于Cookie来说，统计IP地址衡量网站的流量指标已经不准确了。根据ComScore的调查报告，美国家庭中的电脑平均每个月有10.5个不同的IP地址。使用IP地址追踪会将这些用户记录为10个不同的唯一访问者。在中国使用ADSL上网的家庭用户也会存在这种情况。

Frequency Distribution of Distinct IP Addresses per PC U.S. Home Computers January 2007		First-Party Cookies		
Number of Distinct IP Addresses per PC	Percent of PCs		Percent of PCs	Average Cookies per PC	Percent of Total Cookies
Total	100.0%	All PCs	100.0%	2.5	100.0%
1	36.6%	Preserved*	69.3%	1.5	41.8%
2	11.7%	1+ Resets	30.7%	4.7	58.2%
3	6.6%				
4	4.9%	1 Reset	16.1%	2.0	12.8%
5	3.5%	2 Resets	5.1%	3.0	6.1%
6-10	10.3%	3 Resets	2.5%	4.0	4.0%
11-25	12.7%	4+ Resets	7.1%	12.5	35.3%
26+	13.7%				

图2-12　IP地址与Cookie记录数据对比

　　如图2-12所示，IP地址和Cookie在记录访问者访问网站时都有一定的局限性，由于各种技术原因和访问者的浏览器使用习惯，导致通过这两种方式提供的数据并不是100%准确。表2-6对比了在不同场景中IP地址追踪和Cookie追踪方式的差异。

表2-6　不同场景下IP地址与Cookie对比

场景	IP地址追踪	Cookie追踪
访问者使用ADSL上网	用户每次上网随机获得IP地址，可能被识别为多个唯一访问者	用户在不删除Cookie和更换浏览器的情况下只被识别为一个唯一访问者
访问者在公司或网吧上网	局域网内多个用户及后续的新用户都会因为共享同一IP地址而被识别为一个唯一访问者	在Cookie保留情况下可以准确识别出每一台电脑前的唯一访问者
访问者使用不同的电脑上网	由于IP地址不同将被识别为两个唯一访问者	由于Cookie值不同也将被识别为两个唯一访问者
不同访问者使用同一台电脑上网	由于IP地址相同将被识别为同一个唯一访问者，当第二个用户被更换IP后被识别为两个唯一访问者	当访问者使用同一浏览器访问时将被识别为同一个唯一访问者，而当第二个访问者在操作系统中使用不同账户时，将被识别为两个唯一访问者

　　相对来说使用第一方Cookie来辨别访问者身份比使用IP地址更加准确，但Cookie也有自己的

问题，比如访问者或第三方工具清除Cookie，访问者更换电脑或浏览器上网，页面JS文件失败等。在Omniture和Webtrends中可以根据需求选择使用IP地址或是Cookie来识别访问者身份，并可以设置优先级。Google Analytics默认使用第一方Cookie来识别访问者身份。

◉ Google Analytics如何获取IP地址

Google虽然不使用IP地址来识别访问者身份，但会追踪每个访问者的IP地址信息。这个过程是在Google的服务器端完成的，所以在Google Analytics的返回数据中我们看不到这个信息。当JS文件收集完追踪信息向Google服务器请求1像素图片时，Google服务器会记录这个请求的IP地址，并将随后返回的数据与IP地址进行匹配并生产一条日志文件。

例：Google Analytics中的一条日志文件

114.244.46.202　www.bluewhale.cc　- [29/Aug/2010:10:58:06 -0800]" GET/__utm.gif?utmwv=4.6.5&utmn=2131698805&utmhn=bluewhale.cc&utmcs=UTF-8&utmsr=1152x864&utmsc=32-bit&utmul=en-us&utmje=0&utmfl=10.0%20r42&utmdt=%E8%93%9D%E9%B2%B8%E7%9A%84Web%20Analytics%E7%AC%94%E8%AE%B0&utmhid=1899795741&utmr=0&utmp=%2F&utmac=UA-12347890-1&utmcc=__utma%3D127635166.1139791987.1263958249.1264564573.1264566597.23%3B%2B__utmz%3D127635166.1262856757.1.1.utmcsr%3D(direct)%7Cutmccn%3D(direct)%7Cutmcmd%3D(none)%3B%2B__utmv%3D127635166.user%3B

◉ IP地址在Google Analytics中的作用

返回Google的访问者IP地址信息只有一个作用，就是用来识别访问者的地理位置信息。Google将访问者的IP地址与自由IP库的地理位置信息进行对比，确定访问者的地理位置信息，并最终生产"地图覆盖图"报告，如图2-13所示。

图2-13　Google Analytics地理位置报告

◉ Google Analytics为何不提供IP信息

Google Analytics为什么不提供IP信息，而是只提供地理位置信息？因为追踪访问者的IP地址违背Google的隐私政策。通过访问者的IP地址可以定位更小的区域或每台电脑，图2-14显示了不同国家的IP地址精度报告。

Countries	Correctly Resolved Within 25 Miles of True Location	Incorrectly Resolved More Than 25 Miles from True Location	Not Covered on a City Level
Algeria	45% (67%)	22%	33%
Argentina	75% (77%)	23%	2%
Australia	62% (64%)	33%	5%
Austria	79% (79%)	20%	1%
Azerbaijan	88% (90%)	10%	2%
Bahamas	94% (94%)	5%	1%
Bangladesh	76% (77%)	22%	2%
Belgium	81% (86%)	13%	6%
Bosnia and Herzegovina	67% (69%)	29%	4%
Brazil	72% (76%)	23%	5%
Bulgaria	77% (77%)	22%	1%
Canada	84% (84%)	15%	1%
Chile	82% (83%)	17%	1%
China	76% (78%)	22%	2%
Colombia	57% (59%)	39%	4%
Costa Rica	77% (82%)	17%	6%
Cote D'Ivoire	85% (98%)	2%	13%

图2-14　不同国家IP地址精度报告

当这些信息与访问者账户、网站调研信息和其他追踪到的信息匹配后我们可以了解到每个人的网站访问偏好，而这与Google的隐私政策是不符的。所以Google将IP地址汇总并只显示到市/县级，这样可以很好地保护用户隐私。

2. 骨灰级指标二：浏览量PageView和唯一身份浏览量Unique PageView

PV和UPV都是基于页面的指标，如图2-15所示。PV的全称是PageView，中文是浏览量；UPV的全称是Unique PageView，中文是唯一身份浏览量。

图2-15　浏览量和唯一身份浏览量报告

◉ 指标的定义

"浏览量"在Google Analytics中的定义是这样的：指由浏览器加载的网页综合情况。

每次执行跟踪代码时，Google Analytics均可记录浏览量。可以是由浏览器加载且含跟踪代码的HTML或类似网页，或在分析报告中为模拟浏览量而创建的UrchinTracker事件。

"浏览量"的通俗解释就是页面被加载的总次数。每一次页面被成功加载，就会被算作一次综合浏览量（PV）。比如：有人来到你的网站，浏览了页面A，然后浏览了页面B，然后再一次回到了页面A，然后离开网站，那么这次访问的浏览量总数就是3。而如果这个人打开页面后又点击了刷新或是重新加载，就会被算作另一次浏览量。

"唯一身份浏览量"在Google Analytics中的定义是：汇总由同一用户在同一会话期间生成的浏览量。唯一身份浏览量表示该页被浏览（一次或多次）期间的会话次数。

唯一身份浏览量的定义比较复杂，我的理解是指页面所受到来自同一个用户在同一session中的访问次数。当页面受到同一用户在同一session的访问时算作一次"唯一身份浏览量"，当这个用户在另一session中访问了这个页面，或另外一个用户访问了这个页面时，将被算作另一次"唯一身份浏览量"。简单地说，这个指标的计算只取决于一个因素：是不是属于同一session。如果不是，就被记录为一次新的"唯一身份浏览量"。Session是指用户的一次访问过程，时间由_utmb cookie的生存期决定，默认值是30分钟。

◎ 指标的计算方法

"浏览量"就是追踪代码被加载次数的总和，通过cookie_utmb中的值获得。而"唯一身份浏览量"是指网站各个页面上用户Session的总和。

◎ 可能对指标产生影响的因素

★ 影响因素1：GA追踪代码在页面中的位置

通常我们将Google Analytics的追踪代码安装在页面的最底端</body>处，而如果用户没有完全加载页面就离开的话，这个页面的访问将不被记录，即追踪代码没有被执行。

★ 影响因素2：GA追踪代码中Session的设置

Google Analytics中一个Session默认是30分钟，如果修改了这个值，"唯一身份综合浏览量"将会受到影响。

2.2.2　网站分析中的基础级指标

1. 基础级指标一：访问次数Visits

◎ 指标的定义

"访问次数"的定义是：网站的所有访问者发起的具体会话次数。

通俗的解释就是，在一定时间范围内，网站的所有"访问者"对网站访问的总次数，即访问者人数*每个访问者的访问次数。

◎ 指标的计算方法

访问次数也是通过计算Google Analytics设置用户电脑上的cookie_utma获得的。

如图2-16所示，在Content后面的六组数字中，最后一组的数字就是用来计算用户访问次数的，这里的31就表示一共访问了31次。

图2-16 通过utma cookie记录访问次数

测试一下，如果删除了这个cookie并再次访问网站看看图2-17产生了什么变化：

此时Content的最后一组数字变成了1，说明是第一次访问，并且第二组和第三组数字也和原来不同了，说明变成了一个新用户。

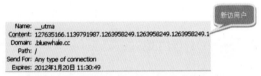

图2-17 通过utma cookie辨别新访用户

◎ 可能产生影响的因素

影响因素：Cookie的因素

用户删除Cookie会影响访问次数的计算。

修改cookie utmb的生存周期会影响访问次数的计算。

2. 基础级指标二：绝对唯一访问者Visitor

◎ 指标的定义

"绝对唯一访问者"在Google Analytics中的定义是：在指定时段内不重复（仅计数一次）的访问者人数。唯一身份访问者人数用Cookie确定。

通俗的解释就是：在你选择的报告日期范围内每个访问者只被计算一次。如果在选定的日期范围内访问者A来过网站5次，访问者B只来过网站一次，那么就有2个"绝对唯一访问者人数"。

◎ 指标的计算方法

"绝对唯一访问者"数量是通过计算Google Analytics设置用户电脑上的Cookie（_utma）获

得的。

通常，Google Analytics会在用户第一次访问网站时在用户的电脑上设置Cookie，其中的_utma用来辨别绝对唯一访问者身份和访问次数等信息。

图2-18　通过_utma cookie辨别唯一身份访问者

如图2-18所示，Content后面共有6组数字。其中的第2组数字和第3组数字构成了一个唯一访问者标识（第2组数字是Google Analytics随机生成的唯一ID，第3组数字是用户第一次访问时生成的时间戳），Google Analytics依靠这两组数据来区分和计算"绝对唯一访问者"。

◉ 可能产生影响的因素

★　影响因素1：JavaScript被禁用

如果访问者的浏览器禁用了JavaScript，Google Analytics的代码无法工作，也就不能识别这个用户了。

★　影响因素2：Cookie的因素

如果Cookie被用户删除，当他再次访问网站时，会获得一个新的_utma cookie，里面包含一个新的"绝对唯一访问者"ID。这样一来，一个用户就被记录了两次。

Cookie的设置基于浏览器，当同一个用户先后使用Firefox和Internet Explorer两个浏览器访问时，会被识别成两个不用的"绝对唯一访问者"；如果两个用户使用同一个浏览器访问同一网站时，他们会被记录为一个"绝对唯一访问者"。

★　影响因素3：图片因素

这个因素并不常见，有些浏览器允许用户停用由当前网页之外的网域所请求的图片。用户启动这个功能后将会阻止数据发送至Google Analytics。

★　影响因素4：时间因素

"绝对唯一访问者"的数量会根据你选择的时间范围而发生变化。为了避免产生错误数据，必须一次选定数据的时间范围，否则有可能产生重复的"绝对唯一访问者"。

3. 基础级指标三：网站停留时间Time on site和页面停留时间Time on page

"页面停留时间"和"网站停留时间"是Google Analytics中的一对时间指标，分别用来记录用户在网站或网页上的停留时间，这样就可以根据用户停留的时间长短来衡量网站或页面的表现。

◉ 指标的定义

页面停留时间：显示访问者在某个特定网页或某组网页上所花费的时间。
网站停留时间：访问者在网站上花费的时间。

◉ 指标的计算方法

页面停留时间：Google Analytics是通过被访问网页的时间戳来计算页面停留时间的。简单地说，就是通过用户访问后一网页的初始时间减去用户访问前一网页的初始时间。

图2-19　页面停留时间计算方法

如图2-19所示，假设用户访问网页A，然后访问了网页B，之后离开了网站。用网页B的时间戳减去网页A的时间戳就可以计算出网页A的停留时间。

用户访问网页A的时间：9:30:05
用户访问网页B的时间：9:30:15
用户在页面A的停留时间是10秒

图2-20　通过_utma cookie计算时间指标

图2-20显示了Google Analytics如何通过cookie_utma来获得用户访问页面的时间戳。其中的第3、第4、第5这三组数字就是时间戳，这些数字是以秒为单位的。第3组数字表示初次访问的时间，第4组数字表示上一次访问的开始时间，第5组数字表示当前访问的开始时间。Google Analytics在这里获得访问页面的时间戳并用来计算出页面停留时间。

网站停留时间：就是用户访问网站的时间。Google Analytics通过_utmb和_utmc两个Cookie来计算网站停留时间。_utmb的生存期是30分钟，_utmc是临时Cookie，随着浏览器关闭而消失。当这两个Cookie中的任意一个消失后，Google Analytics就判断是一次访问（session）结束，并用后面的时间减去访问开始的时间来计算网站停留时间。

◉ 可能产生影响的因素

★ 影响因素1：计算方法

页面停留时间：

页面停留时间是依靠后面页面的时间戳减去前面页面的时间戳获得的，但必须在两个页面的追踪代码都被执行后才能完成计算。

假设一种情况：

用户访问网页A的时间：9:30:05

用户访问网页B的时间：9:30:15

用户在9:30:30关闭B页面。

那么：

用户在页面A的停留时间是10秒

用户在页面B的停留时间将是0秒（而不是15秒）

因为用户访问完页面B后没有继续访问，而是离开了。这就没有后续的时间戳用来计算B页面的停留时间了。这种情况在Google Analytics中是广泛存在的，因为用户的每次访问都会有最后一个页面（退出页），而最后一个页面的停留时间是无法计算出来的，这就导致了页面停留时间指标的不准确。

注意点！

访问者在最后页面的停留时间超过30分钟也会造成最后页面停留时间无法计算的情况。

网站停留时间：

Google Analytics是通过一次访问的开始和结束时间来判断用户在网站的停留时间的，再具体一点，是通过_utmb和_utmc两个Cookie来判断访问结束时间的，但这两个Cookie不一样的工作方式也会对网站停留时间造成影响。

_utmc会在用户关闭浏览器时一起消失，这个是没有问题的。而_utmb的生存期是30分钟，就是说即使用户停止了访问，但只要没有关闭浏览器就要需要等待30分钟才能记录为访问结束，而在这30分钟里，用户可能已经离开了。

★ 影响因素2：跳出访问

跳出访问是指用户只浏览了一个页面就离开了。这种访问同样因为没有后续页面的时间戳而无法计算出页面停留时间。Google Analytics在计算平均页面停留时间时不会包含跳出访问，而在计算平均网站停留时间时会包含跳出访问。

2.2.3　网站分析中的复合级指标

1.　复合级指标一：跳出率Bounce Rate和退出率 Exit Rate

跳出Bounces和退出Exits在Google Analytics中是一对比较相似的指标，都可以用来表示离开网站的访问者数量，但两个指标的计算方法和针对的页面及用户是完全不同的。如图2-21所示，跳出针对的是访问者来到网站后访问的第一个页面，即访问者的登录页面（Landing Page）。并且访问者跳出的动作只有在这个页面上才会出现（从第二个页面开始算做退出），而退出在网站的所有页面上都可以出现，只要访问者离开网站，就算一次退出，而他最后访问的那个页面就是退出页面。所以，网站上的每个页面都有可能成为访问者的退出页面。

图2-21　跳出率和退出率

跳出率是指在某个范围内跳出的值与总访问次数的百分比。退出率是指在某个范围内跳出的值与综合浏览量的百分比。这个范围可以是单一页面、某一组页面或是一个频道，也可以是一个关键词、一个流量来源、或是一个城市，一个日期等。但在整个网站范围内只有跳出率的概念，而没有退出率的概念，因为所有的访问者最终都会离开网站。

◉ 指标的定义

跳出：指单页访问或访问者的次数，即在一次访问中访问者进入网站后只访问了一个页面就离开的数量。

退出：指访问者离开网站的次数，通常是基于某个范围的。

跳出率：指某一范围内单页访问次数或访问者与总访问次数的百分比。

退出率：指某一范围内退出的访问者与综合访问量的百分比。

Tips

　　如果访问者在访问中只浏览了一个页面就离开网站，那么这既算一次跳出，也算一次退出。而对于这次访问该页面的跳出率和退出率都是100%。

◉ 指标的计算方法

跳出：访问者只访问一个页面后离开网站被记录为一次跳出。

跳出率：某一范围内跳出的数量/同一范围内总访问量*100%。

退出：访问者离开网站被记录为一次退出。

退出率：某一范围内退出的数量/同一范围内综合访问量*100%。

　　如图2-22所示，通过上面的报告数据可以验证Google对跳出率和退出率的计算方法。

图2-22　Google Analytics中的内容页面报告

　　最受欢迎页面总访问次数（Visits）342，综合浏览量（PV）1487，跳出（Bounces）154，退出（Exits）342。

　　在最受欢迎的一组页面范围内：

　　跳出率45.03%=跳出154/总访问次数342*100%（0.45029）

　　退出率23.00%=退出342/综合浏览量1487*100%（0.22999）

　　而在单一页面（首页）范围内，计算方法也是一样的。

◉ 指标的意义

　　跳出率可以被用来衡量流量和页面质量，高跳出率表示访问者对登录页面（Landing Page）不感兴趣，没有继续访问更深入的页面，或者是登录页面设计存在问题，与目标用户不匹配。跳出率可以通过调整广告渠道、优化登录页面内容来降低。

　　退出率因页面不同意义也不同。每个页面都有可能成为退出页面，但如果是网站关键流程中的页面退出率高，就说明该页面出现了问题。比如，在网站的注册流程中，如果是完善信息页面退出率高，就需要检查这个页面了。

45

如图2-23所示，跳出和退出不仅基于页面和内容，同样也可以基于流量来源、地区、时间以及访问者类别。通过跳出和退出可以比较网站不同来源、不同数据、不同地区或不同类别访问者的数据。

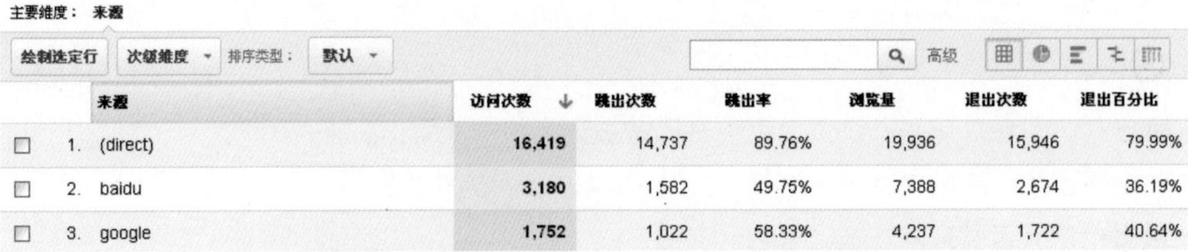
主要维度：来源

绘制选定行 次级维度 排序类型：默认 高级

	来源	访问次数	跳出次数	跳出率	浏览量	退出次数	退出百分比
1.	(direct)	16,419	14,737	89.76%	19,936	15,946	79.99%
2.	baidu	3,180	1,582	49.75%	7,388	2,674	36.19%
3.	google	1,752	1,022	58.33%	4,237	1,722	40.64%

图2-23　按来源维度细分的跳出率和退出率指标

⊙ 可能产生影响的因素

影响因素：GATC二次报告数据

任何触发Google追踪代码二次报告数据的行为都可能影响跳出率（Google默认在访问者访问页面时只报告一次数据），比如：

- ★ 访问者虽然只访问了一个页面就离开了，但在访问中刷新了页面；
- ★ 对追踪代码进行了定制，比如增加了鼠标事件追踪或时间追踪，这些都会在一定条件下触发Google追踪代码二次报告数据，进而影响跳出率的计算；
- ★ 框架页面：Google为了准确追踪框架页面需要在两个页面内分别加入追踪代码，这就意味着访问者虽然只打开了一个页面，但实际上Google的追踪代码已经报告了两次数据。

2. 复合级指标二：访问时长和访问深度

访问时长和访问深度在Google Analytics中是两个不太起眼的指标，但它能让我们从不同的角度洞察网站的停留时间和综合浏览量在每次访问中的分布，避免我们陷入平均数的误区。通过访问时长报告可以查看是否有几次访问大幅提升了“平均网站停留时间”，还是网站上的大多数访问都有较长的平均停留时间；通过访问深度报告可以查看是否有几次访问大幅提升了每次访问的“平均综合浏览量”，还是大多数网站访问次数都查看了大量的网页。

⊙ 指标的定义（访问时长）

访问时长是在选定的时间范围内，不同时长的访问次数在网站获得的所有访问次数中的分布情况。

访问时长报告分为三部分，即访问持续时间、这一时段的访问次数和占所有访问的百分比。报告按我们选定时间范围内每次访问持续的时间，将网站获得的所有访问次数进行细分，并计算每个时间访问的访问次数在网站总访问次数中所占的比率，如图2-24所示。

主要维度：访问持续时间

访问持续时间	访问次数	浏览量	占总数的百分比 访问次数　浏览量
0-10 秒	18,283	15,720	79.72%　47.01%
11-30 秒	719	1,417	3.14%　4.24%
31-60 秒	568	1,282	2.48%　3.83%
61-180 秒	883	2,541	3.85%　7.60%
181-600 秒	1,097	3,787	4.78%　11.32%
601-1800 秒	1,021	4,816	4.45%　14.40%
1801+ 秒	363	3,880	1.58%　11.60%

图2-24　Google Analytics中的访问时长报告

◉ 指标的定义（访问深度）

访问深度：在选定的时间范围内，不同浏览量的访问次数在网站获得的所有访问次数中的分布情况。

访问深度报告也分为三部分：访问综合浏览量、达到此浏览量的访问的次数、占所有访问的百分比。报告按我们选定的时间范围内每次访问的综合浏览量将网站获得的所有访问次数进行细分，并计算每个综合浏览量级别内的访问次数在网站总访问次数中所占的比率，如图2-25所示。

主要维度：浏览页数

浏览页数	访问次数	浏览量	占总数的百分比 访问次数　浏览量
<1	4,172	0	18.19%　0.00%
1	14,575	14,575	63.55%　43.58%
2	1,850	3,700	8.07%　11.06%
3	805	2,415	3.51%　7.22%
4	406	1,624	1.77%　4.86%
5	228	1,140	0.99%　3.41%

图2-25　Google Analytics中的访问深度报告

◉ 指标计算方法

举个例子来说明访问时长和访问深度指标的计算方法。

访问者A在2月10日访问网站1次，浏览2个页面，共停留8秒。

访问者B在2月11日访问网站1次，浏览3个页面，共停留35秒。

访问者B在2月12日访问网站1次，浏览1个页面，共停留15秒。

访问者C在2月13日访问网站1次，浏览5个页面，共停留62秒。

访问者C在2月13日再次访问网站1次，浏览3个页面，共停留17秒。

先看一下2月10日—2月13日网站的总体情况：访问次数5，综合浏览量14。表2-7和表2-8分别显示了访问者的访问时长和访问深度。

表2-7　访问者访问时长计算表

访问时长：时间范围2月10日—2月13日		
大多数访问持续的时间：11～30秒		
访问持续时间	这一时段的访问次数	占所有访问的百分比
0～10秒	1（2月10日访问者A）	20%
11～30秒	2（2月12日、13日访问者B、C）	40%
31～60秒	1（2月11日访问者B）	20%
61～180秒	1（2月13日访问者C）	20%
网站总访问次数	5	100%

表2-8　访问者访问深度计算表

访问深度：时间范围2月10日—2月13日		
大多数访问的跟踪页数：3次网页浏览		
访问综合浏览量	达到此浏览量的访问的次数	占所有访问的百分比
1次网页浏览	1（2月12日访问者B）	20%
2次网页浏览	1（2月10日访问者A）	20%
3次网页浏览	2（2月11日、13日访问者B、,C）	40%
5次网页浏览	1（2月12日访问者B）	20%
网站综合浏览量	14（1*1+1*2+……）	100%

◉ 指标的意义

访问时长：访问时长是访问质量的一个衡量指标。较长的访问时长表明访问者与您的网站进行了较为广泛的互动。通过访问时长报告可以直观地查看整个访问的分布情况，而不仅是所有访问次数的"平均网站停留时间"。

访问深度：访问深度是访问质量的一个衡量指标。每次访问具有较高的综合浏览量数目表示访问者在您的网站上进行了广泛的互动。通过访问深度报告可以直观地查看整个访问的分布情况，而不仅仅是平均每次访问综合浏览量。

◉ 可能产生影响的因素

★ 影响因素1：访问时长

这里访问时长的计算方法也是依靠Google的_utmb和_utmc两个Cookie。所以如果访问者让浏览器窗口保持打开状态而实际上没有查看或使用您的网站，则会造成虚假的"平均网站停留时间"。

★ 影响因素2：访问深度

访问深度中的网页浏览次数是指综合浏览量。即使是刷新页面，或者退回上一页面也会被记录为一次新的网页浏览。所以这里的访问深度并不代表同方向无重复的页面浏览量。

2.3 本章小结

在开始网站分析之前，这些基础知识是必须了解的，这些是成为网站分析师的基础和前提。

网站分析的数据获取主要是服务端的**日志文件**和页面端的**JS标记**两种方式，两者各有利弊，目前JS页面标记是网站分析主流的数据获取方式。

网站日志以一些既定义的格式输出数据，而JS标记一般以URL参数的形式返回数据，这里我们需要明确可以得到哪些数据。

识别用户的方式的差异会影响最终统计指标，目前网站分析一般以Cookie来唯一标记用户。

点击流模块是统计网站分析指标的基础，它将用户的零散动作串联成一个连续的用户操作过程，让一些指标的统计成为可能。

网站分析的基础指标是网站分析师必须熟记于心的，或许一些工具在少数指标的定义上会有细节上的差异，但大部分基础指标的设定和作用都是一致的。

网站的基础级指标体现网站的流量和产出，从"量"的层面衡量网站；复合级指标更多体现网站的绩效表现，从"质"的层面考量网站。

第 3 章

网站分析师的三板斧——
网站分析常用方法

数据分析前的准备工作

网站数据趋势分析

网站数据对比分析

网站数据多维度细分

第3章　网站分析师的三板斧——网站分析常用方法

从上一章中我们了解了网站分析的基础指标，相当于得到了非常不错的原材料，现在需要掌握一些烹饪技巧，才能用原材料煮出一桌美味佳肴，所以这一章要介绍的就是一些基础的网站分析方法论（Methodology）。其实网站分析的方法并没有那么高深难懂，对于网站分析师而言，估计在80%的时间里，他们挥动的都是三板斧：**趋势分析**（Trend Analysis）、**对比分析**（Comparative Analysis）和**细分分析**（Segmentation Analysis），所以当你掌握网站分析的基础指标，并挥舞三板斧的时候，你已经跨入了网站分析的门槛。

数据分析的目的就是发现数据的特征和变化规律，如果只告诉你一个数字，比如网站昨天的UV是10万，你能分析出什么？其实什么结论都得不到，正如网站分析布道师Avinash Kaushik的验证网站分析结论有效性的经典方法——"So What"，当你问自己So What而无法自圆其说地解答时，说明你并没有真正找到网站分析的结论。网站昨天的UV是10万，So What？好还是坏？在变好还是在变坏？你无法解答，所以也就失去了网站分析的意义，你所做的只是将数据展现出来，并非在分析数据。

所以，数据分析必须揭示问题的本质，正如上面的问题，其实就是缺少了数据的上下文（Context）信息，我们无法对那个单纯的"10万UV"做出更多的理解和解释，因为它就像一个孤立的信息点，周围没有任何背景和物件的衬托。我们可以尝试给它添加一些背景，比如前天网站的UV是8万，于是我们知道昨天网站的UV上升了2万，上升幅度为25%；再比如我们知道竞争对手的网站昨天UV是20万，那我们离赶超竞争对手还有很长的一段距离，虽然本网站的UV在增长，但情况似乎并没有那么理想。诸如此类的数据背景信息加深了我们对数据的理解，让我们可以通过分析得出一些结论，而这些结论解释了问题所在。

也许你还记得初中物理课上老师讲解的"参照系"的例子，一列火车在向东行驶，你坐在火车里面，如果你以自己为参照系，那么火车是静止的；如果你看向窗外的地面或者树木，你认为火车正在向东行驶；而当旁边刚好经过一列速度更快的同样向东行驶的火车时，你又感觉火车其实在向西行驶。还有一个流传比较广的测试题，如图3-1所示。

请问车子是往哪边行驶的？

图3-1　车子是往哪边行驶的

图中车子完全左右对称，如果没有其他的辅助信息而单纯看图片，完全没法判断车子的行驶方向，但生活的常识告诉我们，公交车的车门位于右侧，所以图上的车子可能往左边行驶，当然这是在国内，也许在其他国家的判断会截然相反，但很明显，是知识帮助我们做出了分析和判断。

这就是接下来要介绍的网站分析的方法，基于知识情境和数据上下文做分析，从而让结论更能反映客观情况和实际问题。

3.1　数据分析前的准备工作

当我们开始尝试使用一些方法进行网站分析之前，也许还需要做一些准备工作，这将让最终得出的分析结果更加有效。或许你听说过"Garbage in, garbage out"，我们不能让之前辛苦的分析过程变成一场无用功，所以分析前的准备工作至关重要。我们需要了解数据或指标的来源类型、背景信息，对数据做初步的清洗整理，同时应该清楚地看到哪些因素可能给数据的计算和分析带来偏差。

3.1.1　数据的来源类型

网站分析的布道师Avinash Kaushik先生在他的大作"Web Analytics 2.0"中介绍了网站分析中采集和使用的数据随着网站分析的迅速发展正在不断地多样化，从之前的单一使用点击流数据到目前使用定量和定性数据相结合，让我们可以从网站分析中获得更多的见解（Insights），这也是网站分析发展到2.0阶段的主要特征。这里将网站分析中可以用到的定量和定性数据做了一个整理。

日常采集数据	专题获取数据	外部环境数据
• 点击流数据	• 实验测试数据	• 行业发展数据
• 业务运营数据	• 用户调研数据	• 竞争对手数据

◉ 点击流数据（Clickstream）

点击流数据是网站分析最常用的数据来源，几乎所有的网站分析工具都需要点击流数据的支撑。点击流数据主要通过网站日志的形式获取得到，通过解析和处理后得到点击流模型，主要通过记录网站用户的访问、浏览和点击行为，解释"What"的问题，即用户在网站中做了什么。很多网站分析的指标都是从点击流数据中计算得到的，如访问数、页面浏览数、停留时长等。

◉ 业务运营数据（Multiple Outcomes）

网站的业务运营活动会产出多样的数据，网站内容的运营情况、商品销售情况、用户信息和交易情况等，这些数据往往来源于网站的ERP或CRM系统，存放在网站的前台数据库中。因为记录的都是产出结果数据，这些数据往往是非常有价值的，可以直接衡量网站的绩效和目标。

业务运营数据主要解释"How much"的问题，从业务运营数据中可以计算得到销售额、订单量、购买用户数等指标，另外结合点击流数据可以计算网站的最终转化率，业务运营数据和点击流数据的关联分析一直是网站分析中的难点，或者说难以做到非常准确，但如果可以较好地实现关联，可以解决数据分析中的很多问题。另外业务运营数据也存放着很多维度的信息，如内容页面的信息、商品特征信息、用户信息等。

点击流数据和业务运营数据一般都是日常统计报表的基础数据来源，这些数据会及时地采集和更新，以便日常的监控和分析。

◉ 实验测试数据（Experimentation & Testing）

实验测试数据与上面的两类日常采集数据有所不同，实验测试数据一般都是临时采集的，为了某些专题的分析，比如网站改版、用户体验的优化等。网站分析中最常见的实验测试就是A/B测试，从两个方案中比较数据表现来选择更优的方案，解决Which的问题，如免费工具Google Website Optimizer就可以做这类工作，还可以进行多参数测试（Multivariate Testing，MVT）。

一些用户体验设计师们喜欢使用的一些改进用户体验的工具，这些也可以归为实验测试的数据分析，比如网站的点击热图、鼠标轨迹图、用户操作记录捕捉，甚至用户眼动测试等。

◉ 用户调研数据（Voice of Customer）

上面的这些数据都只能揭示问题的现象，无法解释问题的原因，于是我们需要一些方式去找到Why的结果，直接询问用户无疑是最有效的。

最常见的用户调研方式是问卷调查（Survey），用户直接回答问题来解释问题的原因，但某些时候可能用户自己也说不清楚他为什么选择这个或者放弃做这个操作，于是我们需要通过焦点小组、可用性实验、卡片分类等各种测试来寻找结果。这些实验和测试同样是基于某个具体专题或问题的，并非长期持续的分析，更多的是临时性的需要。

用户调研是典型的定性分析（Qualitative Analysis），可能很多时候我们更相信定量的数据分析结果，也有可能很多人认为网站分析就应该以定量分析为主，但其实定性分析有些时候能够更加一针见血地帮助我们找到原因，而定量的数据有时候却会"骗人"，所以定性分析可以弥补定量分析某些方面的不足，两者结合才是网站分析今后的发展方向。

◉ 行业发展数据（Ecosystem）

前面的4类数据几乎都来自于网站内部，如果仅局限于网站自身的数据，很容易掉入"闭门造车"的陷阱。比如你在做移动互联网的产品，根据内部的统计数据，产品的用户数每个季度递增20%，看起来是个不错的业绩，但如果观察一下近两年移动互联网的大环境，可能移动互联网整体用户数每个季度的增速是30%，你的产品甚至没有跟上移动互联网本身的发展速度。

如图3-2所示，所在的行业是外面的蓝色大圆，代表你的产品业务的红色小圆只占据了行业的一部分，如果你的发展扩张速度无法赶上行业的发展速度，相当于你的目标市场占有率在持续下降。

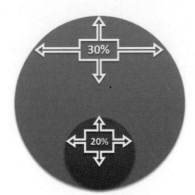

图3-2　与行业发展数据对比

我们在埋头苦干的时候不要忘记抬头看看周围环境的变化，行业发展数据的分析是非常重要的，但很多公司因为资源有限往往忽视这部分数据的采集，其实很多第三方咨询分析机构会定期出一些行业的数据报告，从这些报告中发掘一些有用的行业信息，与自身的业务和数据进行比较，往往可以看到自身存在的不足。

◉ 竞争对手数据（Competitors）

与行业数据一样，对竞争对手的分析也是发现自身优劣势的最好方法，如果要赶超竞争对手，你必须保证自己比他跑得更快。国内很多公司比较注重数据的保密性，其实在国外已经有一些平台在遵循相关协议的基础上可以比较自己与竞争对手的数据。或者通过Alexa、Google Trends和百度指数等同样可以观察到一些竞争对手的数据，虽然有片面性，但也是一种比较和参考。而且网站本身为了让用户了解到一些信息也会展现一些数据，而这些数据也是分析竞争对手的一种途径。

当你能够掌握行业和竞争对手的数据时，你会对目前自己所做的事情更加有信心。

3.1.2　数据的清洗与整理

对于一个完善的数据平台而言，数据必须能够保证**完整性**（Integrity）、**一致性**（Consistency）、**准确性**（Accuracy）和**及时性**（Timeliness），这4点也是数据质量（Data Quality）的基本体现，如图3-3所示。

图3-3 数据质量的四要素

这里除了及时性是与数据采集处理和任务调度的优化相关外，其他几项都是在数据的清洗和整理时需要考虑的内容。在进行数据清洗和整理前可以先用一些统计方法对数据的质量进行验证，通常叫做数据概要（Data Profiling）或者数据审核（Data Auditing），在很多的ETL工具里包含了数据质量检查的功能。

◉ 完整性

数据完整性的问题一般体现为数据存在缺失值，比如获取了一月份的一张报表，显示以天为单位的数据，一月份应该包含31天，我们可以先验证是否有缺失的日期，可以通过统计唯一日期的个数（对日期字段去重后计数），如果唯一日期个数小于31个就说明某个日期的数据缺失；之后再验证是否有某些指标的数值缺失，最简单的方法就是寻找空的单元格，在Excel里可以使用"查找和选择"里面的"定位条件"功能，选择"空值"直接可以定位到表中的空单元格，如果在数据库或日志文件里，某些空的数据可能用"NULL"等文本代替填充。

对于这些缺失值，为了之后的统计和分析的需要，我们可以通过某些方法进行填充，常用的有均值、中位数、众数，或者根据指标的变化趋势使用回归分析进行拟合后算出预测值，如果与其他的指标存在相关性，可以结合其他的指标进行估算。

表3-1显示的是1月份某几天的网站销售情况，人均消费额由总销售额除以购买用户数计算得到，1月11日的总销售额数据缺失，进而人均销售额也无法计算得到。我们对1月11日的缺失数据进行填充，可以简单地使用11日前后两天的总销售额数据取平均值计算得到61329作为11日总销售额的数据进行填充，进而可以计算得到人均消费额为37.33；或者考虑到每天的人均消费额保持相对恒定，我们使用1月份的人均消费额均值33.00来填充11日的人均消费额，进而计算得到该日总销售额为54219。当然，两种方法都是可行的，填充的值都是预估值，没有谁对谁错，但在选择时可以结合数据的实际表现尽量选择更加符合现实的方法。

◉ 一致性

数据的一致性主要体现在3个方面。

其一是两种数据源的描述不一致，比如省份的细分数据，可能一个数据源记录的是"北京"，另外一个是"北京市"，那么两个数据源的数据合并到一起时就会有问题，我们可以通过观察省份字段的所有唯一值排序的结果，这样类似的不一致的描述就会一目了然。还有一种是数据源之间的编码不一致，如果完全使用两套编码就很难合并，但如果网站的产品编码一套使用1001、1002…，另外一套使用P1001、P1002…，即另外一套的编码在数字前面统一加了P字母，那么我们便可以进行统一后合并，保留或者去除P都是可行的。

表3-1　数据缺失值填充

日期	购买用户数	总销售额	人均消费额
1月10日	1765	59108	33.49
1月11日	1643		
1月12日	1890	63550	33.62
1月13日	1813	62799	34.64

其二是存在重复的记录，一般是由于数据的重复录入，如果在数据库中可以使用主键约束或者唯一约束来防止类似情况的发生。如果出现重复记录，在Excel里面可以直接用"数据"标签下的"删除重复项"来删除重复记录，也可以统计去重后的记录条数，比如表中一共有100条记录，去重后只有99条，那么肯定存在1条重复记录，使用SQL语句也可以删除重复记录。

其三是不满足既定的一致性规则，比如数据的总体和细分需要保持一致，所有商品的销售额加起来应该等于网站的总销售额，如果存在违反了这类一致性规则的数据，就需要检查底层的数据模型的设计、维表的结构、与事实表的关联是否存在问题，或者某些指标的定义和计算规则是否统一了。

◉ 准确性

数据存在异常值，一种出现在字符型的数据上，比如页面名称、搜索关键词等，首先可以通过排序的方法，升序和降序都试一下，因为如果是乱码只要一排序就会现出原形，另外还可以统计字符串的长度，重点查看字符长度过短和过长的记录。另外一种数据异常出现在数值型数据上，数值明显过大或过小，比如网站某个页面的访问量一天一百多亿，这种异常值一方面可以通过限定指标的取值区间进行查找，另一方面可以查看指标的数值分布情况，如果99.9%的数值都分布在1～1000，那么出现的类似几万的数值就应该格外注意了。

不满足数据规则的现象，比如网站的转化率、Bounce Rate这些指标永远不会超过100%，可以通过统计这些指标的最大值的方法查看是否存在错误的数据。另外类似访问量、页面浏览量这些指标永远是整数，可以使用数据的有效性检验的方法发现是否有非整数值的存在。

3.1.3　我们的数据准确吗

上面介绍的数据清洗和整理的过程解决了数据在技术处理层面可能存在的一些问题，但数据在经过清洗和整理后，仍然可能存在偏差，引起数据不准确的原因有很多，大部分是由于数据的获取或者指标的计算规则导致的。

也许很多人会在网站同时使用多个免费的网站分析工具，然后对比各个工具统计到的数据，会发现不同工具的统计结果之间存在差异，包括PV、UV这些最基础的指标。其实这种差异是无法避免的，不同的工具在数据采集、数据的清洗处理和某些规则细节的定义上都会存在出入，即使都使用JS页面标记，但由于第三方服务器和JS代码部署的问题还是会导致有些时候JS代码加载失败，或者某些用户的浏览器禁用了JS，导致统计结果不准确。另外对访问session的过期时间定义的差别也会导致访问数和停留时间的统计差异，Google Analytics定义的是30分钟未活动session被重置，当然其他分析工具也可以定义20分钟或者40分钟。

◉ 用户的识别

用户的识别方式直接影响网站Unique Visitors的统计，一般使用Cookie的方式，但用户禁用Cookie或者删除Cookie都会影响UV的准确性，部分网站分析工具在无法取到Cookie的时候使用IP作为用户身份的识别，但IP本身的不准确性比Cookie更高，而且无论是Cookie还是IP，代表的只能是用户上网的终端而非用户本身。所以，目前网站会有几种用户识别方式，衍生出不同的用户指标名称，比如单纯的访问用户，以Cookie来识别，一般称为访客（Visitors）；当用户注册登录后就变成了网站的用户（Users），可以用注册的用户名或者用户ID进行识别；在电子商务网站，当用户购买商品之后就变成了网站的顾客（Customers），同样可以通过用户名或用户ID来识别，这里访客识别的不准确性最高，用户和顾客的统计一般是比较准确的，而且统计的是真实的用户，而非用户使用的终端设备。

◉ 停留时间

准确的停留时间很难计算得到，现在网站分析工具中访问的停留时间一般都是通过计算浏览最后一个页面和浏览第一个页面之间的时间间隔得到的，没有考虑用户在最后一个页面的停留时间。通过这种方法计算页面的停留时间时，最后一个页面的停留时间同样无法计算得到，目前某些工具正在试图使用一些其他技术弥补停留时间统计上的缺陷，但无论怎样，工具里面统计到的永远是用户停留在某个页面的时长，至于这个时间内用户到底是真的在浏览网站内容，抑或是接了个电话、签收了一份快递还是跟朋友在网上小聊了一会儿，我们都无从得知。

◉ 访问来源

在网站分析中，流量细分访问来源是非常重要的工作，通常有直接流量、搜索来源、外部网站和收费Campaign流量，但其实很多的流量来源我们没法准确地细分，这些流量大部分被归到了直接流量中，如来源于IM、Flash或者某些广告，而且页面跳转和短网址（Short URL）的使用也会混淆流量来源。通常为了区分某些重要的流量来源会使用特定的Landing Page，或者在入口页面的地址上加入指定参数，比如使用Google Analytics的UTM标签来标记广告流量。

◎ 转化率

转化率的统计问题主要来源于点击流数据和网站运营数据库数据的关联问题，用户进入访问和页面浏览的记录都存放在点击流数据中，而最终的转化产出结果，如订单或者交易记录一般都存放在数据库里，不同的数据来源之间本身就会存在不一致性，所以当两者关联计算转化率时就会导致数据的不准确，一般总体层面的转化率偏差不明显，但细分到页面或者商品时就可能存在较大的偏差。

网站分析的数据虽然存在不准确性，但一般认为这种数据的偏差是相对固定的 ±5%~±10%，所以当我们使用趋势分析、比较分析或者细分的方法时，仍然可以认为分析的结论是有效的，因为所有的数据误差都在同一水平线上。所以，经常有朋友谈起，当更换网站分析的工具或者对网站的数据平台进行重建时，新老系统的数据会存在较大偏差，很难向业务部门的同事解释这些偏差发生的原因，其实不必为这些数据的偏差纠结，只需要统一一套网站分析的工具或者标准就行，之后所有的指标输出和数据分析都以这套标准为基础，因为数据的不准确性始终存在，你能做的就是保证分析结果的有效性。

3.2 网站数据趋势分析

通过学习和了解网站的基础指标，也许我们已经可以做出一些报表了，每张报表都包含了一定的基础指标，如果只是将这些基础报表开放给数据的消费者，也许会招来很多抱怨，我们可以通过问卷调查（Survey）的方式来了解用户抱怨的原因到底有哪些，假如问卷最终收集的信息总结得到如下的几个重要反馈：

决策层	•我们需要看到公司整体的发展情况，只有近几个月的销售数据对我们作用不大，我们要看到的是这个月的销售情况比前一个月和比去年的增长情况。
产品方	•网站的用户量一直在波动，我们需要知道网站用户总体上到底是增长趋势还是下降趋势，你给的报表中的数据没法直接反映长期的变化情况。
运营方	•我们需要掌握网站的运营情况，我们需要及时发现网站哪些地方可能出现了问题，同时最好有一些预测数据能帮助我们做好运营的准备工作。

上面都是数据的消费者，并且对当前提供的报表数据有诸多的不满，他们的反馈反映了目前提供的数据的一些缺陷和不足，也是他们的主要分析需求的体现，下面就来逐一解决这些问题。

3.2.1 同比、环比、定基比

公司的决策层希望看到一些关键的汇总数据，他们很少会按天去查看数据，他们更关心的是

关键指标在月度和季度中的表现情况，同时他们必须掌握这些关键指标的变化趋势，从而明确公司整体层面业绩的表现，所以他们要的不只是本月的数据，他们会结合上月和去年的数据一起分析，于是在这里引入同比、环比和定基比的方法再合适不过了。

一个网站或者一个公司的发展一般都会定一个基点，从这个时间点公司开始走向成熟，运营步入正轨，那么之后统计的一些指标一般会以这个点的数据作为一个比较基准来考核之后公司的发展速度，这个就是定基比的基本思想。而同比和环比是接触较多的概念，环比通过与前一期数据的对比反映当前发展趋势，而同比则是前后两个发展周期之间相同时间点的比较，反映的是周期性的发展变化，比如年、季、月、周等。如图3-4所示，可以来看一下同比、环比和定基比增长率的计算方法。

图3-4　同比、环比、定基比展示图

同比增长率是为了消除数据周期性波动的影响，将本周期内的数据与上一周期中相同时间点的数据进行比较。

$$同比增长率 = \frac{本期数值 - 上一周期同期数值}{上一周期同期数值} \times 100\%$$

早期的应用是销售等受季节等影响较严重，为了消除趋势分析中季节性的影响，引入了同比的概念。常见的是今年的月度数据与去年相同月度的数据进行比较，如图3-4中以2011年7月作为本期，那么与2010年7月的比较结果就是同比。

$$环比增长率 = \frac{本期数值 - 上一期数值}{上一期数值} \times 100\%$$

环比增长率反应的是数据连续变化的趋势，将本期的数据与上一期的数据进行对比。最常见的是这个月的数据与上个月数据的比较，如图3-4中2011年7月的数据与2011年6月数据的比较就是环比。

$$定基比增长率 = \frac{本期数值 - 基期数值}{基期数值} \times 100\%$$

定基比增长率将所有的数据都与某个基准线的数据进行对比。通常这个基准线是公司或者产品发展的一个里程碑或者重要数据点，将之后的数据与这个基准线进行比较，从而反映公司在跨越这个重要的基点后的发展状况。如图3-4将2011年7月的数据与基期2010年1月的数据进行比较，可以得到定基比。

既然已经找到了解决决策层对数据抱怨的方法，我们就可以尝试使用这个方法去做些优化，从而彻底满足决策层对数据的需求。决策层最关注的就是公司的销售额，但只显示每个月的销售额显然已经无法满足他们的要求，根据上面的计算方法得到同比和环比的增长率后加入到报表中，见表3-2。

表3-2   2011上半年销售额每月同比、环比数据表

月份	销售额	同比增长率	环比增长率
1月	108500	62.43%	10.38%
2月	115400	64.15%	6.36%
3月	127300	74.15%	10.31%
4月	139700	80.72%	9.74%
5月	151400	79.81%	8.38%
6月	167600	83.17%	10.70%

如表3-2所示，加入同比和环比的增长率以后，销售额的变化趋势就比较明显了，而且我们可以分析得到2月份的销售额同比和环比增长都要比其他月份稍低，接下来可以进一步分析。如果将表格中的数据画成图表的形式将会更加直观。

如图3-5所示，可以将销售额以柱状图的形式显示，而同比增长率和坏比增长率以百分比的形式存在，使用折线图进行展现，因为销售额和增长率之间数据的量级差异过大，因此需要使用双纵坐标轴，左右两侧使用不同的刻度类型和单位。

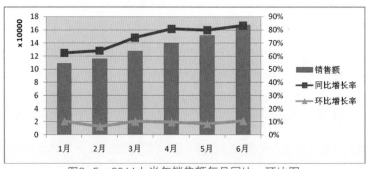

图3-5   2011上半年销售额每月同比、环比图

在图表中我们可以更容易地区分出哪些月份的增长率相对较高、哪些较低，进而确定公司的整体运营和发展状况。

Tips

如何在图表中使用不同的图表类型和坐标轴？

很多时候我们需要将不同类型的指标同时画在同一个图表中，使图表展现的内容更加丰富。为了区分这些指标我们可以选择使用不同的图表类型，这类图表叫组合图表，最常见的就是柱状图和折线图的组合，我们可以先统一画成柱状图的形式，然后选择需要使用其他图表类型的数据系列，通过

"图表工具"的"设计"选项标签中的"更改图表类型"按钮将其改成折线的形式。

同时，我们经常遇到几个指标的数量级相差过大，但我们想把它们放在同一张图表中，这样会使数量级过小的指标不明显，这个时候就需要添加次纵坐标轴，也就是将一个纵坐标轴扩充到两个，将数量级差异过大的指标用不同的坐标轴刻度进行显示。可以先选中需要使用纵坐标轴的数据系列，然后从右键菜单中选择"设置数据系列格式"，在"系列选项"中选择"次坐标轴"，然后根据需要调整坐标轴的刻度就可以了。

3.2.2　趋势线拟合

使用同比、环比增长率的方法解决了决策层分析数据的抱怨，让他们可以明确地观察关键指标总体的变化趋势，决策层对展示的结果非常满意。同比、环比和定基比都是属于趋势分析的范畴，接下来要介绍的是另外一种趋势分析的方法——趋势线，重点解决产品方的抱怨。

产品方更加关注的是产品用户数量的变化，用户数能够从一定程度上体现产品在设计和用户体验上的优劣，他们观察的数据更多是按天统计的用户数，因为他们需要掌控产品的当前表现，尤其是新发布的产品。但是，每天的用户数因为受到诸多因素的干扰，会存在较大的波动，而数据的频繁波动会对数据分析产生干扰，使数据无法表现出真正的变化趋势，所以我们需要消除或者减少这些频繁波动的干扰。数据的趋势线就是使用拟合技术来表现数据大体的变化趋势的一种技术，常见的趋势线包括**指数趋势线**、**对数趋势线**和**线性趋势线**，根据数据变化的特点可以选择合适的趋势线对数据进行拟合。

添加数据的趋势线并不难，我们不需要自己去套用公式计算绘制，借助Excel可以直接添加各类趋势线，目前Excel 2010中支持的趋势线如图3-6所示。

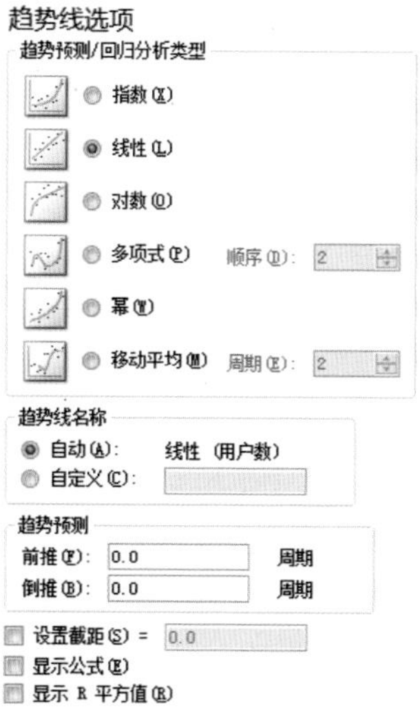

图3-6　Excel 2010趋势线选项

其中，指数趋势线用于拟合以指数形式增长的数据，即增长速度先慢后快；线性趋势线的增长速度基本是均匀的，也是比较常见的线性拟合方式；对数趋势线的增长速度先快后慢；而多项式适用于变化趋势比较不固定的数据，使用多项式可以拟合趋势比较复杂的曲线；幂趋势线的变化趋势与指数比较相似；而移动平均的方法可以根据数据自身的变化情况做出平滑效果的拟合线，也是较常用的方法，重点在下面介绍。这里以拟合网站每天的用户数变化趋势为例，看一下使用线性趋势线的效果，如图3-7所示。

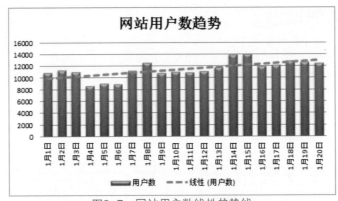

图3-7　网站用户数线性趋势线

从图3-7中我们可以看到，如果只是简单地将每天的网站用户数以柱状图的形式显示，由于数据每天的上下波动，我们不易直接观察得到数据的变化趋势，所以需要借助趋势线，当添加线性趋势线后，结果就会清晰很多，黄色虚线保持上扬状态，所以网站的用户数"可能"（趋势线是以拟合的方式计算得到的，它只能保证当前数据近似的变化趋势，可能存在偏差）保持上涨的趋势。

3.2.3　移动均值

上面介绍的线性、指数、对数趋势线对于一些变化趋势相对比较规律的数据而言具有很好的拟合度，但其实对于很多网站而言，网站指标的变化趋势在长期来看并不可能一直保持有规律，会受很多内外部因素的影响，所以这个时候使用移动均值来把握数据的趋势会更加准确。

移动均值（Moving Average）是一种简单平滑的预测技术，通过在时间序列上逐项推移取一定项数的均值的方法来表现指标的长期变化和发展趋势。移动均值线应用最多的是在股市，5日、10日、30日均线都是用移动平均法计算得到的，移动均值线也是Excel中的趋势线的一种类型。移动均值一般被用于观察和分析数据的变化趋势，同时也具备预测和比较监控的功能。下面介绍两个最简单常用的移动均值法，即简单移动平均法和加权移动平均法。

简单移动平均（Simple Moving Average，SMA），将时间序列上前n个数值做简单的算术平均。假设用$X_1 \sim X_n$来表示指标在时间序列上前n期中每一期的实际值，那么第n+1期的预测值可以用以下公式来计算得到：

$$X_{n+1} = \frac{(X_1 + X_2 + X_3 + \cdots + X_n)}{n}$$

加权移动平均（Weighted Moving Average，WMA），在基于简单移动平均的基础上，对时间序列上前n期的每一期数值赋予相应的权重，即加权平均的结果。基本思想是：提升近期的数据对当前预测值的影响，减弱远期数据对当前预测值的影响，使预测值更贴近最近的变化趋势。我们用W_n来表示每一期的权重，加权移动平均的计算公式如下：

$$X_{n+1} = W_1 \times X_1 + W_2 \times X_2 + W_3 \times X_3 + \cdots + W_n \times X_n$$

这里需要满足$W_1 + W_2 + \cdots\cdots + W_n = 1$，对于各权重的确定，可以使用经验法根据需要进行赋权，如果希望预期值受近几期数据的影响逐步加深，则可以赋予递增的权重，如0.1，0.2，0.3…；如果希望加深最近期的几个数值的影响，以反映最近的变化，则可以适当加大近1到2期的权重，根据实际情况结合测试来完成赋权。我们比较下简单移动平均和加权移动平均在反映趋势时对数据平滑处理的区别。

如图3-8所示，取1月1日开始的数据，使用简单移动平均线（SMA线），取近5期均值，因此只能显示从1月6日开始的均值线；加权移动平均线（WMA线），同样取近5期加权均值，权重依次为0.1、0.1、0.2、0.3、0.3，逐步变大，使近期数据对趋势的影响更加明显。可以看到，无论是简单均值线还是加权均值线都要比实际值的波动小了很多，也就是平滑的效果，更多的是展现一个大体的趋势，而加权平均相较于简单平均的差异就在于加权平均更加注重近期的影响，所以这里的WMA绿线比SMA的红线更贴近前两期的数值趋势。

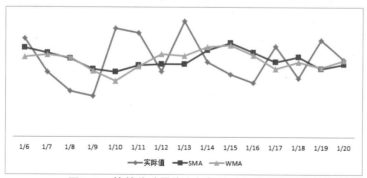

图3-8　简单移动平均和加权移动平均的比较

假如还是用图3-7中网站每天用户数的数据，来看一下简单移动均值在现实中的应用效果，如图3-9所示。

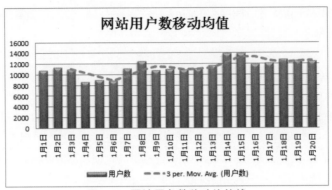

图3-9　网站用户数移动均值线

如图3-9所示，使用简单移动均值设置的3周期趋势线相比之前的线性趋势线更加贴近数据本身的变化情况，移动均值只是对数据进行了平滑处理，但还是可以体现数据的起伏变化，所以移动均值更加适用于无明显变化规律的指标。

上面主要介绍的数移动均值的其中一项用处，即反映数据变化趋势，其实移动均值在现实中更多地被用来作为预测的方法，而这个方法正好可以解决运营方数据预测的需要。其实有了上面简单移动平均和加权移动平均的公式，用来做预测似乎也很好理解，当$n+1$期的数值X_{n+1}是历史数据时，它的作用是对数据做平滑、削减指标的波动，但如果$n+1$期的数值X_{n+1}还没被计算得到，是一个未来时间点的数据时，移动均值的方法就可以用来进行预测。假如今天是2012年的12月21日，现在还不知道今天的数据，我们可以根据前几天的历史数据使用移动均值的方法对今天可能达到的数据做出预测，见表3-3。

表3-3　使用移动均值预测商品销售数据

销售量	12月16日	12月17日	12月18日	12月19日	12月20日	12月21日
商品A	36	29	43	38	44	
商品B	87	69	72	97	93	

表3-3展现了网站中两个商品从12月16日到12月20日每天的销售量，现在需要预测两个商品在12月21日的销售量，以便做出合适的运营准备或调整。对于商品A，请尝试使用简单移动平均的方法；对于商品B，请使用加权移动平均法，权重按照0.1、0.1、0.2、0.3、0.3进行设定，请分别做出预测。

如果你理解了上面的两个公式，那么这道题的计算似乎轻而易举，预测的结果应该是：A商品在12月21日预计可以销售38件；B商品在12月21日预计可以销售87件。

3.2.4　数据监控自动化

运营方还有一个抱怨需要我们解决，就是如何帮助他们有效地监控数据的变化，以便他们根据变化做出调整。其实通过上面介绍的移动均值，我们已经找到了答案，使用**移动均值法**就可以完成数据变化的监控，不过使用移动均值来监控的指标需要满足以下两个条件：

★ 指标没有明显的快速增长或下降的趋势

★ 指标不具备周期性波动的特征

用移动平均法可以计算得到一个本期的预测值，可以将这个预测值作为本期预期实现的量，并用这个预期量与实际量进行比较，分析实际量与预期量之间的差距。还是基于销售额，不过销售额可能存在明显的递增或递减趋势，于是我们除以消费用户数，就得到了所谓的ARPU值（Average Revenue Per User），这是电子商务乃至任何消费型网站的关键指标之一，还是使用简单移动平均来比较实际值和预期值的差异。

从图3-10中表格的数据展现已经可以一目了然地看到实际ARPU值与预期的差异、差异的大小等，用Excel 2010的"条件格式"功能下的"色阶"和"数据条"就能实现图中的效果。

日期	销售额	消费用户数	ARPU	ARPU_SMA	ARPU_diff
2012/1/6	1467	111	13.22	13.06	0.15
2012/1/7	1520	120	12.67	12.98	-0.31
2012/1/8	1470	119	12.35	12.89	-0.53
2012/1/9	1264	103	12.27	12.71	-0.44
2012/1/10	1352	101	13.39	12.66	0.72
2012/1/11	1437	108	13.31	12.78	0.53
2012/1/12	1356	107	12.67	12.80	-0.12
2012/1/13	1580	117	13.50	12.80	0.71
2012/1/14	1476	115	12.83	13.03	-0.19
2012/1/15	1579	125	12.63	13.14	-0.51
2012/1/16	1612	129	12.50	12.99	-0.49
2012/1/17	1675	128	13.09	12.83	0.26
2012/1/18	1634	130	12.57	12.91	-0.34
2012/1/19	1701	129	13.19	12.72	0.46
2012/1/20	1699	132	12.87	12.79	0.08

图3-10　移动均值监控ARPU值Excel表

下面用Excel里面的折线图结合"涨/跌柱线"（与趋势线一样，位于"图表工具"选项的"布局"标签下），来看一下图表的效果。如图3-11所示，两条比较的折线结合绿涨红跌的柱图，能够对指标的变化情况了如指掌。结合上面的表和图的数据和效果，对于数据的监控似乎变得简单很多，即使直接观察也能快速发现数据的异常，这些方法对于网站的一些关键指标，诸如转化率、人均消费、活跃度等的日常监控分析非常实用且有效。

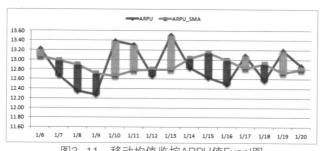

图3-11　移动均值监控ARPU值Excel图

上面介绍的移动均值的数据监控方法是有前提的，就是指标的变化相对恒定，不能有明显上升下降趋势，不能有频繁的周期性波动。但其实对于很多网站分析的指标而言，这些条件难以满足，而网站的很多目标指标，如电子商务网站的订单数、销售额，应用型网站的注册用户数、活跃用户数等，它们对网站也非常重要，同样需要有监控体系来掌控它们的变化趋势，但是这些指标可能有明显的周期性波动，周中的数据和周末的数据有较大差异，或者说工作日的数据与节假日的数据有明显差异。我们需要使用其他方法来监控这些指标，其实3.2.1节中的同比和环比的方法已经为我们提供了基础思路，我们可以使用**同比环比监控法**来监控数据。

如图3-12所示的是某电子商务网站每天的订单量数据，订单量明显有周期性波动，周末的数值要比周中高出不少，用户喜欢在周末的时候在这个网站进行消费，同时订单量保持一个增长的趋势。表中同时给出了订单量的周同比和环比的增长率，借助Excel的"条件格式"功能，同比和环比增长率高于15%的数据被标绿，低于-15%的数据被标红，你能从这个表格中发现哪几天的数据出现了异常吗？

日期		订单量	同比增长	环比增长
第1周	周一	3670	4.86%	-24.92%
第1周	周二	2971	-15.11%	-19.05%
第1周	周三	3729	6.54%	25.51%
第1周	周四	3854	10.11%	3.35%
第1周	周五	3792	8.34%	-1.61%
第1周	周六	5119	9.71%	34.99%
第1周	周日	5063	8.51%	-1.09%
第2周	周一	4014	9.37%	-20.72%
第2周	周二	3987	34.20%	-0.67%
第2周	周三	4593	23.17%	15.20%
第2周	周四	4150	7.68%	-9.65%
第2周	周五	4058	7.01%	-2.22%
第2周	周六	5586	9.12%	37.65%
第2周	周日	5332	5.31%	-4.55%

图3-12　订单量同比、环比监控

这里使用颜色突显出波动的异常，着色的规则可以使用阈值进行设定，也就是这里的15%和-15%。我们一般把某个范围的临界称为"阈"，相应的临界值就是"阈值"。数据监控的时候就把阈值当成判断数据是否异常的临界点，当数据超过某个阈值的时候，就认为可能存在异常，就要展开进一步的分析。

正常情况下，即使指标的数值保持一定的增长或下降的速率，但在此速率下，数值的上下波动一定是在一个相对固定的区间内的，因此可以为这个区间定义合理的上下临界点，也就是阈值，在数值波动超出这个区间的时候进行预警。需要注意的是，因为每个指标的定义规则和数量级别的差异，阈值的设定需要结合指标的变化特征，有必要为每个指标定义特定的阈值，而不是采用统一的阈值，阈值设定目标就是有利于及时监控并发现指标波动的异常。

因为订单量保持增长，从周的同比增长率来看大概在8%上下，其中周一和周六的环比增长都被着色了，因为周一环比周日的数据会有较大下降，周六环比周五的数据会有较大提升，这并非异常，可以排除。其实只要注意观察就能发现异常，即同比和环比增长两个同时被标红或标绿的日期，第1周的周二和第2周的周三，而第1周的周三和第2周的周二是由于第一周的周二的数据异常引发的后续反应。通过同比和环比的组合监控来发现数据的问题，可以排除数据增长和周期性波动的干扰，是比较有效的方法，借助条件格式可以让结果更加直观。

同比环比组合监控注意点！

按照自然周计算同比数据可以排除数据以自然周为周期的波动，但是无法排除其他节假日的干扰，如黄金周、春节假期等，当遇到这些特殊日期时，需要根据特殊问题特殊分析，并且这些特殊时间段的影响不仅局限于当期的同比、环比数据，可能影响到之后一期的数据，需要格外注意。

基于上面介绍的几种数据监控的方法，可以建立一套自动的预警（Alert）系统，就像Google Analytics上面的Intelligence一样，如果指标的降幅或者涨幅超过正常范围（可以设定一个合理的阈值），就向你的邮箱发送报警邮件（Google Analytics支持邮件和短信预警，其中短信仅限于美国），这对于敏感数据的监控异常有效。

3.3 网站数据对比分析

上面我们使用一些方法来分析数据的变化趋势，发现可能存在的问题，用一些数据监控手段让我们对趋势的掌控更加自动化和高效，同时解决了数据消费者们的一些抱怨和烦恼。正如本章开头提到的，我们无法通过一个孤立的数据分析得到什么，趋势分析让我们洞察数据的变化规律，而对比分析可以让我们明确好坏优劣，进而扬长避短，可以说对比分析是网站分析中最常用的方法，几乎无孔不入，其实趋势分析也是对比分析的一种体现，只是趋势分析比较的是自身在时间序列上的变化。所以，下面来看如何给数据设定一些合理的比较环境。

3.3.1 简单合并比较

我们往往在做分析的时候需要结合各类基本的指标进行二次计算合并得到一个可以用于进行综合评价或比较的指标，这个过程就涉及一些指标的合并技巧和比较基准的设定。比如要比较网站中销售的两个商品的好坏，你可以尝试去对比它们各自的订单量，但如果访问A商品的用户是100个，而访问B商品的是1000个，直接对比最终生成的订单数显然是不合理的，于是我们将每个商品的订单数去除以访问数得到了转化率，转化率在两个商品之间具备了可比性，这里的转化率其实就是一个简单合并指标。但事情往往并没有那么简单，某些商品因为其热门度确实可以吸引1000个访问量，而某些冷门商品的访问量确实要低得多，即使冷门商品的转化率较高，你把冷门商品推荐给用户，可能少部分用户确实非常喜欢，但大部分用户可能就不买账了，这个时候需要考虑的就不单是比较转化率这么简单了，还需要进一步合并。所以简单合并比较虽然是一种最简单实用的比较方法，但如何更有效地设定比较基准也是一门学问。下面通过两个应用案例介绍两种方法。

第一种方法叫"**百分比评分均值比较法**"，就是将指标的值都转化成百分比的形式，相当于该指标在100分制的条件下的得分有多少。如何将指标转化成为百分比的数值，一个很简单的方法就是所有的指标除以总体的最大值，这个方法对于所有大于0且分布不是特别离散的指标都是有效的。比如评价网站商品的质量，权衡商品的访问量和转化率这两个指标，我们知道转化率本身就是一个百分比，但因为分布一般集中在某个区间，所以也要进行转化，我们将每个商品的访问量和转化率分别除以所有商品中访问量和转化率的最大值四舍五入后得到相应的百分比评分。

表3-4中，4种商品中访问量最高的是商品A的563，转化率最高的是商品B的9%，所以所有商品的访问量除以563，转化率除以9%后得到各自的百分比评分，然后将两列评分做简单平均后得到综合评分，我们可以通过比较综合评分来判断商品在数据表现上的优劣。这里的简单平均将访问量和转化率以同等的重要性来看待，但其实不同指标对最终评分的影响会有一定的区别。比如，如果认为转化率更加重要，设定访问量评分和转化率评分对综合评分的权重分别是40%和60%，则会得到不同的结果。

表3-4　商品百分比评分简单平均

	访问量	转化率	访问量评分	转化率评分	评分均值
商品A	563	7%	100	78	89.0
商品B	121	9%	21	100	60.5
商品C	87	8%	15	89	52.0
商品D	367	5%	65	56	60.5

表3-5中采用加权平均的方法后，商品的综合评分发生了变化，原先商品B和商品D具有相同的评分，但加权之后商品B的表现明显更加优秀。至于是否加权以及各指标的权重如何设定，可以根据分析的需要和指标的特征来确定。

表3-5　商品百分比评分加权平均

	浏览量	转化率	浏览量评分	转化率评分	加权评分均值
商品A	563	7%	100	78	86.8
商品B	121	9%	21	100	68.4
商品C	87	8%	15	89	59.4
商品D	367	5%	65	55	59.0

下面介绍第二种简单合并比较的方法——"**标准化指标合并比较法**"，用Z标准化的方法消去各指标单位的影响后合并的方法。要注意的是对"逆指标"的处理，网站分析中典型的逆指标有Bounce Rate、Exit Rate（退出率）等。因为标准化后的指标符合均值是0标准差是1的正态分布，

所以对逆指标的处理只需要对标准化后的数据乘−1就可以了，这里以网站Landing Page优化为例，评价Landing Page的好坏需要结合Bounce Rate和转化率Conversion Rate，一个衡量进入、一个衡量产出。下面看看如何有效地评价三个Landing Page的优化方案哪个才是最优的，见表3-6。

表3-6　Landing Page标准化指标合并

	Bounce Rate	转化率CR	BR标准化	CR标准化	标准化均值
方案A	45%	8%	-0.651	0.873	0.762
方案B	46%	5%	-0.501	-1.091	-0.295
方案C	57%	7%	1.151	0.218	-0.467

同样使用了简单平均的方法，将各指标标准化后取均值进行比较（注意这里取均值时对BR标准化的结果乘了−1），我们就可以轻而易举地看出A方案的效果是最优的，这也是一种"目标决策"的最简单应用。这里需要注意的是，指标标准化后的数值的分布是不定的，不像上面的百分比一定是在[0,100]之间，所以标准化后的数值本身不具有实际意义，只有将它放入比较环境中才有分析的价值，指标标准化的方法只适用于比较，而不适用于评分。

数据的标准化（Normalization）是将数据按比例缩放，使之落入一个小的特定区间。在某些比较和评价的指标处理中经常会用到，去除数据的单位限制，将其转化为无量纲的纯数值，便于不同单位或量级的指标能够进行比较和加权。Z标准化是最常用的数据标准化方法，使用统计学上的均值μ和标准差σ来处理数据，转化公式为$x^* = (x-\mu)/\sigma$，在SPSS中可以直接通过"统计描述"中"另存标准化变量"进行输出，Excel里没有现成的标准化公式，只能通过计算均值和标准差后进一步计算得到。

逆指标指的是那些数值刚好与绩效相反的指标，即数值越大绩效越差，数值越小绩效越好；相对的就是**正指标**，即数值越大绩效越好，数值越小绩效越差。

3.3.2　比较实验的设定

很多时候我们具备了现成的比较环境，基于同一维度或者基于细分的比较，如地域维度上不同省份的比较、内容页面的比较、不同用户群体间的比较等，其中网站内容和用户的比较会在之后有专门的章节介绍。但有时候我们并不具备这样的比较环境，所以需要人为地去设定合理的比较环境，也就是比较试验的设定。

比较测试或实验的类型有很多，但都跳不出抽样、重复、分组、比较这几个流程，所以从实验设计的角度，我们可以简单地把比较测试分为两类：**基于时间序列的组内比较**和**基于对照实验的组间比较**。

基于时间序列的组内比较一般在时间序列上的某个时间点引入实验变量或者施加实验刺激，并在实验刺激的前后进行重复测试，分别叫"前测"和"后测"，对前测和后测分别进行抽样比较，从比较的结果反映实验刺激是否对结果有显著的影响，详细流程如图3-13所示。

图3-13 基于时间序列的组内比较

举个有趣的例子，如果公司的员工前4个月在正常的薪资待遇的水平上工作，体现出正常的工作效益和工作满意度；然后从第5月开始给员工加薪（施加实验刺激），再观察之后4个月员工的工作效益和工作满意度，将之前4个月的结果（前测）与后4个月的结果（后测）进行比较，分析员工的工作效益和工作满意度是否存在明显的差异，进而证明加薪这个实验刺激是否对提升员工的工作效益和满意度有显著影响。这就是简单的时间序列比较测试的基本流程。

但基于时间序列的比较测试会受很多因素的干扰，比如上面的例子，在实验过程中CPI的增长、公司业绩的下滑或者运营环境的恶化都可能导致实验结果的失效，或者验证的结果不可信。下面会统一说明实验中需要排除的干扰因素，先来看一下第二种——"基于对照实验的组间比较"的设计。

基于时间序列的组内比较只是基于一组样本，只是样本在时间序列的某个点上受到了实验变量的刺激；而对照实验需要设定两组样本，也就是"实验组"和"控制组"，并对实验组施加实验刺激，控制组维持原状态不变，从而比较实验组和控制组是否存在显著差异来反映实验的刺激是否影响了结果。因为对照实验涉及两组样本，所以这里需要额外注意抽样的规范性，需要保证两组样本的特征具有相似性，才可以进行比较。具体实验设计如图3-14所示。

图3-14 基于对照实验的组间比较

还是使用上面的例子，但在对照实验中设置对照组和实验组是必需的，比较不再是基于前测和后测。比如让部分员工维持当前的薪资待遇继续工作，而提升另外一部分的员工的薪资待遇，从而比较未提升待遇的员工和提升待遇的员工的工作效益和工作满意度的差异，如果差异显著就可以证明提升薪资待遇这个实验刺激对结果是有显著影响的。

对照实验因为参与比较的两组样本都是基于相同的时间序列轴，所以随着时间变化的影响因素对实验的比较结果的影响不再重要，因为两组样本同时受到了相同的影响，但因为是组间比较，所以两组样本如果存在差异性，那么就会对结果造成较大影响。比如上例中A组选择的是基层员工，B组选择中高层员工，比较的结果显然是缺乏科学性的。下面就具体介绍比较测试中可能存在的影响因素。

比较实验是用户体验中可用性实验的一种最常见的形式，可用性实验主要受到外部环境干扰、用户使用成熟度等因素的影响，由于基于时间序列的组内比较和基于对照实验的组间比较的设计上的差异，两者影响因素也存在差异。对于基于时间序列的组内比较，因为外部环境和内部环境都会随着时间发生变化，所以一些情况是必须考虑的：

★ 数据本身存在的自然增长或下降趋势；

★ 规避节假日或者外部事件的影响；

★ 规避特殊的营销推广带来的影响；

★ 规避内部其他可能影响测试结果的因素（实验刺激必须唯一）。

这些因素都会对研究过程造成影响，基于对照实验的组间比较，因为两组样本处在相同的环境和时间序列上，所以需要规避的影响因素比上面要少很多，但相较组内比较，组间比较需要额外考虑两组样本是否具有可比性：

★ 两组样本特征相似，可比较（抽样规范性）；

★ 实验组与对照组之间只存在唯一的实验刺激导致的差异。

无论是基于时间序列的组内比较还是基于对照实验的组间比较，都要规避外部环境的重大变动，或者特殊的外部事件对网站造成的重大影响，或者服务器故障或数据统计异常造成的数据不完整或不准确，因为这些因素造成的影响可能导致用于比较的数据本身就存在巨大误差，或者不可信。

如果有可能使用对照实验的设计方法，尽量使用对照实验，毕竟干扰因素会减少，但有时候我们无法提供对照实验的比对环境，比如网站要做一个促销活动，如果你对其中一半的用户提供折扣，另外一半用户保持原价，那用户肯定不干了，所以这个时候只能采用基于时间序列的对比，我们可能可以控制节假日和其他内外部因素的干扰，但如果网站的数据本身处于不断上升的状态并且活动本身带动了网站流量的增加，而要评价促销活动是否促进了用户订单量的增长，就不得不想办法规避数据自然增长带来的干扰。

表3-7中采集了活动前和活动中各5天的数据，包括用户数和订单数，以"订单数"作为比较指标，为了说明活动能否显著提升每天的订单量。如果不考虑数据本身的自然增长，直接比较活动前后日均订单数的差异。

表3-7　网站活动数据对比分析

活动前		活动中	
用户数	订单数	用户数	订单数
12395	576	13920	704
13237	641	14391	715
13450	732	15692	781
13872	693	16533	839
14673	770	15916	813

> 活动前日均订单数682.4＜活动中日均订单数770.4

但我们看到网站每天的用户数本身就是一个递增的状态，加上活动带动用户数的提升，所以可能订单数的提升是由于用户数的提升带来的，而活动本身是否对促进用户购买有积极的作用？我们将数据的自然增长考虑进去，可以将日均用户数的增长率作为整个网站数据的自然增长率：

> （活动中日均用户数–活动前日均用户数）÷活动前日均用户数 = 13.05%
> 改版前日均订单数682.4 × 1.13 = 771.1＞改版后日均订单数770.4

比较的结果发生了改变，活动前的日均订单数在乘上自然增长率后要比活动中的日均订单数高，但相差不多，从结果看应该是活动对订单数的提升无显著影响。也许你会说我们直接比较活动前后的人均订单数不就能得出结果吗？当然也是可以的，但是用上面乘以自然增长率的方法还可以进一步评定活动带来的效果，如果活动促进了订单数量的增长，我们可以估算出活动期间日均订单增加量是多少，这样可以直接考核活动的绩效。所以后面考虑用户自然增长率后的比较结果更加科学，更加可信和具有说服力，这就是在基于时间序列的比较测试中需要考虑的一些问题。

3.3.3 让比较结果更可信

3.3.1节中用简单合并的方法进行比较，比较简单快捷，但有时候我们需要让比较结果更加严谨，类似上面比较实验中获取的数据或者某些抽样数据，又或者截取某些时间区间内的数据，只是比较这些数据得出的结果不能完全验证对于整体而言这个结果仍然有效，所以我们需要借助一些统计学的方法让比较结果更加可信。

产品部门为了改进用户体验，计划对网站进行一次改版，采用对照实验的方法，实验设计如下。

网站改版实验设计

实验目的： 优化购物流程，提升购买成功的转化率。

抽样分组： 随机抽样1000名用户，分成两组，每组500人，A组用户使用原版方案，B组用户使用改版方案。

实验过程： 邀请用户在3天内完成一次购物，按照以往的方式完成购物的流程，并给予所有受邀用户一定的优惠或者奖励。

数据分析需求： 通过比较两组用户最终购买的转化率，进而验证改版的方案是否能够有效提升用户的购物体验，提升购买的成功率。

使用用户随机抽样的方法保证了两组样本间不会存在明显的特征差异，同时实验过程中必须

保证无特殊外部因素的干扰，两组用户除了购物流程有差异外，在网站的使用上无任何差异，网站的服务器保证稳定，数据的获取和计算能够顺利地完成。

最终我们需要比较转化率，通过对3天内参与实验的用户数据进行采集后计算得到如下的结果，见表3-8。

表3-8　网站改版实验比较数据

	原版方案	改版方案
访问用户数	413	425
购买用户数	37	58
转化率	8.96%	13.65%

看到表3-8中的数据，也许你会说这个数据不用比较，直接看就能看出改版的方案明显更优，但也许这个结论不一定对，因为实验中只是使用了抽样数据，这1000名用户可能对一个大中型网站而言只占了所有用户数的1%，我们不能用这1%的数据的比较结果直接去评估总体的数据表现，所以这里需要借助统计学的方法进行验证，这里引入**卡方检验**。

卡方检验（Chi-square Test），也就是x^2检验，用来验证两个总体间某个比率（如转化率）是否存在显著性差异。这里不去介绍x^2是如何计算得到的，以及基于x^2统计量的显著性概率的查询等，根据表3-8中给出的数据，可以直接使用最简单的四格卡方检验，直接在Excel里根据卡方检验的方法计算得到（如果你熟悉SPSS或者R等统计软件，借助这些工具可以更方便地进行检验）。这里我们直接用表3-8给出的数据，通过一个卡方检验的Excel模板来得出结果，如图3-15所示。

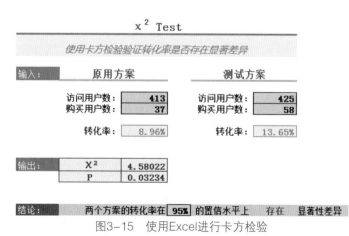

图3-15　使用Excel进行卡方检验

图3-15中，Excel中浅蓝色的单元格都支持输入，我们在Excel模板中填入原用方案和测试方案的访问用户数和购买用户数之后，其他结果都会自动生成，我们最终需要关注的只有最下面红

73

色的"**存在**"这个单元格。上面的案例中两者的转化率"**存在**"显著性差异；如果不存在，则该单元格就会显示"**不存在**"，上图的转化率存在差异就说明在统计学层面可以验证改版方案的效果更好。另外，置信度95%也是支持修改的，如果你需要99%的置信水平，只要修改这个单元格即可。

图中的卡方检验的Excel模板是我自己制作的，你可以从下面这个地址进行下载：http://webdataanalysis.net/repository-files/chi-square_test.xlsx，或者访问我的博客，《T检验和卡方检验》中也可以下载。

虽然上面的结果显示确实如之前的预期，改版方案更加优秀，但是如果下载了Excel模板，你可以尝试改动蓝色单元格中的数字，当测试方案的购买用户数变成56时，不存在显著性差异，但转化率两者还是有不小的差距。所以，对于抽样数据，尤其是小样本的测试数据，必须对比较结果进行统计检验，只有具备统计学意义的结果才能有效地推导到总体的数据表现，否则很容易被数据的表面现象所误导。

上面我们用统计学里面的假设检验（Hypothesis Testing）的其中一种方法验证了原版方案和改版方案的转化率是否存在显著的差异，但在网站分析中有很多指标并不是以百分比的形式存在，这个时候卡方检验就失效了，我们需要使用另外一种检验方法——T检验。

T检验（T Test）是最常见的一种假设检验类型，主要验证总体均值间是否存在显著性差异，在网站分析中可以对用户数、订单数、销售额等数值型数据进行比较检验。既然上面的网站改版方法经过验证是有效的，那么产品部门将方案正式上线，于是他们需要后续数据分析的反馈。

网站新版上线数据分析需求

分析目的：分析网站新版上线后的表现，明确新版是否能够提升用户的人均消费额，进而有效带动网站销售额的增长。

分析描述：比较新版上线前后各10天的数据，验证新版每天的用户人均消费额是否较原版有明显提升。

预期结果：希望通过分析验证新版方案确实能够提升用户的人均消费额，并且这个提升是一个长期恒定的趋势，而不是临时的数据波动。

用一个相对较短的时间区间的数据来验证数据的长期趋势，不能通过直接比较这段时间的数据得出结论，使用统计学方法进行验证才是合理的。其实这个需求就是基于时间序列的比较分析，因为人均消费额这个指标相对稳定，我们不需要考虑自然增长，可以从采集到的数据计算得到新版上线前后各10天的用户人均消费额的数据，然后使用Excel中的T检验的功能完成对数据的

比较，如图3-16所示。

改版前人均消费额	改版后人均消费额	t-检验：双样本等方差假设		
23.6	29.1			
28.9	24.4		变量 1	变量 2
24.1	30.9	平均	25.59	28.38
21.7	28.8	方差	7.872111	6.110667
27.4	25.3	观测值	10	10
28.6	29.8	合并方差	6.991389	
29.0	26.0	假设平均差	0	
24.2	30.2	df	18	
26.3	31.7	t Stat	-2.35943	
22.1	27.6	P(T<=t) 单尾	0.014901	
		t 单尾临界	1.734064	
		P(T<=t) 双尾	0.029802	
		t 双尾临界	2.100922	

图3-16 使用Excel进行T检验

图3-16中，在Excel中根据左侧的改版前后人均消费额数据借助T检验的功能（Excel默认并没有加载"数据分析"工具，所以需要我们自己添加加载项，在Excel 2010中通过：文件→选项→加载项→勾选"分析工具库"来完成添加，之后就可以在"数据"标签的最右方找到数据分析这个按钮了，然后选择"t检验：平均值的成对二样本分析"）输出结果，右侧显示的结果只需要关注单尾的P值（红框）的大小，这里的P值等于0.0398小于0.05（1-95%），因此在95%的置信水平下，我们认为改版前后的人均消费额存在显著性差异，并且新版的人均消费额均值大于原版，所以说明新版能够有效提升用户的人均消费额。产品部门一定会因为这个结果而感到高兴，数据分析验证了他们做了对的事情。

其实这里取的前后各10天就是样本数，对于假设检验而言，样本数越多得到的结果的准确性也相对越高。无论是卡方检验还是T检验都是为了让比较结果更加可信，从而可以将样本的特征表现推广到总体层面。

3.3.4 别忘记与目标对比

其实网站分析中还有一个比较重要的工作就是网站的绩效考核，所以很多时候我们会与预先设定的目标进行比较来分析网站当前的表现状况。与目标对比的指标一般集中在网站的KPI，如果你的网站正在使用某个BI报表工具，可能上面有各种Dashboard或者Gauge，借助各种形象的图形来监控KPI，类似汽车的里程表或者温度计，这些图形能够更加直观地表现网站当前的数据状况。

如图3-17所示的网站KPI数据仪表盘中，展示了用户数、销售额、新用户比例和网站转化率这几个KPI数据，用类似里程表的方式比较当前指标的表现状态，红色较差、绿色较好；用温度计的形式展现百分比数据，刻度线也用红黄绿渐变表示状态的好坏。

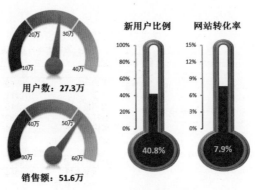

图3-17　网站KPI数据仪表盘

另外，子弹图（Bullet Graph）也是在目标对比中比较常用的一类图表，子弹图的出现就是为了替换原始的数据仪表盘，因为子弹图能够利用较小的空间表达丰富的信息。一般子弹图可以包含指标的当前表现、指标的预期目标和评定指标表现的区间等信息，网站的几个关键指标的子弹图效果如图3-18所示。

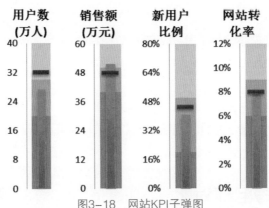

图3-18　网站KPI子弹图

图3-18将仪表盘的数据转化成了子弹图的形式，其中黄色的柱状图展现的是指标实际的值，红色横线是预期的目标值，其中销售额已经超过目标，转化率刚好实现目标，渐变的蓝色背景显示了指标表现的取值区间，分三段分别代表指标表现差、中、好的三个层次。所以每个子弹图中包含的信息非常丰富，不仅可以知道目前指标的表现与目标达成情况、离目标的差距，还可以清楚地看到目前指标表现的优劣，以便及时做出调整。

但有些时候，网站目标的设定不只要达到某个数值就可以，因为指标始终处于波动中，某个时间点达到目标并不能完全说明问题，有些指标的关键在于控制，能够让它在保持基本稳定的基础上有所提升，比如网站的转化率。对于这类指标，目标的设定不再是能够达到某个点，我们可以换一种思路，比如网站的转化率在一月份的31天内，至少有25天要超过目标值，我们可以用目标达成天数除以总天数计算得到"**目标达成度**"这个衡量数据，这样的设定更加客观现实，而且网站的运营人员可以对某些不可预知的因素具备调整的余地，有能力去达成这样的目标。如图3-19所示，用简单的折线图表现目标达成的情况，黄线为目标线，蓝线为指标的实际变化，借助下方的小柱状图来体现目标的达成情况及与目标间的差距。

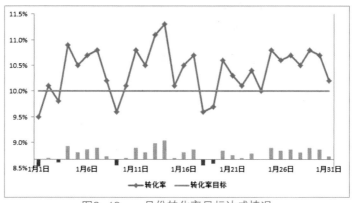

图3-19 一月份转化率目标达成情况

可以看出31天中有26天的转化率高于目标线，目标达成度为26÷31=83.87%，高于预期的25天的标准，这样就可以对网站的运营绩效做出更加客观合理的考核。

其实还有一个有效的比较方法就是基于专家绩效的比较，如果能够得到一个对该领域的专业知识和技能非常熟悉的专家团队的支持，那么对网站的评价就会容易许多。因为专家对网站的使用和评分就可以作为网站的最优标准，也就找到了比较的基准线。专家的数据可以当成一个理想化的状态，比如专家能够在最短时间内通过最少的操作完成预期的任务，所以我们可以将专家组的数据作为网站可以达到的优化目标，而目前数据与专家数据的差异就是目前网站存在的优化空间，这样的分析让我们能够明确自身在哪些模块距离最优的水平最远、优化的空间最大，我们完全可以从这些方面入手来实现最快最大的提升。

3.4 网站数据多维度细分

在网站分析的三板斧中，最后一种分析方法是细分分析。细分可以说是网站分析最常用的方法之一，与趋势分析和对比分析不同，细分必须借助专业的网站分析工具来完成。

3.4.1 指标和维度

细分简单来说就是维度与指标之间的相互组合。那么什么是维度？什么又是指标呢？在介绍细分之前，先来了解一下这两个基本的概念。在Google Analytics中，维度和指标是构成数据报告的两个最基本的元素。如图3-20所示，在每一个报告中都至少包含有一对维度和指标的组合。下面分别看一下指标和维度的定义及详细解释。

图3-20 指标和维度组成Google Analytics报告

1. 什么是指标

指标是用来记录访问者行为的数字，又可以分为基本指标和复合指标，之前的章节已经介绍过了。在Google Analytics中，最常见的指标包括访问次数、综合浏览量、访问深度、跳出率、平均网站停留时间和新访次占比，如图3-21所示。在这些指标中，访问次数、综合浏览量属于基本指标，基本指标是对访问者某种行为的简单记录和累加。例如，访问者在网站中每浏览一个新的页面，综合浏览量就会增加一次。访问深度、跳出率、平均网站停留时间和新访次占比属于复合指标。复合指标比基本指标要复杂些，通常经过指标之间的简单计算获得。表达的意义也比基本指标丰富一些。

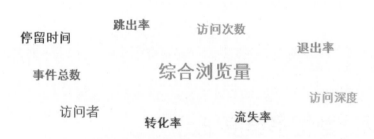

图3-21 网站分析常用指标

例如，访问深度通过访问次数与综合浏览量相除获得，表示访问者在每次访问中浏览的网页数量，对于内容型网站来说，访问深度越高越好。跳出率通过跳出访次与访问次数两个指标相除获得，表示目标网页的内容与访问者的匹配程度，内容的匹配程度越高跳出率就越低。关于这些常用的基本指标和复合指标的定义、含义、计算方法已经在第2章中有过详细介绍。

Google Analytics为我们提供了很多这样的指标,分别用来记录访问者在浏览网站时不同的行为。这些指标按照不同的类别显示在报告中。除了这些默认的指标外,我们还可以按网站自身的业务需求创建一些自定义指标。例如,当需要记录访问者点击网页上某个按钮的行为时,就可以创建一个自定义指标,取名叫"按钮点击次数"。

Tips

自定义指标的设置方式多种多样,没有特定的规则。即使业务完全相同的两个网站也可能有不一样的自定义指标。评价自定义指标的标准就是它是否能反映出业务关键点的变化情况。

2. 什么是维度

维度是观察访问者行为的角度。和指标不一样,单独的维度本身没有意义,只有当维度与指标在一起时才有意义。在Google Analytics中,常见的维度类别包括访问者属性维度、时间维度、流量来源维度、地理维度、内容维度和系统维度等,如图3-22所示。

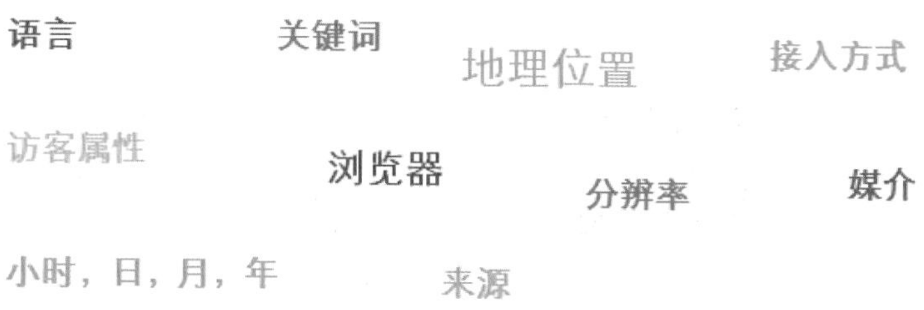

语言　　　　**关键词**　　　地理位置　　　　　　**接入方式**

访客属性　　　　　**浏览器**　　　　　分辨率　　　　　**媒介**

小时,日,月,年　　　　来源

图3-22 网站分析常用维度

在每个大的维度类别下还包括更多子类别维度。例如,访问者维度包括新访用户、回访用户;时间维度包括年、月、日、小时;流量来源维度包括搜索引擎、推介网站;地理维度包括国家、地区、语言;内容维度包括页面内容、页面属性;系统维度包括浏览器类型、操作系统类型、接入方式、屏幕分辨率,等等。

Google Analytics提供了很多的维度,和指标一样,我们也可以按自己的需求创建一些自定义指标或是组合指标。我们可以创建访问者的性别维度,例如男性访问者或女性访问者;一天中的时间维度,例如工作时间、休息时间;内容的组合维度,例如新产品类内容页和促销类内容页;广告的尺寸、位置及创意维度等。或者将不同的维度组合在一起创建组合维度,例如Google付费广告品牌关键词维度。

Tips

自定义维度是用来辅助进行指标分析的。它可以是现有维度的聚合,也可以是现有维度的细分,甚至是一个全新的维度。创建什么样的自定义维度取决于业务需求和指标分析时的深度。

3.4.2　为什么要使用细分

细分的最大价值是可以让我们看清问题的所在。通常在报告中我们获得的数据都是网站的综合情况。例如，网站的总访问量、总停留时间、总销售量等。如图3-23所示，这些数据将不同页面类型、不同内容和不同属性的用户产生的数据综合在一起报告给我们，就像是网站的一个整体轮廓。它虽然显示了网站的整体表现，但也隐藏了问题和机会。而我们的网站通常会有多个频道，不同的访问者在不同的频道里行为也不一样。比如访问者在文章频道的停留时间可能会长一些，但综合浏览量会低一些。而在下载频道可能停留时间会变短，但综合浏览量会提高。就算是结构最简单的网站，新访问者和老访问者的行为也是不一样的。而所有这些区别是无法通过汇总数据来发现的，因此我们需要获得更加详细的数据，才可以对不同属性的流量进行正确的判断。而获得详细数据的方法就是将网站的流量进行细分，所以，无论是从用户还是从网站的角度，流量细分都是很重要的。

图3-23　使用细分打破平均指标

在详细介绍细分方法之前，先列举一下细分可以带来的好处。

1.　避免产生采样数据

在Google Analytics里有一个数据采样机制，如图3-24所示，在你选择的报告时间范围内，如果网站被访问的次数超过500 000次，Google就会进行采样，并在报告中显示采样数据。在采样数据的表格中显示的是估算值，而当数据量不足时，就无法生成准确的估算值。

图3-24　触发采样数据提示

通过细分网站流量虽然不能完全避免采样数据的问题，但可以大幅减少采样数据，提高报告数据的准确性。因为和整站的汇总数据相比，在同样时间范围的报告中，细分报告只会显示单一群体（单一用户群或单一频道）的流量。例如，将访问者细分为注册用户和非注册用户后，在查看注册用户的报告时，非注册用户的访问次数将不会被计算在内。

2. 避免平均数陷阱

报告中提供的复合指标通常都是整个网站的平均值，比如平均网站停留时间、平均综合浏览量、跳出率等。这些平均值通常包含一些未知的陷阱，如果只看这些平均数就很容易犯错。

举个简单的例子说明一下这些平均值的计算方法：

注册用户A在网站停留了19秒；

非注册用户B在网站停留了1秒；

平均网站停留时间是10秒。

只看平均网站停留时间的话效果还可以，但如果将两组用户分开看就会发现两组数据有天壤之别，我们被平均值迷惑了。图3-25显示了同一个网站进行流量细分后的平均网站停留时间和跳出率数据，每行代表不同的用户或频道。很明显，第一行的数据表现较好，第三行的数据表现较差，而我们在查看整个网站数据时是无法发现的。

平均访问持续时间	跳出率
00:04:19	34.82%
00:04:44	20.11%
00:02:35	60.63%
00:03:47	46.63%

图3-25　平均停留时间和跳出率报告

3. 增加细分目标

细分流量后，我们还可以对不同的流量单独设定目标。比如可以把注册行为设置成非注册用户的目标，把发布信息设置成注册用户的目标。也可以针对不同的频道内容对频道内的用户设置目标。比如把上传和下载资料设置成资源频道的目标。把发帖和回帖设置成讨论组里的目标。这样做的好处是我们的目标转化率更加准确，不会被其他频道的流量影响。

举个例子来说明：

目标转化率=目标完成次数/总访问次数

假设网站有一个目标在A频道，而网站有A和B两个频道，在没有进行流量细分的时候，总访问次数（分母）就是A+B的总访问次数，这时候B频道访问次数的增减都会对目标转化率的计算有影响。而在细分流量之后，总访问次数变成了A频道的访问次数，还有一个问题就是B频道的访问者可能根本没来过A频道，无法被转化也很正常。

4. 深度洞察数据

细分后的数据可以更深入地了解网站不同区域的情况。看一下网站内容报告，在最受欢迎页面的报告中几乎总是那几个排在前面。这说明什么？其他页面都不如这几个页面的表现好吗？当我们将流量细分后可以看到每个频道中最受欢迎的页面，他们都是各自频道中表现最好的，但放在整个网站范围内就被淹没了。

3.4.3 什么是细分

细分就是指标和维度的组合。同一个指标在不同的维度下会显示出不同的属性。如图3-26所示，使用维度对指标中的数据进行层层分解就是细分。例如，网站的访问次数是1000，当这个指标与访问者维度组合时，会显示出新访用户是600，回访用户是400。这就是一次简单的细分！

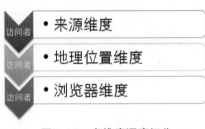

图3-26 多维度深度细分

Tips

细分是网站分析工具必备的功能之一，在有些网站分析工具中，也将细分称为数据下钻。虽然名称不一样，但都是通过不同维度对指标进行的深入分析。

---

1. 深度细分示例

深度细分同时使用多个维度对一个或多个指标进行细分。在Google Analytics的大部分报告中都支持同时使用3～4个维度对指标进行细分。这里我们同时使用6个维度对指标进行细分，并最终寻找到需要的数据。

例如某日，你的老板说："我想知道2010年3月10日北京地区使用Safari浏览器在Google搜索'蓝鲸'关键词并点击了自然排名结果访问网站的次数。"

听完这个需求后，你可能感觉有点晕，好多的条件混在一起，这个数据要如何获得呢？别急，分析一下就清楚了。在这句话其实包含了6个维度和1个指标。

6个维度分别是。

（1）时间维度：2010年3月10日

（2）地理维度：北京地区

（3）浏览器维度：Safari浏览器

（4）流量来源维度：Google

（5）流量属性维度：自然排名结果

（6）关键词维度："蓝鲸"

1个指标是：访问次数

同时使用这6个维度对访问次数指标进行细分需要多久才能获得数据呢？保守地说，加上之前分析和思考的时间在内，5分钟内就可以完成细分并获得数据。

下面详细介绍每一步的细分过程和所用到的报告及功能。

STEP 01 选择时间维度2010年3月10日。

STEP 02 在流量来源报告中选择搜索引擎子报告。

STEP 03 在搜索引擎报告中选择Google。

STEP 04 在Google的子报告中选择非付费关键词。

STEP 05 在Google的子报告中选择关键词"蓝鲸"。

STEP 06 在报告第一维度中选择地区。

STEP 07 在报告的第二维度中选择浏览器。

STEP 08 使用报告级过滤器过滤出"Beijing"、"Safari"。

通过上面的8个步骤就完成了6个维度的细分，并获得了需要的数据，细分后的报告截图如图3-27所示。

图3-27　深度细分报告

2. 自定义细分维度

如果你觉得前面的操作太复杂，需要思考的太多，时间太久的话，还有一种更快速更高效的方法，可以让你随心所欲地对任何指标进行6个维度的深度细分，图3-28所示就是自定义报告。

深度细分是自定义报告最大的用途之一，在自定义报告中，你可以对指标和维度进行随意组合，不用再考虑先选择哪个报告，再选择哪个维度等问题。

创建自定义报告

一般信息

标题　　　　新的自定义报告

报告内容

　报告标签　×　+添加报告标签

名称　　　　报告标签

类型　　　　探索　平面表格

指标组　　　指标组

　　　　　　+ 添加指标

　　　　　　+ 添加指标组

维度深入分析　+ 添加维度

图3-28　使用自定义报告进行设置细分

3.4.4　细分的常用方法

1. 标记用户群细分

第一种细分的方法通过行为对访问者进行标记，使用过滤器对访问者流量进行细分，细分用户群流量的原理是按照用户的行为通过调用Google Analytics里的_setVar("")函数对不同的用户群进行定义（在用户浏览器内新建一个_utmv的cookie，并将预先定义的值放在cookie里），然后通过过滤器进行分割，达到区分不同用户群流量的目的，如图3-29所示。

图3-29　通过utmv cookie对访问者分类

_setVar("")函数有三种方法可以为对用户进行分类。比如，我们将用户分类为bluewhale

★ **方法1**：通过用户访问特定的页面对其进行分类

在特定页面的追踪代码里调用_setVar("")函数，这时候所有访问过这个页面的用户都将被分类为bluewhale用户。

```
<script type="text/javascript" src="http://www.google-analytics.com/
ga.js"></script>
<script type="text/javascript">
varpageTracker = _gat._getTracker("UA-12347890-1");
pageTracker._setVar('bluewhale'); //设置用户分类
pageTracker._trackPageview();
</script>
```

★ **方法2**：通过用户点击特定的链接对其进行分类

在"注册成功！"的链接里加入onClick事件，当用户点击这个链接后被分类为bluewhale用户。

```
<a href="http://bluewhale.cc/" onClick="pageTracker._setVar('bluewhale
');">注册成功！</a>
```

★ **方法3**：通过用户的自主选择对其进行分类

在表单里调用_setVar("")函数，当用户选择"蓝鲸网站分析笔记"的选项后被分类为bluewhale用户。

```
<form onSubmit="pageTracker._setVar(this.mymenu.options
[this.mymenu.selectedIndex].value);">
<select name=mymenu>
<option value="bluewhale ">//设置用户分类
蓝鲸网站分析笔记</option>
<option value="WA">网站分析</option>
<option value="SEM">搜索引擎营销</option>
<option value="SEO">搜索引擎优化</option>
```

在细分用户流量之前，先要做好准备工作，就是明确每组用户的定义。这里的三组用户分别是：

★ 非注册用户——代表在网站没有注册行为的用户。

★ 新注册用户——代表在网站完成注册行为的用户。

★ 已注册用户——代表在网站进行登录行为的用户。

按照上面各组用户的定义，根据网站的注册和登录流程来对不同的用户赋值，区分出这三类用户。

★ 新注册用户：当用户完成网站的注册流程后，在页面或链接里调用_setVar("")函数，把用户定义为"新注册用户"。

★ 已注册用户：当用户登录网站时调用_setVar("")函数，把用户定义为"已注册用户"。

★ 非注册用户：未定义（没有注册和登录行为）的用户都属于"非注册用户"。

按照之前对频道流量的分割方法，又得到了三组不同用户的网站数据报告，见表3-9。

表3-9 用户分类报告数据

用户分类	平均网站停留时间	跳出率
非注册用户	00:01:20	55.28%
新注册用户	00:03:30	30.07%
已注册用户	00:03:02	31.87%

2. 创建高级群组

第二种细分的方法是在同一个报告中使用高级群组进行细分。高级群组是Google Analytics的一个非常有用的功能，比过滤器操作简单。高级群组可以贯穿整个时间段的报告，这里简单说一下在报告中创建不同用户群的高级群组，如图3-30所示。

图3-30　创建不同用户群的高级细分

如图3-31所示，在创建高级群组界面里，只需要选择用户定义变量来匹配不同用户群的值，AND，选择主机名称（或者页面）匹配不同的子域（频道）就可以了。

图3-31　选择细分进行对比

创建完自定义的高级群组后，可以在报告的顶部找到它们，如图3-31所示，左边是Google提供的默认分类，不允许修改，右边是刚才新建的高级群组，选定群组后，这些不同群组的数据会贯穿整个报告。

3.5 本章小结

根据不同的分析需要和分析目的，我们会通过多种来源获取数据，主要包括**日常的数据获取**、为某个**分析专题提取的数据**、或者从**外部收集到的数据**。

原始数据的质量关乎分析结论的有效性，所有数据准备中的数据清洗和数据质量验证是一个极其关键的步骤，目标是保证数据的**完整性**、**一致性**、**准确性**和**及时性**。

网站分析的基础方法：**趋势分析**、**对比分析**、**细分**。

趋势分析最常用的是同环比，趋势分析也是数据监控的最基础方法；对比分析让我们明确优劣好坏，从而做出有效决策，跟目标的比较能够有效地考核网站的绩效；细分是分析的最基础体现，是排查问题的利器，使用细分能够帮助我们将问题从整体一步步定位到细节，进而找到针对性的解决办法。

本章的内容基于数据的来源和准备，主要介绍了网站数据分析的基础方法，掌握这些基础方法将会使日常的分析工作顺利展开，但需要将方法灵活地运用到分析过程中去。

第**4**章

网站流量那些事儿——
网站流量分析

网站中常见的流量分类

对网站流量进行过滤

如何对广告流量进行追踪和分析

如何辨别那些虚假流量

为你的网站创建流量日记

流量波动的常见原因分析

流量是目前进行网站分析时提及频率最高的一个词，也是每个网站都非常重视的一个环节。那么流量是如何产生的？我们看到的网站流量数据准确吗？直接流量真的是访问者直接在浏览器地址栏中输入网址产生的吗？网站的虚假流量有什么特征？如何判断并查找出这些虚假流量呢？本章将对以上问题进行回答，并给出切实可行的操作方法。帮助你快速了解网站流量背后的秘密，并且对网站流量进行一次快速并且全面的体检。

Mr. WA，你好：

　　最近我们遇到了一个问题，网站的直接流量增长明显，但却找不出原因。我们希望获得一些分析直接流量的方法或建议，同时也希望自己对其他渠道的流量进行一次全面的检查。在检查之前，我们需要了解这些流量背后真实的含义，以确定检查的方法。请详细给我介绍一下网站的流量吧。

公司的营销推广部门遇到了问题，直接流量突然增高，同时他们也希望对现有流量进行全面检查，并希望了解每一部分流量的含义，以确定最适合的检查方法。看样子他们希望首先在内部对流量进行自查，营销推广部门的同事果然很努力好学。因此，我们需要详细介绍一下网站流量的分类和含义，并在营销部门有进一步需求的时候提供具体的分析和建议。

4.1 网站中常见的流量分类

通常，我们将网站的流量分为三大类，分别是直接流量、推介流量和搜索引擎流量，如图4-1所示。

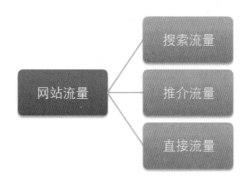

图4-1 网站流量分类

★ 直接流量是指访问者直接输入域名访问网站产生的流量。

　　★　推介流量是指访问者通过点击其他网站的链接访问网站产生的流量。

　　★　搜索引擎流量是指访问者通过点击搜索结果访问网站产生的流量。

　　三种流量的解释听起来简单易懂，在理论上概括了网站所有的流量来源，但在现实中却并不一样。下面逐一介绍这三种流量背后真实的故事，带你看清不同流量的本质。

4.1.1　网站中常见的三种流量来源

1.　推介网站流量

　　什么是推介流量？如图4-2所示，如果在http://webdataanalysis.net/上点击"蓝鲸的网站分析笔记"链接访问我的博客，那么这就是一个典型的推介流量，而webdataanalysis.net就是这次访问的推介网站。

图4-2　推介网站流量

　　在HTTP请求的referer字段中会记录下推介网站的URL地址。如图4-3所示，同时在页面加载后Google Analytics的追踪代码会向Google返回一条数据，参数中utmr也会记录到这个URL地址。

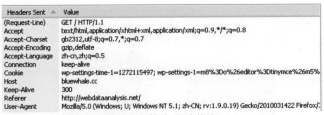

图4-3　推介网站信息

　　★　影响推介网站流量的因素

　　Google Analytics依靠referer字段来获得访问的来源URL，并根据是否有referer信息来对流量进行分类，但有时却无法获得这部分信息，比如：

- 　　点击Flash广告中的链接
- 　　点击包含在JS中的链接

- 使用鼠标拖曳链接打开页面
- ……

2. 搜索引擎流量

如果访问者是通过搜索引擎访问网站呢？当我们在搜索引擎中查询关键词的时候，搜索结果页的URL里会带有我们当前搜索的关键词内容。比如，当我在Google搜索我的网站域名，搜索结果页的URL是这样的：

如图4-4所示，在ga.js文件中，会对每次referer字段的URL进行比较，如果是搜索引擎就保存关键字信息，并一起发送回Google的服务器。

http://www.google.com/search?hl=en&**q**=bluewhale.cc&aq=f&aqi=g-slg2&aql=&oq=&gs_rfai=

q是Google的查询参数，后面是本次搜索的关键词。点击结果访问网站时，HTTP会把这个URL记录到Referer字段里。

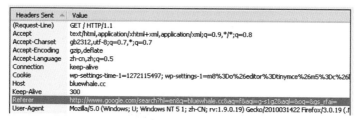

图4-4　搜索引擎及关键字推介信息

★ 影响搜索引擎流量的因素

Google Analytics依靠JS文件中的搜索引擎名称和查询参数列表来判断本次访问的来源，但JS文件中并没有覆盖所有的搜索引擎。所以当Google Analytics在找不到对应的搜索引擎名称或者查询参数的时候，就会把这次访问归为推介网站来源。

3. 直接访问流量

如果直接输入域名，如图4-5所示，或者从浏览器收藏夹中访问，在HTTP的请求中就不会有referer字段，同时Google Analytics的返回数据中utmr的值也会为空。

图4-5　直接输入网址访问网站

HTTP头信息记录访问的referer信息，Google Analytics按照referer信息对来源进行判断，有referer信息的算做推介来源，referer信息与JS文件中的搜索名称匹配的保留关键字信息，并算做搜索来源，没有referer信息的算做直接流量。

★ 影响直接访问流量的因素

所有丢失referer信息的来源都会被Google Analytics算做直接流量。所以，直接访问流量的组成比较复杂，里面可能包含了部分推介来源的流量，这会使报告中的直接流量膨胀。同时当访问者首先通过搜索引擎或标记链接访问网站后，再次直接访问时，这部分直接流量又会被记录为之前的访问来源，这些都会影响我们对直接流量属性的判断。下面将详细介绍直接流量里的秘密。

4.1.2 直接流量的秘密

直接流量：点击书签来到您的网站或在浏览器中键入您的网站网址的访问者。直接访问量可能包括通过离线（即出版物、电视）广告系列吸引来的访问者。

这是理想情况下直接流量的定义。但在现实中，直接流量所包含的内容要比定义里描述的复杂很多。直接流量是网站分析中的一个神秘的黑盒子，因为你永远都无法说清楚直接流量中具体包含了哪些流量来源，并且也无法像对搜索流量和推荐流量那样对直接流量进行细分。因此，当直接流量发生变化时，我们几乎不能通过传统逐层细分的方法来找到原因，也无法提供有效的建议和措施。那么，对待直接流量真的束手无策了吗？不，下面我们来揭开直接流量的秘密。

直接流量通常包含以下三大类的流量，如图4-6所示。

图4-6　直接流量分类

★ 访问者在浏览器地址栏中直接输入网址产生的流量

★ 访问者点击书签中收藏的网站URL产生的流量

★ 各种没有或丢失来源信息的流量，包括Flash广告、IM工具、弹窗广告等

这三大类流量虽然都统一被记为直接流量，但每一类的流量都有自己的产生原因和特点，而

这些产生原因和特点也是我们分析直接流量的重要依据。在了解了直接流量的定义和分类后，下面我们开始结合这些流量的产生原因和特点，通过5种不同的方法对直接流量进行分析。

1.　细分直接流量的Landing Page分析

方法一主要针对的是直接输入网址产生的流量。Landing Page是流量进入网站的入口页面，也就是访问者在网站中浏览的第一个页面。直接流量虽然是没有访问来源的信息，但一定会有自己的入口页面，如图4-7所示。而不同的入口页面则可以让我们对不同类别的直接流量进行简单的分析。

图4-7　直接流量Landing Page

★　访问者在浏览器地址栏中直接输入网址产生的流量

这类直接流量的Landing Page大部分都应该是网站的首页。因为首页的域名是整个网站中最短的URL。在访问者如此依赖搜索引擎的今天，如果非要他们记住一个URL，并且输入浏览器地址栏进行访问的话，我想一定是网站的域名。

所以，直接流量中Landing Page不是网站首页的那部分流量，大部分都不是访问者直接输入网址产生的流量。

★　访问者点击书签中收藏的网站URL产生的流量

点击书签访问网站的Landing Page相对复杂一些，因为网站中的任何一个页面都可能被访问者收藏，并再次访问。但我们也有方法识别出这类的流量，稍后将会给出一个解决的方法。

★　各种没有或丢失来源信息的流量

没有来源信息的流量的Landing Page是最复杂的一类，同样也是因为每一个页面都可能作为这类流量的Landing Page。对于这类流量在"方法一"中没有好的解决办法，但我们可以将Landing Page中访问量较大的推广页、专题页找出来，并找到与之相对应的站外广告进行检查，找出那些丢失来源信息的广告流量。

2.　分析直接流量的访问路径分析

方法二同样也是主要针对直接输入网址产生的流量。直接流量除了有各自的Landing Page

外，还有各自不同的路径，通过对直接流量的访问路径进行细分，如图4-8所示，即使是直接流量中某一个小类别的流量发生变化，我们也能找出原因。

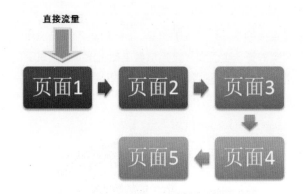

图4-8　直接流量访问路径

　　★　访问者在浏览器地址栏中直接输入网址产生的流量

同样都是直接输入网址的访问者，但每个访问者的目的却不相同，这些目的可以通过分析他们的访问路径获得。例如，当发现网站的直接流量变高，并且质量变差的时候，以网站首页为起点，通过路径分析发现，大部分新增的流量都访问了网站的某一个类页面，并最终离开网站。而结合这类页面的内容就很容易发现这类访客的目的。

　　★　访问者点击书签中收藏的网站URL产生的流量

通过书签或收藏夹访问网站的流量也可以使用路径来分析目的，但需要我们先对收藏行为和来自浏览器收藏夹的流量进行准确标记，然后在报告中过滤出这部分的流量。具体的方法并不复杂，稍后会进行详细介绍。

　　★　各种没有或丢失来源信息的流量

路径分析并不太适用于丢失来源信息的流量，因为这部分流量来源各异，并且没有规律。这里可以使用跳出率指标来分析这类Landing Page非首页的直接流量。因为我们知道，纯正的直接流量是网站忠诚度最高的那类访客，而因为丢失来源信息而被划分到直接流量中的用户与之有很大的差别，所以，Landing Page非首页的直接流量中，跳出率高的大部分属于没有或丢失来源信息的流量。

3. 直接流量的站内搜索关键词分析

方法三适合于各种分类的直接流量。想知道直接流量的访问者来网站的目的吗？除了对访问者的路径进行分析之外，最好的方法就是分析直接访问者的站内搜索关键词了。这里可以使用高级细分按直接流量的Landing Page或跳出率将直接流量做分类，如图4-9所示。然后分析不同分类的直接流量使用站内搜索的情况，以及关键词的变化。

图4-9 细分到达网站首页的直接流量

4. 直接流量的地域分布分析

方法四也是主要用来分析直接输入网址产生的流量。通常，当我们进行线下推广和广告时，都会造成直接输入网址的直接流量增长（同时SEO品牌词的流量也会受到影响）。线下推广和活动的地域限制比线上更加明显。所以，通过对直接流量按地域进行细分可以获得流量变化的原因，如图4-10所示，同时也可以检验线下活动的效果。

图4-10 细分不同地域到达首页的直接流量

5. 直接流量中的新老访客分析

方法五主要针对通过收藏夹访问产生的流量。但这并不是辨别收藏夹流量的最终方法。对于直接流量，可以用访客类别进行细分，最简单的分类方法是新访用户和回访用户，如图4-11所示。而对于使用收藏夹访问网站的用户中，大部分都应该属于回访用户（访客未删除cookie的情况下）。所以，如果你发现大部分新增直接流量都是新访用户时，他们就不太可能是通过收藏夹产生的流量。

图4-11　细分直接流量中的回访流量

　　前面介绍了五种分析直接流量的方法，不过大部分都是针对直接输入网址产生的流量。对于收藏夹流量和丢失来源信息的流量有什么好的方法吗？有的。分辨这两类直接流量最好的方法在于之前的流量标记和页面标记。做好这些工作，收藏夹流量和丢失来源信息的流量就不会再混入直接流量中了。下面介绍四种常用的辨别及标识直接流量的方法。

1. 为URL增加标记

　　辨别丢失来源信息流量最好的方法之一，就是为这些流量打标记。当浏览器及追踪工具不能正确获得这个访问者来源的时候，手动为这些推广流量进行标识是最有效的方法。这样做还有一个好处，就是标记过的流量将在Google Analytics报告中被单独记录为Campaign流量，且不会与直接流量混淆。毕竟，广告流量和直接流量在访问特点上还是有很大差异的。

2. 创建影子页面

　　辨别流量的第二种方法是创建影子页面，有时候，因为SEO和其他的原因我们不能对现有的页面及URL进行修改。而我们又必须将推广的流量与页面的自然流量进行区分。这时候，最好的方法就是复制一个影子页面，通过记录影子页面的流量来分辨不同渠道流量的效果。

3. URL自动添加参数

　　URL自动添加参数是另一类对URL增加标记的方法，这种方法主要针对IM类的聊天工具。很多时候，访问者会将网站的URL发给自己的好友或QQ群中。而当其他访问者点击URL访问网站时，这些流量都被记录为直接流量了。URL自动添加参数的方法是当访问者复制了浏览器地址栏中的URL并再次粘贴时，URL尾部会自动增加一个标识符。与原来的目标页面进行区分。这样，当我们在报告中看到带有标识符的目标网址时，就可以知道它们其实并不是真正的直接流量，如图4-12所示。

tynt_ publisher tools

Having trouble reading this email? Click here.

BLUEWHALE.CC 30 DAY SEO OVERVIEW

June 24 - July 23

Copies

Content left your site

5,629 times

between June 24 and July 23.

■ Search Copies 88% (4965)
Copies 7 words or less.
Users leave your site to find more information on these terms
■ Non-Attributed Copies 0% (0)
Copies longer than 7 words, with no link attached
■ Attributed Copies 53% (3004)
Copies longer than 7 words, with a link attached
See the SEO Links Report for more details
■ Image Copies 0% (23)

图4-12　来自URL自动标记产生的流量

URL自动添加参数的方法很简单，只需要在网站页面的底部添加一段JS就可以了。现在已经有免费的工具可以使用了，并且它还会定期报告用户复制和粘贴的次数、这个行为产生的具体页面以及这类流量的来源等信息。

4. 收藏夹UTM标记

收藏夹UTM标记是我按照URL自动添加参数想出的一种方法。有兴趣的朋友可以写一段代码测试一下。思路很简单，当访问者点击网站页面的收藏按钮时，自动产生一段带有UTM标记的URL：

```
http://bluewhale.cc/?utm_source=Bookmark&utm_medium=Direct&utm_
campaign=Bookmark_traffic
```

而当访问者收藏了带有UTM标记的链接，并且再次访问时，我们就可以区分出这次访问来自收藏夹了。

Mr. WA，你好：

感谢你及时的回复和详细的介绍，现在我们已经了解了网站的流量分类和直接流量的分析方法。并且找到了直接流量发生变化的原因，是因为一部分客户端广告的流量没有进行标识导致被错误记录。

现在我们有两个新的需求：

1. 对网站流量进行过滤，由于之前直接流量的异常变化影响了对广告流量表现的评估，因此我们需要一个只包含广告流量的数据报告。能帮我们讲解一些具体的操作方法吗？

2. 我们希望对网站的所有流量进行重新命名和标记，尤其是付费的广告流量，这部分流量成本较高，我们一直希望提高它的效果，请问你有什么好的方法吗？

看来之前的方法和建议很管用，营销部门自己解决了直接流量的难题，相信他们会仔细标记流量，避免同样问题的出现，同时再遇到这样的问题，他们也已经掌握了分析的思路和方法了。公司的数据氛围正在营销部门中开始形成！同时，新的需求出现了，下面需要进一步帮助营销部门捋顺不同类别的流量。

4.2　对网站流量进行过滤

在常见的三类流量来源中，除了直接流量外，其他的几个类别还会包含很多细分的类别，比如搜索引擎来源又包含Baidu和Google两个不同的搜索引擎，推介流量会包含不同网站的浏览来源，即使是来自同一网站的推介流量又可以细分为不同页面的推介流量。而其他类别的流量会包括不同的广告系列的流量，如Banner、论坛和软文链接等。虽然Google Analytics在流量来源报告中提供了深入细分维度的下钻功能，但很多时候我们还是需要针对某一细分维度的流量来源进行单独的监控管理和目标设定。这时候就需要使用自定义过滤器来分隔不同来源的流量，如图4-13所示。

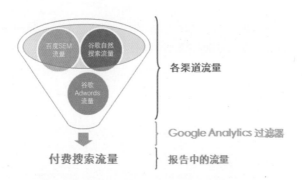

图4-13　使用Google Analytics过滤网站流量

4.2.1　过滤流量来源的基本原理

在Google Analytics的自定义过滤器中，有5个字段是用来设置并过滤流量来源的，它们分别是：
★ Campaign Name//广告系列名称
★ Campaign Source//广告系列来源
★ Campaign Medium//广告系列媒介
★ Campaign Term//广告系列字词
★ Campaign Content//广告系列内容

这5个字段都是基于cookie值进行过滤工作的，图4-14中的6个步骤简单地说明了GATC从获取访问者的来源信息一直到最终生成报告的过程。

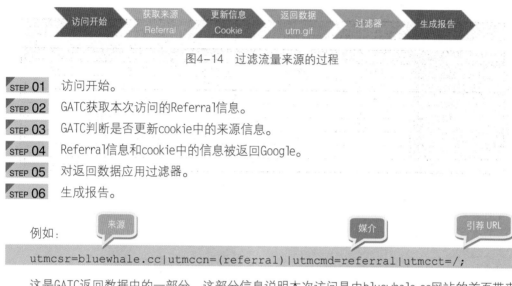

图4-14　过滤流量来源的过程

STEP 01　访问开始。

STEP 02　GATC获取本次访问的Referral信息。

STEP 03　GATC判断是否更新cookie中的来源信息。

STEP 04　Referral信息和cookie中的信息被返回Google。

STEP 05　对返回数据应用过滤器。

STEP 06　生成报告。

例如：

utmcsr=bluewhale.cc|utmccn=(referral)|utmcmd=referral|utmcct=/;

这是GATC返回数据中的一部分，这部分信息说明本次访问是由bluewhale.cc网站的首页带来的一次推介访问。此时，如果你在自定义过滤器中排除了来自bluewhale.cc这个网站的访问，或是排除了任何来自推介的访问，又或者是排除了任何来自首页的推介访问，那么与这次访问有关的数据都将被过滤掉，将不会显示在报告中，并且被过滤的数据将无法找回。

4.2.2　Google Analytics流量过滤速查表

通过在自定义过滤器中对这5个字段进行设置，可以获得流量来源报告下钻过程中任一级别、任一维度的访问来源信息。例如某一推介来源、某一推介页面、某一搜索引擎、某一关键字等细分维度的流量来源信息。

听起来很强大的样子，好像我们已经可以随心所欲地分割和控制网站流量了。但如何实施呢？别急，光说不练是假把式。下面详细说说如何实现。

图4-15是我做的"Google Analytics自定义过滤器速查表"，只要按此表操作就可以轻松完成流量来源的过滤和细分工作。整个过程非常简单，下面就详细介绍这个表的用法。

正文部分第1行是5个自定义过滤器的字段名称，第2行是对应的cookie值，第3行是对应的报告名称，后面几行是四种流量来源的内容。其中我将Campaign分为了Campaign、Adwords和SEM，因为这部分都是需要预先自定义的，所以你可以用自定义的流量标记值来替换当前的参数标签。

在使用这个表时,主要关注下第1行过滤器字段名称和后面对应的流量来源内容就可以了。其中蓝色表示按类别过滤,绿色表示自定义细分过滤,右上角有红色三角格子的表示需要用你的过滤内容替换掉表中的内容。

Google Analytics Custom Filter ShortCut

Blog:www.bluewhale.cc Contact:cliff1980@gmail.com

Filter Field		Campaign Name	Camepaign Source	Campaign Medium	Campaign Term	Campaign Content
Cookie Value		**utmccn**	**utmcsr**	**utmcmd**	**utmctr**	**utmcct**
Report		Campaigns	Source	Medium	keywords	Ad Versions
Campaign (Customize)	Campaign	utm_campaign	utm_source	utm_medium	utm_term	utm_content
	AdWords	utm_campaign	utm_source	utm_medium	utm_term	utm_content
	SEM	utm_campaign	utm_source	utm_medium	utm_term	utm_content
Search		(organic)	google	organic	keywords (UTF8)	
Direct		(direct)	(direct)	(none)		
Referral		(referral)	bluewhale.cc	referral		referral path

图4-15 Google Analytics流量过滤速查表

如图4-16所示,过滤所有来自搜索引擎的流量,这属于按类别过滤。所以按图索骥,先找到Search行,然后找到标蓝的部分(organic),再找到对应的列名称(Campaign Medium),在自定义过滤器中选择Campaign Medium字段选择包含organic就可以了。

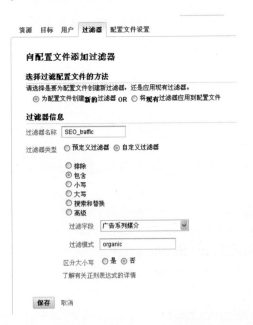

图4-16 Google Analytics SEO流量过滤器设置

例如,要过滤来自某一具体搜索引擎的流量,再按图索骥,先找到Search行,然后找到标绿的部分(Google),再找到对应的列名称(Campaign Source),在自定义过滤器中选择Campaign

Source字段，然后用搜索引擎名称替换掉Google，再选择包含就可以了。

4.3 如何对广告流量进行追踪和分析

广告流量是一类特殊的流量，具有如下两个特性：

★ 广告流量人工标记的流量，不同于搜索流量、直接流量和推介流量；

★ 广告流量需要花钱购买的流量，因为涉及成本因素，所以在网站流量中备受关注。

准确地辨别出广告带来的流量，并衡量这部分流量的效果对于营销效果及ROI分析很重要。下面将介绍如何通过流量标记的方法对广告流量进行标识和区分，以帮助你更好地分析广告流量带来的效果。

4.3.1 对你的流量进行标记

Google Analytics主要依靠媒介和来源两个维度来区分网站的流量，我们都知道，使用工具网址构建器可以自由地对流量进行标记。但你知道标记流量有哪些规则吗？这些规则又会对报告的使用产生哪些影响呢？下面将详细介绍这些流量标记的规则。

先来问个问题，在标记来自百度竞价的流量时，来源/媒介该使用baidu/jingjia或者是baidu/sem，还是baidu/ppc好呢？为什么呢？事实上这三种标记方式都可以有效过滤出百度竞价的流量，并且在设置高级细分和过滤器时也都没有任何问题。那么这三种标记方法到底有什么差别？选择哪种流量标记方式是正确的呢？

1. Google Analytics对流量的分类

Google Analytics在报告中将流量分为三大类，直接流量、推介流量和搜索流量。其中搜索流量包括了付费搜索流量和自然搜索流量，如图4-17所示。

图4-17 Google Analytics对流量的分类

Google按照流量的来源和媒介标记分别将它们汇总，并输出到不同类别的报告中。这就是Google Analytics对网站流量的分类标准，也是整个流量来源报告的分类体系（这里再次介绍流量分类是为了保持章节内容的完整性）。

2. 错误标记流量产生的问题

现在回到前面的那个问题，在标记百度竞价的流量时，使用baidu/jingjia或者是baidu/sem，还是baidu/ppc都是没问题的，但这三个里面只有baidu/ppc是正确的。因为它符合Google Analytics对流量的分类规则。有朋友可能会说，我标记流量只是为了识别，既然前两种都没问题，为什么要按照Google的分类规则来标记流量呢？

三种标记的方法虽然都可以达到识别流量的目的，但在报告中的分类却截然不同。同样是来自百度竞价的流量，标记为baidu/jingjia或baidu/sem会被记录为其他流量，而标记为baidu/ppc的会被记录为搜索流量中的付费搜索流量。现在看出问题了吗？这部分流量可能根本就没被记录在搜索流量的报告里，而是在campaign的报告中。这时报告中的分类和饼图也都无法说明流量的正常分布情况了。并且默认的高级细分也不能用了，需要你自己单独创建高级细分。总之，错误地标记流量可能会打乱现有的流量分类和报告结构，并对以后的操作产生影响。

Tips

Google Analytics主要依靠媒介信息对流量进行分类。None是直接流量，referral是引荐流量，organic是自然搜索（SEO）流量，cpc,cpp,cpm…等是付费搜索（SEM）流量，除此之外是campaign流量。

3. 正确标记付费搜索引擎流量

对于付费搜索引擎的流量，除了ppc之外，Google Analytics还提供了cpa、cpm、cpv和cpp几种媒介标记方式，使用这几个名词标记的付费搜索引擎流量都将被记录在报告的搜索引擎分类中。这样标记后，无论是使用搜索引擎报告中的付费和非付费分类，还是使用默认的高级细分都可以准确地分割出相应的流量，也为以后的分析和获取数据工作减轻了不少负担。

4. CPC—Google的特有标记

在付费搜索引擎的媒介标记中，有个特殊的名称cpc。这个是Google Adwords特有的名称。当在Adwords中使用自动标记功能后，这部分流量的媒介将被定义为cpc。所以，cpc是Google的保留媒介名称。为了避免混淆，我们不应该再将cpc用在其他流量来源的标记中。

5. 正确标记各类流量来源

前面说了一堆搜索引擎的标记规则；其实推介流量也有自己的规则，就是referral。在标记流量前需要先想清楚这部分流量的属性、与其他流量的关系，以及以后统计和报告操作时的方便程度。既要能分辨出不同的流量来源，又不能打破原有的流量分类标准。这样才能高效地使用报告中提供的各个功能。

除了搜索和推介流量外，其他的流量来源虽然没有固定的标记规则，但使用统一的标准来标记流量始终是个最好的方法。例如，对电子邮件产生的流量失踪标记为email，这样就可以很轻松地识别和过滤出这部分的流量。

4.3.2　区分搜索付费流量与免费流量

在前面的章节中，我们对广告流量进行了有效的标记和区分，这使我们可以在报告中对流量进行清晰分辨。但在实际工作中，我们还需要了解流量更新的细节信息。比如，针对广告流量来说，不同的网站会使用不同的方法来购买和获得流量，在标记和区分流量的过程中，我们必须能清晰地分辨出不同来源、广告类型和来自不同广告位的流量情况。最常见的付费流量来源就是搜索引擎广告了，如图4-18所示，下面将逐一介绍对Google和Baidu付费搜索广告的标记和追踪方式，以及改进和优化的思路。

付费搜索流量 (SEM)
Baidu
自然搜索流量 (SEO)
搜索引擎流量
付费搜索流量 (SEM)
Google
自然搜索流量 (SEO)

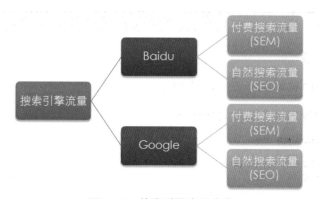

图4-18　搜索引擎流量分类

在Google Analytics流量来源报告的关键词报告中，列出了所有通过搜索引擎访问网站时使用的关键词。这些关键词可以帮我们了解访客此次访问的意图。同时，Google Analytics还对这些关键词进行了分类，将点击自然搜索结果访问网站的关键词标记为“非付费关键词”，将点击付费搜索结果访问网站的关键词标记为“付费关键词”，如图4-19所示。

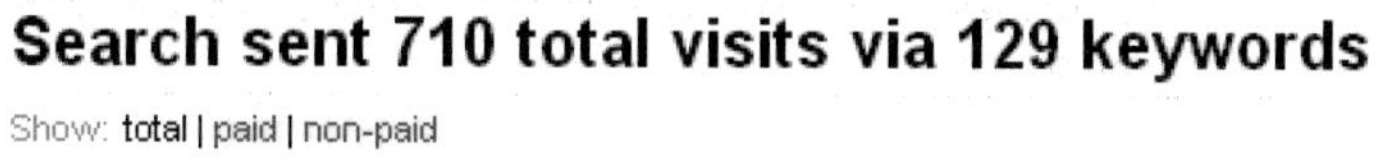

Search sent 710 total visits via 129 keywords
Show: total | paid | non-paid

图4-19　区分付费关键词与免费关键词

“非付费关键词”是网站在搜索引擎的自然排名，或SEO排名。“付费关键词”是网站花钱购买的关键词。通常当我们打开Google Analytics的关键词报告时，显示的是所有关键词数据。

我们可以点击报告顶部的选项来选择查看"付费关键词"或是"非付费关键词"。但你通常会发现，"付费关键词"选项下是空白的，也就是说Google并没有将付费关键词和非付费关键词进行自动区分。为什么会这样呢？因为Google其实也不知道该如何区分这些关键词。我们需要对关键词进行一些设置，帮助Google Analytics进行区分。

1. 来自Google的付费关键词

先看下来自Google的付费关键词，简单地说就是Adwords的关键词。有两种方法可以对这类关键词进行区分。

★ 方法一

第一种方法是使用Adwords的自动标记功能。Adwords和Google Analytics同属Google产品，有着很好的结合性，Google Analytics可以将带有Adwords自动标记的关键词自动记录为来自Google的付费关键词。这种方法既简单又快速，只需要在Adwords后台勾选设置就可以完成，如图4-20所示。

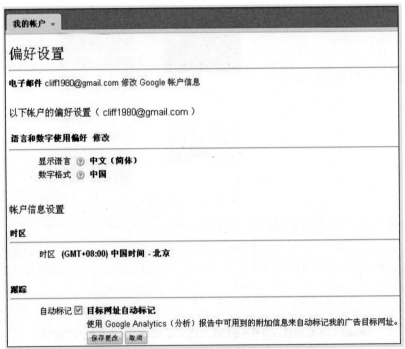

图4-20 Google Adwords关键词自动标记功能

★ 方法二

第二种方法是使用工具网址构建器，对关键词的目标网址进行标记。效果和第一种方法完全相同，但设置起来比较复杂。具体的做法是在设置网址标记时必须将来源设置为Google，媒介设置成cpc，如图4-21所示。

图4-21　工具网站构建器标记流量

2.　百度的付费关键词

百度的付费关键词是指百度竞价。在Google Analytics中区分百度竞价关键词的方法只有一个，就是使用工具网址构建器手动标记关键词的目标网址，具体做法和标记Google关键词的第二种方法类似，唯一的区别是将来源改成Baidu就可以了，即来源Baidu；媒介ppc。

3.　其他搜索引擎的付费关键词

标记完百度付费关键词后已经可以看出一些规律了，Google Analytics主要通过媒介的标记来区分关键词属性。例如，媒介是cpc、ppc的关键词，都会被归为付费关键词。按照这个规律也可以将来自Sogou、Soso、有道的付费关键词也分别标记出来。不过，有一点需要注意，Google Analytics默认是不会记录这些搜索引擎的关键词的，所以标记前先在GATC中添加这些搜索引擎吧。

```
_gaq.push(['_addOrganic', 'soso', 'w']);//添加soso搜索引擎
_gaq.push(['_addOrganic', 'youdao', 'q']);//添加youdao搜索引擎
_gaq.push(['_addOrganic', 'sogou', 'query']);//添加sogou搜索引擎
```

4.3.3　监测百度竞价流量ROI

百度竞价排名按所购买关键词的点击次数收费(CPC),每次的广告点击费用看似很低。但积少成多也是一笔不小的投入。

这些投入是否有效?能给网站带来多大回报?这是每个网站都会问的问题。如何对百度竞价进行监测,并对广告实际效果进行有效的衡量就变得至关重要了。

1. 计算百度竞价ROI

ROI是投资回报率的缩写(ROI Return On Investment),指通过投资所获得的价值(如图4-22所示)。ROI的计算公式:

$$投资回报率(ROI)=利润/投资总额×100\%$$

具体到百度竞价:百度竞价ROI=网站获得的回报/百度竞价总投入×100%

在上面的公式中,只要知道两个条件就可以计算出百度竞价的投资回报率,第一个条件是百度竞价的广告总投入,第二个条件是网站获得的回报。其中,第一个条件很容易知道,百度竞价的后台会提供广告花费记录,第二个条件通过统计也可以知道。

举个简单的例子说明一下。

假设我的博客参加了百度竞价,购买了"蓝鲸网站分析笔记"这个词,并且每月固定消费5000元。这个词指向到网站上一个有我联系电话的页面。通过统计,《蓝鲸网站分析笔记》这个月通过我的联系电话共销售了100本,每本利润20元。

现在,两个条件都知道了。

(1)百度竞价的广告投入是5000元/月

(2)百度竞价每月给我带来的回报是2000元

百度竞价ROI=2000元/5000元×100%=40%

图4-22　网站投资回报率ROI

如图4-22所示，投资回报率=100%的时候说明投入与回报持平，就是不赔也不赚。上面40%的情况说明我只收回了投资的一半，另外一多半（60%）打水漂了。而实际情况可能会更惨，因为有我联系电话的页面不只会被百度竞价的访客看到，也会被来自Google和其他途径的访客看到并打电话购买。而我的联系电话也会有很多人知道，可能是我线下的朋友把《蓝鲸网站分析笔记》推荐给了同事并留下联系电话。这些又进一步造成了对回报统计的不准确（实际情况可能比40%还要低）。

为了更准确地统计百度竞价的投资回报率，需要对第二个条件进行细分，将通过投入带来的回报与正常的回报区分开。最简单的方法就是为百度竞价单独建立一个页面，这个页面唯一的入口就是百度竞价，并在页面上放置一个唯一电话号码，如图4-23所示。这样统计出的效果会比之前更准确一些（其实还会有差异，比如访问者点击广告后看到页面信息，但当时没有购买，过后又通过Google搜索另一个关键词找到联系方式并最终购买）。

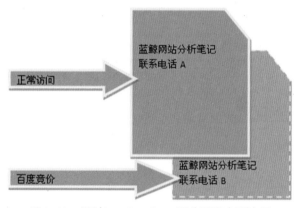

图4-23　通过Landing Page区分不同来源流量

2. 为什么使用Google Analytics监测

看样子我们已经成功计算出了百度竞价的ROI，为何还要使用Google Analytics呢？因为计算ROI只是第一步，我们的目标是提高ROI。按照上面的方法我们只知道百度竞价两端的数据（投入和回报），并计算出整体的投资回报率，但无法对其进行优化，也就无法提高ROI。

并且在实际的操作过程中情况会更加复杂，我们不只购买一个关键词，而是会购买很多关键词，这些关键词的属性各异，并指向不同的页面，而访问者在点击了百度竞价后的行为也是千奇百怪。我们需要有强大的工具来帮助监测不同关键词，不同页面和不同访问者的表现，充分掌握中间的浏览、停留、转化等过程，这样才有可能提高广告的投资回报率。

3. 监测百度竞价ROI前的准备工作

STEP **01**　区分来自百度竞价关键词的流量

首先通过工具网址构建器对百度竞价的关键词进行标记，如图4-24所示（这里再次介绍流量标记是为了保证章节内容的完整性）。

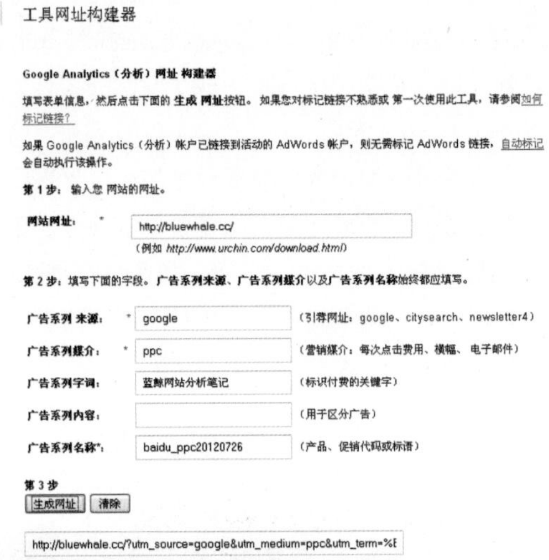

工具网址构建器
Google Analytics（分析）网址 构建器
填写表单信息，然后点击下面的 生成 网址按钮。如果您对标记链接不熟悉或 第一次使用此工具，请参阅如何标记链接？
如果 Google Analytics（分析）帐户已链接到活动的 AdWords 帐户，则无需标记 AdWords 链接，自动标记会自动执行该操作。
第 1 步：输入您 网站的网址。
网站网址：*
http://bluewhale.cc/
（例如 http://www.urchin.com/download.html）
第 2 步：填写下面的字段。广告系列来源、广告系列媒介以及广告系列名称始终都应填写。
广告系列 来源：*
google
（引荐网址：google、citysearch、newsletter4）
广告系列媒介：*
ppc
（营销媒介：每次点击费用、横幅、电子邮件）
广告系列字词：
蓝鲸网站分析笔记
（标识付费的关键字）
广告系列内容：
（用于区分广告）
广告系列名称*：
baidu_ppc20120726
（产品、促销代码或标语）
第 3 步
生成网址
清除
http://bluewhale.cc/?utm_source=google&utm_medium=ppc&utm_term=%E
图4-24　通过工具网站构建器标记百度竞价流量

通过工具网站构建器为每个关键词创建了带有标记的独特访问链接，这些链接是唯一的，用来追踪百度竞价关键词的效果。

```
http://bluewhale.cc/?utm_source=baidu&utm_medium=cpc&utm_term=%E8%93%9D%E9%B2%B8%E7%BD%91%E7%AB%99%E5%88%86%E6%9E%90%E7%AC%94%E8%AE%B0&utm_campaign=baidu_cpc20100405
```

百度竞价专业版让我们很难对每个关键词都进行精确的追踪，所以要先确定好要追踪的范围：是推广计划、推广单元还是关键词。追踪推广单元是最简单的，但数据会很模糊，而如果对关键词进行逐个追踪在设置上会比较麻烦，需要对每个关键词单独建立一个推广单元，如图4-25所示，但在后面的细分环节对ROI的提高很有帮助。这可以视具体情况而定。

添加创意
输入创意标题：
蓝鲸的Web Analytics笔记
{+}插入通配符
输入创意描述第一行：
蓝鲸网站分析笔记分享网站分析方面的经验，介绍网站分析工具。提供网站分析资源下载。
{+}插入通配符
输入创意描述第二行：
欢迎加入蓝鲸网站分析QQ群：70999808一起分享和讨论网站分析的话题。
{+}插入通配符
输入访问URL：
http:// E7%AC%94%E8%AE%B0&utm_campaign=baidu_cpc20100405
输入显示URL：
http://bluewhale.cc/
保存
重置
图4-25　在百度竞价添加标识后的URL地址

将添加标记的链接加入到百度竞价的访问URL里。当访问者点击这个链接后，我们就可以知道，他是来自百度竞价，并点击了“蓝鲸网站分析笔记”关键词的访客。

同时，还需要对百度竞价建立单独的页面，这

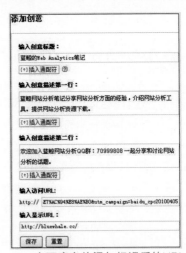

个页面只有通过百度竞价可以访问到，并且在页面上留有唯一的联系电话，这样就可以将这个联系电话产生的回报与链接到此页面的百度竞价关键词进行有效的关联，以避免与其他渠道的访客混淆。

如果你的网站是在线提交订单或者可以计算出访问回报概率的话，可以使用Google Analytics的创建目标功能，通过建立目标价值和每次访问价值可以很方便地看到推广的效果并计算ROI。

STEP 02 细分百度竞价ROI

百度竞价的回报是由很多关键词产生的，我们计算出的ROI是百度竞价的整体表现。如果要提高整体ROI，需要对里面的每部分进行细分，细分的深度和之前确定的追踪范围有关，如果是按关键词进行追踪的，那么可以细分到所购买的每个关键词的ROI，如图4-26所示。

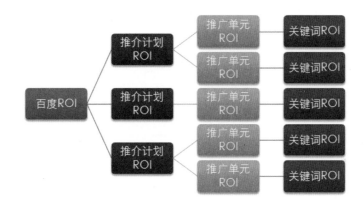

图4-26　细分百度投资回报率ROI的构成

★　百度竞价ROI=网站获得的回报/百度竞价总投入×100%

★　百度竞价推广计划ROI=推广计划产生的回报/推广计划总投入×100%

★　百度竞价推广单元ROI=推广单元产生的回报/推广单元总投入×100%

★　百度竞价关键词ROI=关键词产生的回报/关键词总投入×100%

细分到关键词深度时，根据不同关键词的投资回报率数据，可以对关键词进行优化。当发现投资回报率很低的关键字，可以结合关键词的点击量、相同入口页面的其他关键词表现、Google Analytics报告中的停留时间、跳出率等数据综合分析，决定是否继续购买这个关键词。

4. 如何提高百度竞价的ROI

★　方法一：增加对高ROI关键词的投入

通过把低投资回报率关键词的投入，增加到高投资回报率关键词上，在同等投入的情况下可以提高百度竞价的整体ROI，如图4-27所示。

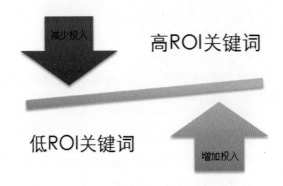

图4-27　提高关键词投资回报率ROI

假设1万元广告预算，同时购买两个关键词，获得回报8000元（ROI=80%）

关键词1：蓝鲸网站分析笔记ROI=2000元/5000元×100%=40%

关键词2：蓝鲸的Web Analytics笔记ROI=6000元/5000元×100%=120%

同样1万元的广告预算：单独购买关键词2，获得的回报12000元（ROI=120%）

关键词2：蓝鲸的Web Analytics笔记 10000元×120%ROI=12000元

★　方法二：提高登录页面转化率

优化现有百度竞价关键词的登录页面，提高访问者的转化率。在同等投入、同等访客数量的情况下提高整体ROI。

假设1万元广告预算，3000名访客，转化率20%，每位访客回报20元，共计12000元。

ROI=（3000×20%×20）/10000=120%

当转化率提高5%后：

同样1万元广告预算，转化率25%，每位访客回报20元，共计15000元。

ROI=（3000×25%×20）/10000=150%

★　方法三：提高每位访客的回报价值

通过增加每位独立访客产生的回报，在同等投入、同等访客数量的情况下来提高整体ROI。

假设1万元广告预算，3000名访客，转化率20%，每位访客回报20元，共计12000元。

ROI=（3000×20%×20）/10000=120%

同样1万元广告预算，3000名访客，转化率20%，每位访客回报30元，共计18000元。

ROI=（3000×20%×30）/10000=180%

4.3.4　挖掘有价值的搜索关键词

前面介绍了对搜索引擎流量及关键词的标记，下面再进一步从中挖掘最有价值的那部分关键词。以下是关键词挖掘思路和详细的操作方法，如图4-28所示。

图4-28　挖掘有价值的搜索关键词

找到一个有价值的关键词，再加上好的搜索排名，就可以给网站带来大量的优质流量。在搜索引擎营销中，无论是SEO还是SEM也都在为这两件事奋斗着。下面我们将从网站分析的角度找到对网站最有价值的关键词，并扩大这些关键词的价值。

1. 挖掘关键词的基本原理

通常来说，在搜索引擎中排名越靠前的关键词获得的点击量也就相对越多。无论是SEO，还是SEM的工作，主要目标也都是提高某些关键词在搜索结果中的排名，就算不能排到前三，也要保证排到第一页。

虽然SEM的衡量指标并不是单纯的排名，还会有点击量、点通率、点击成本以及ROI等指标来衡量，但购买关键词这个行为本身也是为了提高关键词的排名和曝光率。

挖掘有价值关键词的基本原理是，使用关键词在搜索引擎中的页排名(注意：这里是页面顺序，而不是排名顺序)对关键词进行细分，类似于在报告中创建了一个自定义的第二维度。然后按照网站目标转化率和电子商务收入衡量关键词价值，找出有价值的关键词，并将其加入到搜索引擎营销计划中，进一步提高关键词的价值。这个原理说起来不太好理解，不过后面会有一步一步的操作。

STEP 01　为网站设置合理的目标

为了衡量关键词的价值，首先需要设定一个目标，这个目标可以任意选择，可以很简单，也可以很复杂，但必须要和网站的目标一致。例如，你当前的目标是希望提高网站的PV或者停留时间，那么就可以选择这两个指标作为你的目标，当关键词带来的访问浏览了超过几个页面或停留了多长时间后，就将关键词设定为有价值关键词。

不过，通常网站的目标都不会这么简单，PV和停留时间只能算是一个辅助性的指标，单纯的高PV也许并不一定是好事情。所以，建议为你的网站创建至少一个转化目标，并设定合理的目标价值。例如，当你的访问者完成网站注册、购物成功或者是订阅了你的博客，又或是给你留言后，都可以算做一次目标转化，并为每个目标转化设定价值。

STEP 02 获得关键词的页排名信息

在为网站设定完目标后，已经可以对关键词的质量进行衡量了。但仅有目标是不够的，还需要获得关键词在搜索引擎的排名信息来挖掘那些有价值、有潜力的关键词。关键词页排名信息是在访客点击关键词访问网站时的referer信息中获得的。也就是说，这个信息是Google主动传递给我们的。图4-29所示的是一个访客在Google搜索bluewhale.cc这个关键词，并点击访问网站时的信息截图。

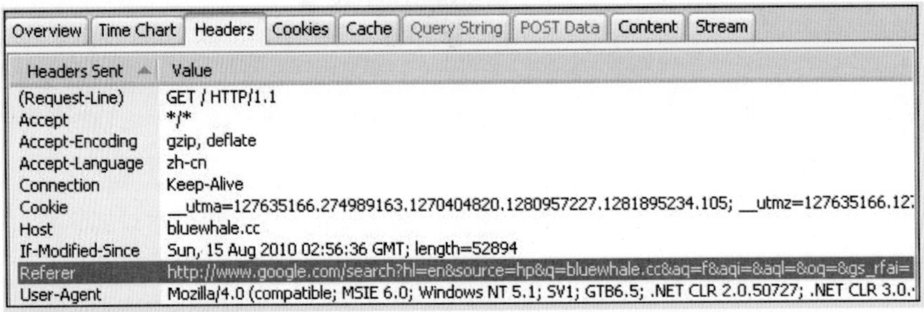

Overview	Time Chart	Headers	Cookies	Cache	Query String	POST Data	Content	Stream

Headers Sent ▲	Value
(Request-Line)	GET / HTTP/1.1
Accept	*/*
Accept-Encoding	gzip, deflate
Accept-Language	zh-cn
Connection	Keep-Alive
Cookie	__utma=127635166.274989163.1270404820.1280957227.1281895234.105; __utmz=127635166.127
Host	bluewhale.cc
If-Modified-Since	Sun, 15 Aug 2010 02:56:36 GMT; length=52894
Referer	http://www.google.com/search?hl=en&source=hp&q=bluewhale.cc&aq=f&aqi=&aql=&oq=&gs_rfai=
User-Agent	Mozilla/4.0 (compatible; MSIE 6.0; Windows NT 5.1; SV1; GTB6.5; .NET CLR 2.0.50727; .NET CLR 3.0.

图4-29 来自Google搜索的引荐及关键词信息

在上面的截图中，蓝色部分是Google的referer信息，在整个referer信息中包含了搜索引擎名称（Google）、访问者搜索的关键词（q=bluewhale.cc）、访问者的国家界面代码（hl=en）以及其他一些未知的信息。

默认情况下，Google Analytics在获得这个referer信息后，只保留搜索引擎名称（Google）和访问者搜索的关键词（bluewhale.cc），不会再记录其他信息。

下面是在Google中搜索关键词bluewhale，并分别点击1~10页搜索结果，查看Google的referer信息。在这些referer信息中可以找到更多的信息，例如访问者是否新开窗口（newwindow=1）以及当前关键词所在的页面信息（start=）。

★ 关键词：bluewhale

```
http://www.google.com/search?hl=en&newwindow=1&q=bluewhale&btnG=Search
&aq=f&aqi=&aql=&oq=&gs_rfai=
http://www.google.com/search?hl=en&newwindow=1&ei=69JGTM_nFI2lcfrd2I4B
&q=bluewhale&start=10&sa=N
http://www.google.com/search?hl=en&newwindow=1&ei=G9NGTMm4O9Kwcb-
cgY4B&q=bluewhale&start=20&sa=N
http://www.google.com/search?hl=en&newwindow=1&ei=T9NGTJXNC4uXcbzo7I4B
&q=bluewhale&start=30&sa=N
http://www.google.com/search?hl=en&newwindow=1&ei=btNGTLfWMcbJcd7AvY4B
&q=bluewhale&start=40&sa=N
```

```
    http://www.google.com/search?hl=en&newwindow=1&ei=sdNGTM_0GcXJcaLjxI4B
&q=bluewhale&start=50&sa=N
    http://www.google.com/search?hl=en&newwindow=1&ei=5tNGTJSYFIuycemqnY4B
&q=bluewhale&start=60&sa=N
    http://www.google.com/search?hl=en&newwindow=1&ei=B9RGTM78I4WPcffrpY4B
&q=bluewhale&start=70&sa=N
    http://www.google.com/search?hl=en&newwindow=1&ei=I9RGTMSaKYmXccbe4I4B
&q=bluewhale&start=80&sa=N
    http://www.google.com/search?hl=en&newwindow=1&ei=P9RGTPDoMM_QcdHZzY4B
&q=bluewhale&start=90&sa=N
```

使用和Google同样的方法，在百度中搜索关键词bluewhale，并分别点击1～10页的搜索结果也可以获得百度referer中的信息，包括当前关键词所在的页面信息（pn=）。

★ 关键词：bluewhale

```
http://www.baidu.com/s?wd=bluewhale
http://www.baidu.com/s?wd=bluewhale&pn=10&usm=7
http://www.baidu.com/s?wd=bluewhale&pn=20&usm=7
http://www.baidu.com/s?wd=bluewhale&pn=30&usm=7
http://www.baidu.com/s?wd=bluewhale&pn=40&usm=7
http://www.baidu.com/s?wd=bluewhale&pn=50&usm=7
http://www.baidu.com/s?wd=bluewhale&pn=60&usm=7
http://www.baidu.com/s?wd=bluewhale&pn=70&usm=7
http://www.baidu.com/s?wd=bluewhale&pn=80&usm=7
http://www.baidu.com/s?wd=bluewhale&pn=90&usm=7
```

相比之下，百度的referer中的信息要比Google少很多，不过我们现在最感兴趣的是页面排名信息，所以，只要找到这个参数就可以了。这个方法在很多搜索引擎中都可以通用，你可以在其他搜索引擎中获得页面排名的参数，比如Sogou的页面排名参数就是（page=）。

```
http://www.sogou.com/web?query=123&page=2&p=40040100&dp=1&w=01019900&dr=1
http://www.sogou.com/web?query=123&page=3&p=40040100&dp=1&w=01019900&dr=1
http://www.sogou.com/web?query=123&page=4&p=40040100&dp=1&w=01019900&dr=1
```

注意点！

1. 我们前面获得的都是页面排名，而不是关键词排名。例如，在Google的referer信息中关键词是bluewhale，而start=30，表示访客在Google搜索结果中点击bluewhale访问了你的网站。而此时你网站的bluewhale这个词在Google搜索结果的第4页，可能是第31名，也可能是第40名。

2. referer中的所有信息都是搜索引擎主动提供的，我们做的只是简单的提取。关键词的具体排名搜索引擎没有提供在referer中，所以，我们也无法获得。

3. 虽然每个来自搜索的referer都会包含这些信息，但必须要网站页面中的GATC完成运行后，才可以获取并处理这些信息，我们在报告中才可以看到。如果访客点击了搜索结果，但很快又关闭了你网站的窗口，那么即使有referer信息我们也无法获得。

STEP 03 配置高级过滤器

在前面的准备工作中，我们从referer中获得了Google和Baidu的页面排名参数。

Google页面排名参数start

百度页面排名参数pn

这些信息默认情况下Google Analytics不会进行处理，但有一个办法可以让Google来处理这些信息，这就是高级过滤器。现在，我们来配置高级过滤器获取这些信息。首先测试一下使用正则表达式是否可以提取Referral字段中的页排名的值。

```
(\?|&)(start)=([^&]*)
```

在上面的正则表达式中，我们从？或&字符后面开始匹配，获取start参数的值。

通过使用regex tester测试，可以成功匹配到来自Google Referral字段中的值，如图4-30所示。下面开始创建高级过滤器，并将获取的值与搜索关键词进行匹配，一起输出到关键词报告中，如图4-31所示。

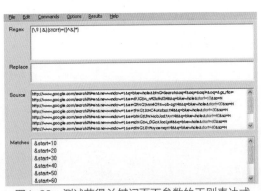

图4-30 测试获得关键词页面参数的正则表达式

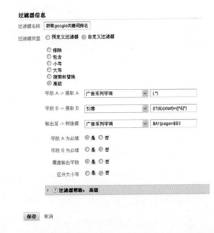

图4-31 使用高级过滤器获取关键词页面参数信息

这样设置后产生的报告有三个问题。

★ 直接将匹配后的结果输入关键词报告，会打乱原有的关键词报告内容。

★ 关键词报告中显示的是来自所有搜索引擎的关键词内容，而过滤器中只提取了Google的页面排名信息。

★ 当需要百度或其他关键词页排名信息的时候还需要重复设置，过滤器不能复用。

所以，还需要对上面的过滤器进行优化，形成一个完整的关键词页面排名报告。同时，这对于后面的操作也很有帮助。

STEP 04　创建关键词页排名报告

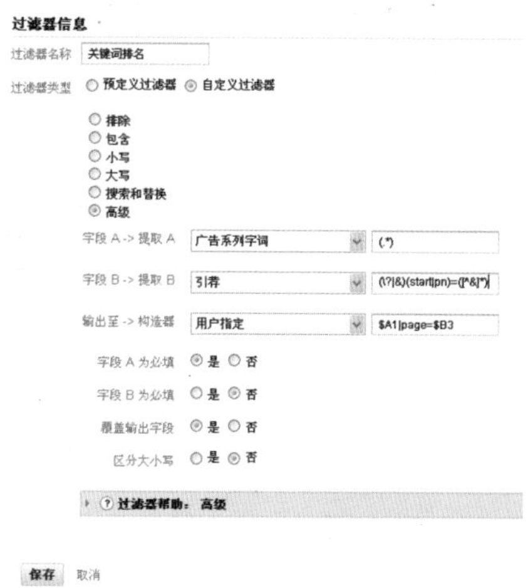

图4-32　优化后的获取关键词页面参数信息高级过滤器

```
Field A -> Extract A       Campaign Term    (.*)
Field B -> Extract B       Referral         (\?|&)(start|pn)=([^&]*)
Output To -> Constructor   User Defined     $A1 | page=$B3
```

　　图4-32是优化后的高级过滤器设置，在新过滤器的设置中，加入了对百度参数（pn）的匹配，并且将结果单独输出到了用户定义报告中。这样，在用户定义报告中将包含所有来自百度和Google的关键词，并且以页面排名作为第二维度进行了细分。如果你希望同时包含Sogou或其他搜索引擎的关键词及页面排名信息，加入更多的参数就可以了。

　　现在我们完成了吗？还没有。为了报告更易阅读，还需要做一些设置。细心的朋友可能已经发现了，百度和Google的页面排名参数在第1页的referer里是没有的，从第2页开始以10、20、30为单位进行记录，就是说，10表示搜索结果的第2页，20表示搜索结果的第3页，以此类推。这种记录方式在报告中看起来会非常别扭，所以，要想办法将这个值和真实的页号进行对应，方法是使用搜索和替换过滤器。

　　图4-33所示的是过滤器设置的截图，第1页设置为将page=$替换为page=1，其他页面按下面的截图依此设置就可以了。

　　进行到这里我们的报告差不多完成了。在Google Analytics访问者报告中查看用户定义报告，这里面显示的就是新创建的关键词及页面排名细分报告，如图4-34所示。

图4-33　创建关键词页面排名报告

115

	User Defined Value	Visits	Pages/Visit	Avg. Time on Site	% New Visits	Bounce Rate
1.	(not set)	334	2.68	00:04:27	55.39%	51.80%
2.	google analytics配置 | page=1	25	4.84	00:13:32	0.00%	8.00%
3.	蓝鲸 | page=1	14	4.07	00:05:37	42.86%	21.43%
4.	蓝鲸的web分析笔记 | page=1	7	4.00	00:11:50	28.57%	14.29%
5.	虚拟页面 | page=1	5	3.60	00:06:20	20.00%	20.00%
6.	GA 统计出站链接 | page=1	4	2.50	00:01:00	25.00%	50.00%
7.	ga 目标转化率 | page=1	4	1.00	00:00:00	25.00%	100.00%

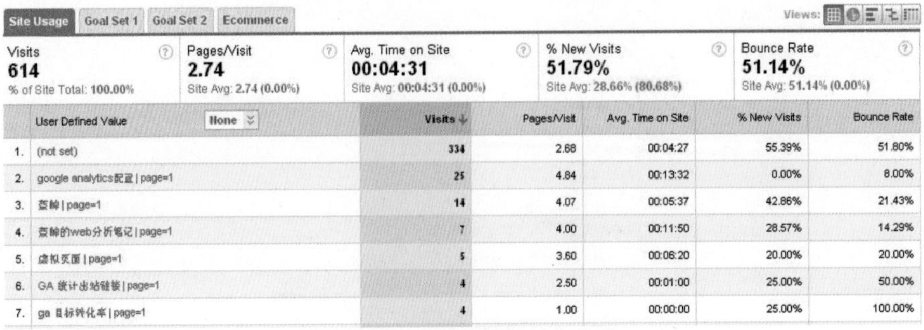

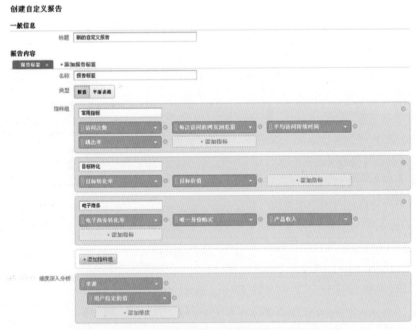

图4-34　关键词页面排名报告

在报告中，每个关键词后面都标有所在的页数，例如“Google Analytics配置”这个关键词在第1页获得25个访次，平均每个访次浏览4.84个页面，停留时间为13分钟等。

到这里我们的关键词和页面排名报告基本已经完成了，可以开始挖掘有价值的关键词了。但这里又出现了一个小问题，前面设置的时候我们说过，高级过滤器同时匹配了百度和Google的关键词及页面排名参数。也就是说，现在这个报告中的信息既有百度的，也有Google的。如果不搞清楚每个关键词的来源，那么即使找出来有价值的关键词，也没有办法采取行动。那么，该如何来区分每个关键词的来源呢？

STEP 05　区分每个关键词的来源

图4-35　区分关键词排名来源的自定义报告

区分关键词来源的答案是使用自定义报告,如图4-35所示,先创建一个关键词和页面排名的自定义报告,在指标中设置三个标签,分别显示常用指标,目标转化和电子商务(如果网站启用电子商务的话)。然后在第一维度中显示来源,在后面的维度中显示用户定义值。应用这个自定义报告,并在来源中选择百度或Google,就可以看到相对应的关键词及页面排名信息了。

STEP 06 挖掘有价值的关键词

进行到这里,终于可以开始挖掘有价值的关键词了,如图4-36所示。在刚才新建的自定义报告中,先选择要查看的搜索引擎名称,然后显示这个搜索引擎的关键词和页面排名信息。这时你会发现,用户点击的大部分关键词都是排在第1页的词,而这些词并不是我们这里要关心的。应用报告底部的过滤器,选择排除page=1的条目,将所有排名在第1页的关键词过滤掉,然后选择目标转化标签(Goal Set),对目标转化率指标进行降序排列。现在你会发现,有一些关键词虽然没有排在搜索结果的第1页,但却有很高的转化率。例如,下图中的第一个关键词,排在搜索结果的第3页,但有200%的目标转化率。

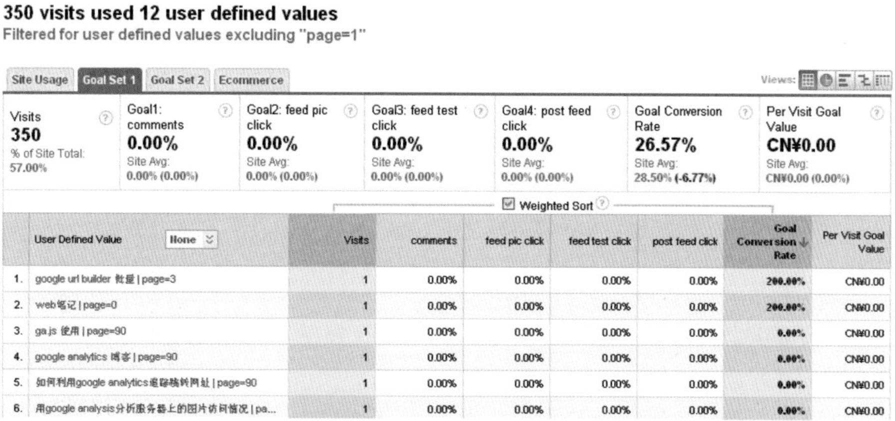

图4-36 在新建的关键词页面排名报告中挖掘有价值的关键词

现在,你应该马上把这些词和网站的SEM推广关键词或SEO优化关键词列表进行对比。如果它们没有在你的推广列表中,那么这个词可能就是一个非常有潜力的高价值关键词。应该对它进行一些优化,或增加推广投入,提高这些词的访问量。

如果使用付费方式来提高这些关键词的访问量,需要考虑目标转化的价值与关键词点击的价值,并与网站平均的ROI水平进行对比,如果低于网站平均水平,那么就不太适合使用付费方式。

STEP 07 检验SEO关键词效果

关键词和页面排名报告还有一个功能,是可以对SEO的效果进行监测。按照网站SEO关键词的扩展规律,创建一个SEO关键词高级群组,如图4-37所示,并应用到报告中,可以看到此类关键词是否都保持在搜索结果的首页位置,如图4-38所示。

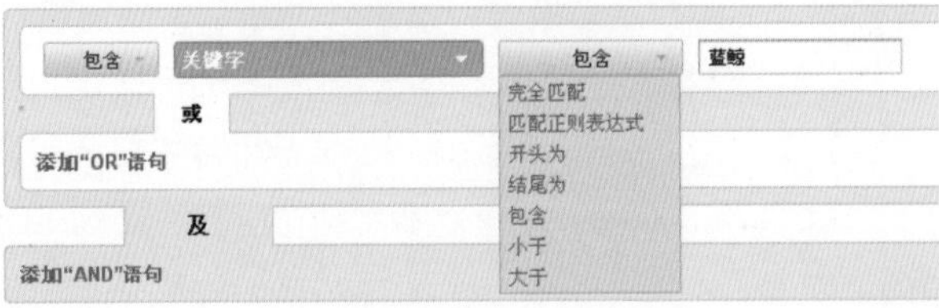

图4-37　创建SEO关键词细分

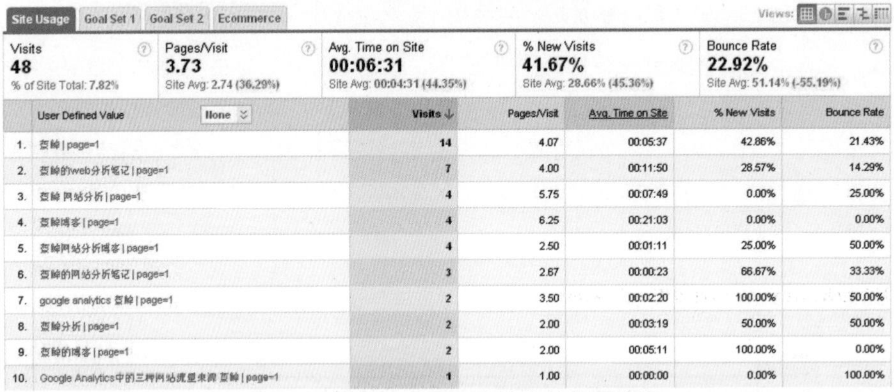

Visits	Pages/Visit	Avg. Time on Site	% New Visits	Bounce Rate
48 % of Site Total: 7.82%	3.73 Site Avg: 2.74 (36.29%)	00:06:31 Site Avg: 00:04:31 (44.35%)	41.67% Site Avg: 28.66% (45.36%)	22.92% Site Avg: 51.14% (-55.19%)

	User Defined Value	Visits ↓	Pages/Visit	Avg. Time on Site	% New Visits	Bounce Rate
1.	蓝鲸 | page=1	14	4.07	00:05:37	42.86%	21.43%
2.	蓝鲸的web分析笔记 | page=1	7	4.00	00:11:50	28.57%	14.29%
3.	蓝鲸 网站分析 | page=1	4	5.75	00:07:49	0.00%	25.00%
4.	蓝鲸博客 | page=1	4	6.25	00:21:03	0.00%	0.00%
5.	蓝鲸网站分析博客 | page=1	4	2.50	00:01:11	25.00%	50.00%
6.	蓝鲸的网站分析笔记 | page=1	3	2.67	00:00:23	66.67%	33.33%
7.	google analytics 蓝鲸 | page=1	2	3.50	00:02:20	100.00%	50.00%
8.	蓝鲸分析 | page=1	2	2.00	00:03:19	50.00%	50.00%
9.	蓝鲸的博客 | page=1	2	2.00	00:05:11	100.00%	0.00%
10.	Google Analytics中的三种网站流量来源 蓝鲸 | page=1	1	1.00	00:00:00	0.00%	100.00%

图4-38　SEO关键词所在搜索结果页情况

4.3.5　追踪EDM的活动流量

除了搜索引擎广告流量外，EDM也是网站经常使用的一种获得流量的方式。下面我们介绍如何对搜索引擎的流量进行标记和追踪，并通过监测EDM邮件中不同位置的点击量和转化率对EDM的设计工作提供建议。

在设计EDM的页面时，经常会碰到一些无所适从的情况，比如页面布局的选择、焦点内容的位置等。为什么会这样呢？通常在对电子邮件的追踪中，我们收集的到达率、打开率、链接点击量、点通率等都是点击流的信息，邮件页面的信息几乎没有，我们不知道用户浏览和点击邮件的习惯，所以只能按照网站页面浏览的习惯来处理，如图4-39所示。

图4-39　常规的邮件界面

用户的邮箱界面是不能控制的区域，所以，我们不能简单地按照设计网站页面的方法去设计邮件。

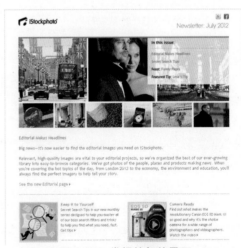

图4-40是一张百度和Google的点击热区图，在图中可以清楚地看到最受用户欢迎的区域在左上角1～3名的区域，那里获得了最多的用户点击量。如果我们在电子邮件页面也能看到这样的信息，那么在设计页面或优化内容时就可以毫不犹豫地将重要信息放在最受用户欢迎的区域里了。

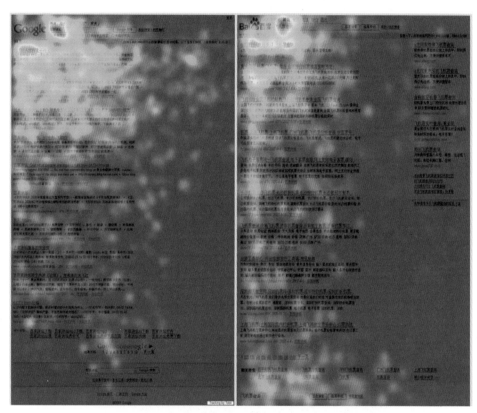

图4-40　Baidu和Google点击热区图对比

Google Analytics提供一个网站覆盖图的工具，可是这个工具只能查看网站域内的页面情况，不能提供电子邮件的页面点击情况。不过我们可以使用Google Analytics的URLBuilder工具通过自定义邮件内不同区域链接变量的值来创建一个用户点击热区图。

先介绍一下Google Analytics的工具网址构建器，它是用来标记和追踪网站外部链接的。经过标记的链接会将预先设定好的值存储在用户机器的cookie里，然后被发送到Google的服务器，显示在报告中。URLBuilder提供5个固定变量，分别用来设定不同的信息。用户每次点击邮件里的链接我们在报告里就可以看到这次点击的来源、媒介、链接名称、链接类型及所归属的推广活动。我们将自定义其中的一个变量用来报告创建热区图所需的位置信息，如图4-41所示（这里重复介绍是为了保证章节内容完整性）。

119

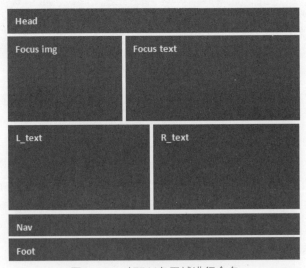

图4-41 使用工具网址构建器创建EDM追踪链接

★ 流量来源（utm_source）：标识搜索引擎、简报名称或其他来源，为必填项。

★ 媒介（utm_medium）：标识电子邮件或每次点击费用等媒介，为必填项。

★ 关键词(utm_term)：注明此广告的关键字。

★ 内容(utm_content)：区分指向同一网址的广告或链接。

★ 活动名称(utm_campaign)：标识特定的产品促销活动或战略性广告系列，为必填项。

utm_source、utm_medium和utm_campaign都是必填项（修改后在报告中查看数据会很麻烦），utm_term提供链接的名称，创建热区图时必须要使用。utm_content用来辨别链接类型。我们就把链接的位置信息填写在这个变量里面。

STEP 01 将设计好的邮件页面划分成几个区域，然后给每个区域命名，如图4-42所示。

图4-42 对EDM各区域进行命名

STEP 02 分别把这几个区域名字放在utm_content变量中，并生成链接。

```
utm_content=head
utm_content=focus img
utm_content=focus text
utm_content=L_text
utm_content=R_text
utm_content=nav
utm_content=foot
```

STEP 03 把生成的链接加到页面的相应区域里就OK了。

当我们查看报告时，可以清晰地看到邮件页面内每个区域的点击量和其他相关数据（PV、Bounce Rate等）并且可以深入到关键词目录进一步查看相应区域内每条链接的点击量，如图4-43所示。

Ad Content ⚉	None ⚉	Visits ↓	Pages/Visit	Avg. Time on Site	% New Visits	Bounce Rate
1. res		275	4.56	00:03:44	92.36%	34.91%
2. group		95	2.04	00:01:23	78.95%	61.05%
3. TOP		35	2.17	00:03:54	94.29%	62.86%
4. foot		11	4.73	00:01:04	81.82%	63.64%

图4-43　EDM位置点击报告

也可以利用自定义群组功能或数据透视表功能将区域的数据和报告中的其他数据进行组合或对比查看，以获得更有意思的信息。

4.4　如何辨别那些虚假流量

Mr. WA，你好：

按照你之前提供的方法，我们已经将流量标记并捋顺了，并且你提供的挖掘关键词的方法非常棒！现在流量报告看起来已经清晰多了，非常感谢！

对于流量，我们还有一个小疑虑，最近听说一些网站和媒体会提供虚假流量，我很担心我们的流量中也存在这样的问题。不知您有什么好的方法和建议帮我们检查并找出这些虚假流量？

营销推广部门的需求越来越专业了，现在他们已经开始关注到虚假流量的问题了。这是一个非常好的方向。作为分析师，自然也要全力支持他们对流量的检查工作，下面就来谈一谈虚假流量。

虚假流量是指那些为了骗取广告费通过人为操作产生的流量（人为操作可能是点击你的广

121

告、访问指定的Landing Page或者完成某个简单的任务，具体情况还要根据不同的广告形式来判断），这种流量通常不会在网站上产生任何转化行为。虚假流量可能是通过程序产生的，也可能是人为产生的。后者的成本会更高些，行为更智能一些，也更难防范。

4.4.1 虚假流量与真实流量的特征

在分析虚假流量之前，先简单介绍一下虚假流量和真实流量的特征，了解这两种流量的特征可以帮助我们快速发现网站中虚假流量的影子，并且进一步将其分离。下面来看这两种流量之间的特征和区别。

◎ 虚假流量的特征

目的性：虚假流量的产生一定和某个特定的目的有关。

规律性：特定的目的导致虚假流量一定有特殊的规律。

◎ 真实流量的特征

自然性：真实的流量在各个维度中的表现一定是自然的。

多样性：网民的喜好各不相同，行为也一定是多样的。

了解了两种流量各自的特征后，我们就可以开始对网站流量进行分析了，以自然和多样性的访问行为作为原则，找出那些有"规律"的虚假流量。这里简单介绍几种使用Google Analytics辨别虚假流量的方法。首先把流量产生的背景设定为某种CPA广告，并且对广告的URL通过工具网址构建器将来源统一设定为bluewhale（utm_source=bluewhale）。这样，所有通过这个广告产生的流量来源都将被记为bluewhale。

具体的广告URL形式示例：

```
http://bluewhale.cc/?utm_source=bluewhale&utm_medium=cpa&utm_
campaign=bluewhale_traffic
```

下面在Google Analytics报告中对这个广告产生的流量进行检查，看看是否有虚假流量存在。检查的思路是先分割出广告产生的流量，然后使用不同的维度对这部分流量进行检查。通常虚假流量都是人为控制完成的，在行为上会有一些统一的特征，检查的方法就是找到这些统一的特征。下面介绍十二种辨别虚假流量的方法。

4.4.2 辨别虚假流量的十二种方法

1. 使用高级群组分割流量

在检查前先要将这部分广告流量与网站的其他流量进行分割，高级群组是最好的选择。因为我们之前对流量进行过来源标记，所以只需要创建一个来源等于bluewhale的高级群组就可以分割出这部分流量了，如图4-44所示。

图4-44　过滤来自bluewhale.cc的流量

创建完成后，在报告中选择使用这个高级群组。这部分流量将会贯穿整个报告。这也是在检查流量前的准备工作，以避免其他来源流量的干扰。

2. 流量产生的时间

使用的Google Analytics报告：访问者—访问者趋势—访问次数，如图4-45所示。

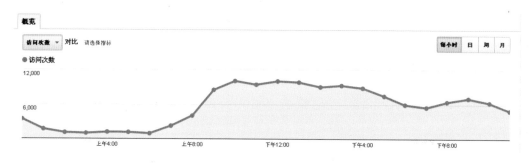

图4-45　访问量变化趋势图

这里的时间要精确到每小时的访问数据。通常，网站正常的访问流量会分布在一天中的各个时段，即使有访问高峰，在曲线图中也会是较为平滑的曲线（广告刚上线时除外）。而虚假流量是人为控制产生的流量。为节省成本不会在意流量的时间分布，所以会在时间曲线上发现流量突增的情况。所以，如果流量过于集中在某个时段，或者在某个时段有了不正常的增长，这部分流量就非常可疑了。

当然也不排除有的程序会计算好日期和时间端，并按时间曲线模拟点击。如果碰到这种"智能流量"的情况，就要继续使用第三种方法。

3. 流量的地理来源

使用的Google Analytics报告：访问者—地图覆盖图，如图4-46所示。

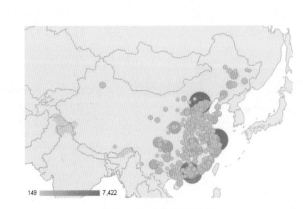

图4-46　访问量地理位置覆盖图

通常访问网站的访客会来自各个不同的地理位置（Google Analytics通过访问者的IP来判断流量来源的地理位置信息），所以在地图覆盖图报告中可以看到很多不同地区的流量来源。而虚假流量通常很难使用多个地区的不同IP来产生流量，所以通过地区覆盖图来看，如果流量来源都集中在一个地区，这部分流量就很可疑了。

这里可能你的广告只针对某个地区的访客，所以访客的地理位置范围对你不适用，或者是你又遇到了"更加智能"的流量，比如，人工流量！可以通过代理或者是分布在不同地区的兼职人员模拟出来自多个地理位置的访问，那么请接着往下看。

4. 流量的网络属性

使用的Google Analytics报告：访问者—服务提供商，如图4-47所示。

服务提供商	访问次数		访问次数
1. ■ chinanet guangdong province network	18,246		13.50%
2. ■ chinanet jiangsu province network	5,888		4.36%
3. ■ chinanet shanghai province network	4,570		3.38%
4. ■ chinanet fujian province network	3,916		2.90%
5. ■ china unicom shandong province network	3,909		2.89%

图4-47　访问者网络接入报告

服务提供商报告显示的是网站访客所使用的网络接入方式，正常情况下网站访问者的接入方式应该是千差万别，而虚假流量的接入方式会很单一。所以如果这个报告里只显示了1～2种服务提供商名称，就说明你的流量很可疑了，但其实这里还是没有回答上面的问题，就是那部分超级智能的人工流量。因为人工流量的接入方式也会有很多种，在服务提供商报告里是无法识别出来的。那该如何辨别人工流量呢？别急，这个问题很快就会有答案了。

5. 流量的跳出率

使用的Google Analytics报告：访问者—访问者趋势—跳出率，如图4-48所示。

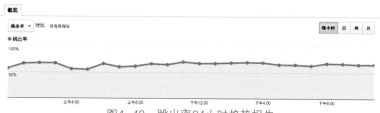

图4-48　跳出率24小时趋势报告

跳出率是衡量页面质量的指标，反过来看，也是辨别虚假流量的好工具。如果发现在某个时段网站的跳出率突然增高，找到那个时段的流量与前面的访次时间段、地理位置信息和接入方式综合对比。如果符合前面的任何一个条件，这部分时段的流量都非常可疑。

6. 流量的网站停留时间

使用的Google Analytics报告：访问者—访问者趋势—网站停留时间，如图4-49所示。

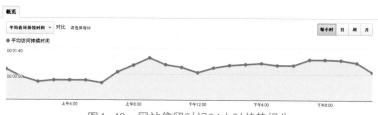

图4-49　网站停留时间24小时趋势报告

网站停留时间其实并不是一个非常准确的指标，会受到cookie的30分钟生存期的影响，但可以配合着前面的几个报告共同对可疑流量进行进一步验证。

7. 进入路径&点击分布图

使用的Google Analytics报告：内容—热门内容—进入路径，如图4-50所示。

图4-50　访问者导航摘要报告

通常我们都会为广告活动制定一个登录页面Landing Page，所以广告的入口页面只有一个，但访问者来到网站后会有不同的行为，他们会点击不同的链接、访问不同的页面，并且在不同的页面结束对网站的访问，这些都是人为操控很难完成的。虽然现在的某些"智能流量"也能完成2～3次的点击行为，但都是通过预先设定的，所以它们的访问路径和结束页面基本相同。

8. 与目标报告相匹配

使用的Google Analytics报告：流量来源—目标，如图4-51所示。

图4-51　流量目标转化率报告

为流量设定目标是你在每次的广告活动前最应该做的。Google Analytics现在升级了目标功能，你可以为流量设定多个目标，通过多个维度来检查流量。目标的完成度是辨别虚假流量的最好方法，很多智能流量可以绕过跳出率、停留时间和访问时间分布等指标，但很少有能够完成目标的。当然这也要依你设定目标的复杂程度来定。如果设定的CPA是完成购物，那么这对虚假流量来说就是一个杀手级的目标；如果目标只是注册用户或者是填写信息，人工流量都是可以完成的。

9. 单页面刷新分析

单页面刷新是指为了降低跳出率，流量在进入网站的Landing Page页面上刷新的行为。这类流量单从跳出率指标上来看表现很好，但却没有完成转化和购买。此时我们还很难判断这部分流量是否是作弊流量，需要通过访问路径或点击热区图进行深度分析。然而在面对多个Landing Page的情况时，即使是路径或热区图分析也都变成了一个非常大的工程。因为我们可能要逐一查看流量在上百个Landing Page中的访问情况。对于这个问题，现在有个很好的方法来解决，就是使用自定义指标Pageviews/Unique Pageviews，如图4-52所示。

Page	Pageviews	Unique Pageviews	Pageviews/Unique Pageviews
http://bluewhale.cc/1.html	8	5	1.6
http://bluewhale.cc/2.html	7	5	1.4
http://bluewhale.cc/3.html	7	1	7.0
http://bluewhale.cc/4.html	6	4	1.5
http://bluewhale.cc/5.html	6	5	1.2
http://bluewhale.cc/6.html	5	2	2.5
http://bluewhale.cc/7.html	5	1	5.0
http://bluewhale.cc/8.html	5	1	5.0
http://bluewhale.cc/9.html	5	1	5.0
http://bluewhale.cc/10.html	5	5	1.0
http://bluewhale.cc/11.html	5	2	2.5

图4-52　使用综合浏览量和唯一身份浏览量对单页刷新进行检查

Pageviews表示页面浏览量，而Unique Pageviews则表示每个页面获得的唯一页面浏览量，相当于每个页面获得的访问次数。在一次访问中，用户多次浏览一个页面只会造成Pageviews的增加，而Unique Pageviews是不会增加的。因此，将不同的页面作为维度，使用Pageviews和Unique Pageviews两个指标相除就可以看到一次访问中访问者浏览同一个页面的次数。通常来讲，访问者在一次访问中是不会多次浏览一个相同的页面的。所以，如果Pageviews/Unique Pageviews的值很高，那么这部分流量就值得注意了。当然，这并不是一个绝对的标准。为了确保万无一失，最好的方法是将这部分流量的Pageviews/Unique Pageviews值与这些页面在整个网站中的值进行对比。

10. 访客忠诚度分析

访客忠诚度是对一段时间内访客回访频率进行的分析。通常来讲，当一定数量的访问者来到你的网站后，总会有一部分访问者会再次访问的，如图4-53所示，即使这部分访问者非常少，哪怕只有一两个。这就好像在一个页面中，即使有些链接放在非常隐蔽的位置，也总是会有人点击的，即使比例非常少。记得一个真实的教训，我们为客户分析一个wap网站时，发现页面中的一个链接点击量是0，就想当然地认为这个链接因为提供在线电影，流量和费用都很高，所以没人点击也是正常的，但实际情况却和我们想象的完全不一样。

Visitor Loyalty

Most visits repeated: 1 times

Count of visits from this visitor including current	Visits that were the visitor's nth visit	Percentage of all visits
1 times		
All Visits	13,528.00	68.51%
可疑流量	4,265.00	21.60%
2 times		
All Visits	2,156.00	10.92%
可疑流量	2.00	0.01%
3 times		
All Visits	1,007.00	5.10%
可疑流量	1.00	0.01%
4 times		
All Visits	591.00	2.99%
可疑流量	0.00	0.00%

图4-53　访问者忠诚度报告

因此，在分析一个渠道的流量时，适当拉大时间维度来分析访客回访也是辨别虚假流量的一种方法。真实的访客中会有再次回访的行为产生，而虚假流量在合作结束后是不会进行这些收尾工作的。所以那些在合作期结束后齐刷刷没有回访的流量多半是异常的。

11. 访客重合度分析

访客重合度是指一段时间里排重后的访问者与排重前访问者的比率，如图4-54所示。举个例子来说明一下，假设我每天找10个人点击你的广告，连续点击10天。这时，Google Analytics

中每天都会记录到有10个绝对唯一身份访问者，十天加在一起就是100个。但当我们把时间维度拉大到10天再来看时，就只有10个绝对唯一身份访问者。这是因为Google Analytics对访客进行了排重处理，所以10天的数据中每个访问者都是唯一的。按照这个逻辑我们可以计算出不同渠道中访问者的重合度，具体计算公式是：（1-排重访客/未排重访客）×100%。对于上面例子中的情况，访客重合度等于（1-10/100）×100%=90%

图4-54　唯一身份访问者报告

对于不同的流量渠道，也可以使用访客重合度指标来辨别虚假流量。当某个渠道的流量在短时间内有较高的访客重合度时，我们就需要进一步检查这个渠道的流量质量了。

12. 页面访问长尾分析

页面访问长尾分析是指访问者的页面浏览广泛程度。按照真实流量的特征，每个访问者的特点、兴趣和习惯都是唯一的。他们会按照各自的目标通过各种方法浏览网站内容。访问者的这些自然和多样的特点可以通过网站中的热门内容和退出页面看出来，这些都是虚假流量无法模拟的，如图4-55所示。

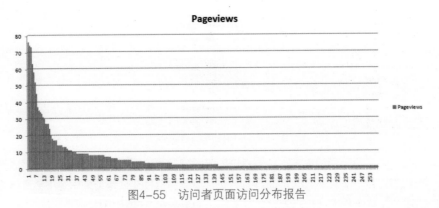

图4-55　访问者页面访问分布报告

热门内容是在整个访问过程中最受欢迎的页面，图4-55是网站中热门内容的浏览量趋势图，因为每个访问者的目的都不相同，所以除了最受欢迎的页面之外，还会有很多页面也会被浏览，并且大部分页面获得的浏览量都很少，甚至只有1～2次。这些就是页面访问的长尾，它们充分表现了真实访客浏览网站的自然性和多样性。同样，对于退出页面也必然会存在这样的长尾，因为访问者会在不同的页面结束访问。

辨别虚假流量的几种方法介绍完了，好像还是没有能完全辨别出虚假流量的方法。是的，虚假流量在不断模仿真实的流量。而且人工流量又是那么廉价，让我们防不胜防，单靠Google Analytics报告可以辨别出一部分虚假流量，更多的虚假流量要通过时间的检验才能够现形，比如在广告活动期过后，这部分流量的回访率、滞留率等。

4.5 为你的网站创建流量日记

通过前面的工作，我们了解了网站流量的分类以及记录过程，并通过人工标记对广告流量进行了有效的标记，下一步，我们还需要对网站的流量变化情况进行记录。网站流量日记是一个对网站分析非常有用的工具。我认为无论是资深的高级网站分析师，还是刚入门的网站分析爱好者，都应该使用这个工具，并且应该持续使用。网站流量日记可以让我们掌握每一次网站流量变化的原因，节省大量时间，也让分析结果更有价值，甚至可以让我们看起来更聪明。

4.5.1 什么是网站流量日记

网站流量日记，顾名思义就是记录网站流量变化的日记。我们小的时候都写过日记，把每天做过的事情记录下来。网站流量日记也是一样，我们使用它对网站每天的流量变化进行记录。有朋友可能会说，现在任何一个网站分析工具都会自动记录网站流量，还需要你去记录吗？是的，因为我们需要记录的并不是网站每一天流量的数字，而是网站中发生的故事。下面是我现在正在使用的网站流量日记。

蓝鲸的网站分析笔记—网站流量日记实例

	星期一 6月20日	星期二 6月21日	星期三 6月22日	星期四 6月23日	星期五 6月24日	星期六 6月25日	星期日 6月26日	星期一 6月27日	星期二 6月28日	星期三 6月29日	星期四 6月30日	星期五 7月1日	星期六 7月2日	星期日 7月3日
网站概况				网站宕机		短时间宕机			性能测试					
直接流量			微质流量											
百度SEM				出价调整								排名策略		
百度SEO		购买外链								收录量变化				
谷歌SEM				内容网络			广泛匹配							
谷歌SEO								PR更新						
EDM流量			EDM营销1										EDM营销2	
推介流量						新增测试								
营销活动			内部测试			外部调整				节假日				
网站故障			内部调整			异常流量				周末				

图4-56 网站流量日记实例

这是一个简单的网站流量日记，在这个日记中，我将流量分为7个来源，将时间分别以日记和星期分开表示，每天记录网站流量背后的故事。并用不同的颜色区分故事的内容，既简单又实用。下面我将一步步地介绍如何创建你自己的网站流量日记，以及记录网站流量的用途，并最终将这些内容融入到网站分析报告中，让报告变得更有价值。下面详细介绍如何创建流量日记。

4.5.2　如何创建流量日记

STEP 01　划分网站流量来源

在前面的实例中，我将网站的流量分为7个来源，这完全是出于记录和分析的需要。你可以只将流量划分为直接、搜索和推介三部分，也可以将任意一个推介来源或是关键词作为一类流量来源，划分为更多的部分。这里没有统一的规则，唯一的规则是你更加关注哪部分流量，以及哪些流量对网站目标的达成影响更大。找出这些流量，将它们依次列在网站流量日记的左侧。这里唯一需要注意的是，你应该单独为整站的变化留出一个位置，就像实例中的网站概况一样。

STEP 02　两种方法记录时间

在实例中，我使用了两种方法来标记时间，分别是星期和日期。这样做的原因是我们可以更加清晰地分辨出网站流量在不同时间趋势中的变化，如周末和节假日。我想这应该也是很多网站在时间维度上的流量变化原因，即使不做任何的营销或推广活动，在特定的日期流量依然会自动升高或下降，因此，我们也就需要单独记录这两类时间维度中的变化。在实例中，我使用星期来记录自然周的变化，使用日期来记录节假日的流量变化。

STEP 03　对事件的属性分类

现在，我们的网站流量日记工具已经可以使用了。你可以每天记录不同流量来源中发生的故事。但几天后你会发现，需要记录的事情远比当初想象的多，也比较复杂。所以，现在需要对每天发生的事件进行分类，并标注颜色。在实例中，我将需要记录的事件分为8类，分别是营销活动、网站故障、内部测试、内部调整、外部调整、异常流量、节假日和周末，并将每天记录到的事件放入不同的类别中。

（1）营销活动：EDM、CPS、专题活动、线下广告等

（2）网站故障：宕机

（3）内部测试：刷IP工具测试

（4）内部调整：内部的策略调整，如SEM出价、匹配模式

（5）外部调整：外部流量来源的调整，如搜索引擎收录量调整

（6）异常流量：作弊流量、内部访问量等

（7）节假日：各类法定节假日

（8）周末：周六日

现在，你的网站流量日记工具已经设计完成了，下一步需要填入相应的事件了。那么，该如何获得网站每日的变化和事件呢？

STEP 04　获得网站中的事件

获得网站每日的变化和事件的方法有三种，即工具监测、日常计划和经常性沟通，这三个方

法基本可以覆盖大部分网站变化和事件了。下面逐一说下每种方法如何使用。

1．使用监控工具

网站监控工具主要用来记录宕机事件，这类事件虽然不经常发生，但每次的后果都是致命性的。所以，我们必须实时掌握网站的工作状态。监控网站状态的工具有很多，大部分都有免费试用，例如监控宝、Webluke等。这类工具会在网站出现故障和故障恢复时通过邮件或短信通知你，如图4-57所示。而我们要做的就是将网站宕机这个事件记录在每日的网站概况中。

亲爱的 cliff1980@gmail.com：

我们监测到您的"蓝鲸网站分析笔记"服务发生故障：

URL	http://bluewhale.cc/
探测结果或返回码	探测失败
响应时间：	0ms
探测源	山东联通;河南联通;吉林联通
检查时间	2011-07-02 13:07

图4-57　网站异常通知

2．推广活动排期表

推广活动排期表主要用来记录网站的营销活动，这是网站中比较频繁的一类事件，并且每次都会造成网站流量和指标的大幅度变化，同时也是我们每次都需要分析的一块内容，因此，尽早了解这部分流量的变化非常重要。获得营销活动事件最好的方法就是每个月向市场或推广部门索取一份排期表，并且要求他们将排期变化及时更新给你。然后，我们将排期中的内容更新到流量日记中就可以了。

3．日常信息沟通

日常信息沟通用来记录各类临时性、突发性的网站事件或流量变化情况，例如SEM部门为了应对竞争对手临时做的调整、搜索引擎不定期的抽疯等。这些也是网站中最频繁发生的一类事件，并且大都无法预知和监控，所以需要我们经常和各部门的同事进行沟通，掌握这类事件和变化，并及时记录下来。

到这里，我们的网站流量日记已经完成了，下面说说它到底有什么用处。

4.5.3　网站流量日记的作用

记录网站流量事件对我们进行网站分析的好处主要有三个方面，节约网站分析师的时间、预测网站未来的流量变化趋势和记录网站历史事件。下面逐一进行解释。

1. 节约分析师的时间

网站流量每天都会发生变化，而解释流量变化的原因也是网站分析最基本的工作之一。但这却是个高强度、高重复度的工作，并且有时候工作结果还会变得毫无价值，让人家以为做网站分析的人都是后知后觉、只会马后炮。例如，当你通过细分恍然发现流量增长是因为某个流量来源流量增长时，这已经是个全公司皆知的结果了，于是分析结果变得毫无价值，同时还占用了你大量的时间和精力。

使用网站流量日记在事件开始时就进行记录，当流量发生变化时只是验证了当初记录。简单查看一下对应的流量和时间范围就能确定流量变化的原因了。

2. 预测网站流量变化

当网站流量日记中记录的事件足够多时，我们就不再是被动地等待流量发生后再进行分析了，而是可以按历史数据对流量的变化进行预测。例如，下周有三个活动，按历史情况来看，流量应该会增长30%。

3. 记录网站历史事件

记录网站历史事件也是一个非常重要的事情。某月某天流量增加了，但质量降低了，为什么？哪些因素造成的？以后如何避免？都需要通过记录的历史事件进行分析获得，同时这也是学习如何进行流量分析的一本教科书，新人只要看一遍就能掌握大部分流量变化的原因了。

4.5.4　开始第一次网站分析报告

最后，来说一下网站流量最有用的地方，它如何帮我们完成一篇有价值的流量分析报告。按照网站流量日记里记录的事件，通过简单的流量细分和对比，我们可以完成这样一份网站流量分析报告。

1. 提供网站流量背景信息

在分析报告的第一部分，我们将近期记录到的信息进行汇总，作为近期网站流量的背景信息。例如，我们的网站是否稳定、进行了哪些推广活动、新增了哪些合作伙伴、网站在搜索引擎表现如何等。

2. 解释网站的流量变化

在第二部分，我们逐一检验和解释各渠道流量变化的原因。按照流量日记中的内容，先对流量进行检查，增长和下降是否在预期中，如果不是，是哪些原因造成的？例如，流量日记中记录本期有推广活动，但对应的流量渠道却增长很少，这时就需要检查原因了。

3. 找到问题并给出建议

在第三部分中，针对第二部分找出的原因给出建议，例如，当某些事件发生时，网站会受到这样的影响，为了避免这种情况，需要减少这类事件的发生；再比如，此次活动预期流量会增长15%，但实际情况与预测不符，需要对广告内容、渠道网站进行分析和测试，建议对广告进行A/B测试，或更改投放网站等。到这里，一份简单的流量分析报告就完成了。

4.6　流量波动的常见原因分析

最后，我们对网站流量常见的变化原因进行了整理和分析，这并不是一个完整的流量变化原因表，它只概括了最常见的流量变化原因，如图4-58所示。

图4-58　直接流量波动原因

4.6.1　直接流量波动常见原因

直接流量通常是指访问者直接输入网址或从收藏夹中访问网站的流量，但在现实中情况要复杂很多，所有无法获得引荐来源的流量都被归为直接流量，例如来自聊天工具QQ、MSN的流量，或者来自邮件客户端的流量都会因为没有来源信息而被归为直接流量。了解了直接流量的组成后，再来分析一下可能引起直接流量变化的四种原因。

1. 品牌广告

品牌广告是造成直接流量变化的第一个原因。所谓品牌广告，我的理解就是除了网站名称或网址外，什么信息也没有的那种。

场景分析：品牌广告最直接的目的就是让用户记住并访问网站，如果网址简洁又好记的话，用户会直接记住网站地址访问网站，这就造成了直接流量的增长。如果网址较长，用户会记住网站名称或某个slogan，然后通过搜索引擎访问网站，这与直接访问无关，是后面要介绍的内容。

133

2. 热点事件

热点事件是造成直接流量变化的第二个原因，这里的热点事件既包括正面事件也包括负面事件。无论是网站自己制造的病毒营销还是因某个失误被网友发现并放大，当网站因为热点事件被广泛关注时，流量肯定也会随之增长。

场景分析： 热点事件引起直接流量变化的理由很简单，想一下我们平时都是如何获得这类信息的，又是如何将这些信息分享给朋友的。是的，聊天工具QQ或者MSN。当我们在QQ群里看到带有链接的信息并点击访问时，这次访问将被记录为直接流量。

3. 内部访问

内部访问是造成直接流量变化的第三个原因。内部访问是指网站或公司内部人员访问网站产生的流量。网站通常都会屏蔽掉来自内部IP的访问量，但如果没有屏蔽或者因为某种原因无法屏蔽时，内部访问就成了影响直接流量的主要原因了。

场景分析： 网站或公司内部员工会如何访问自己的网站？去搜索引擎搜公司名称？去找网站广告点进来？他们一定是直接输入网址访问网站，最差也会把网站放在收藏夹里通过点击访问。大部分浏览器都有网站提醒功能，并且内部员工每天都需要频繁地访问网站，所以，直接输入网站域名首字母，然后选择网址访问已经是最方便的一种方法了。因此，内部员工的访问量大部分都属于直接流量。

这里要特别说明一下，如果你的网站内部员工数量少，不会对流量和指标造成太大影响，但如果员工数量众多，那么一定会对直接流量造成明显的影响。

4. 营销活动

营销活动是造成直接流量变化的第四个原因。营销活动包括各类的专题、抽奖、打折促销活动。营销活动最主要的影响并不体现在直接流量上，但如果活动本身影响力较大，那么肯定会对直接流量造成影响。其方法与热点事件对直接流量的影响类似。

场景分析： 我们可以把营销活动理解为另一类的热点事件。好友之间在聊天工具上分享打折促销信息，点击访问的流量将被记录为直接流量，甚至有些网站在活动推广时会专门雇用兼职人员在群里发布消息或链接，所以营销活动同样也会造成直接流量的变化。

4.6.2 付费搜索流量（SEM）波动常见原因

付费搜索流量是指通过在搜索引擎购买关键词及对搜索结果广告位进行竞价的方式，从搜索引擎获得的流量，简单地说就是SEM流量。例如，百度竞价排名流量、Google Adwords流量等。付费搜索引擎流量与其他流量比较，变化相对较小，可控制性较强。下面我们来分析一下可能引起付费搜索引擎流量变化的几种原因，如图4-59所示。

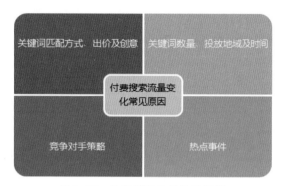

图4-59 付费搜索流量波动原因

本文中介绍的付费搜索引擎流量不包含搜索引擎内容网络部分的流量。

1. 关键词匹配方式

更改关键词的匹配方式是影响付费搜索流量的第一个原因。通常关键词都会有三种匹配模式，即精确匹配、词组匹配和广泛匹配模式。不同的匹配模式决定了广告在搜索结果中被展现的数量，从而进一步影响到了关键词为网站带来的流量。当我们调整广告系列关键词的匹配模式时，会对流量造成影响。

2. 关键词出价策略

出价策略是影响付费搜索流量的第二个原因。忽略掉质量度的因素，出价策略直接影响广告的展现次数及排名。广告在搜索结果的不同位置（左侧或是右侧，第一名或者是第三名）获得的点击量都是有差别的。调整关键词的出价将直接影响广告的位置，从而影响关键词获得的流量。

场景分析：在其他因素不变的情况下，调整关键词的出价将影响广告在搜索结果中的竞争力、降低广告在搜索结果中的排名，甚至影响广告的展示。这种情况下，广告获得的点击量和流量都将减少；而反之亦然。

3. 修改关键词创意

付费搜索引擎广告的创意是指标题和描述中的内容，这也是影响付费搜索流量的第三个原因。广告创意影响的不是广告位置和展现次数，而是广告的点击率。而相同展现量的情况下点击率高的广告也将获得更多的流量。

场景分析：访问者在搜索引擎中如何选择结果呢？依靠搜索结果中的描述。而对于广告，这些描述就是创意。与访问者搜索内容相关度越高的创意，越能获得访问者的点击。而通过不断优化创意来提高点击率又是SEM永无止境的一个优化方向。所以，当我们修改了关键词的创意时就会影响广告的点击率，从而造成付费搜索流量的变化。

4. 调整投放时间

调整广告投放时间是影响付费搜索流量的第四个原因。工作日8小时投放与7×24小时投放的关键词，在流量上会有很大差别。投放时间直接影响广告的展现次数，进而影响广告的点击以及为网站带来的流量。

场景分析： 通常情况下，除了凌晨2点～早上8点，其他时间都是访问者搜索的活跃时间，而广告投放时间的长短和时间段选择会直接影响网站获得的流量。当我们调整广告在搜索引擎的展现时间段时，也一定会影响付费搜索带来的流量。

5. 竞争对手策略

竞争对手是影响付费搜索流量的第五个原因，和前面几个原因相比，竞争对手影响的方面比较多，并且也比较复杂。竞争对手对于付费搜索关键词的匹配方式、出价策略、创意修改和投放时间的调整都可能会影响到我们付费搜索的流量。

场景分析： 当我们与竞争对手购买同一关键词时，出价策略往往会决定双方广告的排名，双方的广告创意会争夺访客的眼球，而匹配方式投放时间的调整也可能使双方在更多的匹配关键词和时间段内展开流量的竞争，造成付费搜索流量的变化。

6. 关键词数量

购买关键词的数量是影响付费搜索流量的第六个原因，这与前面提到的匹配模式类似。新增加的关键词可以为网站带来更多的流量，但这只在一定范围内有效，当关键词对访客覆盖到一定范围时，新增加的关键词对流量的影响就微乎其微了。除了关键词的数量之外，关键词的质量也会对流量造成影响。扩展搜索量较高的关键词也会影响流量变化。

场景分析： 和调整创意一样，扩词也是付费搜索引擎优化的一个方向。为了吸引更多的流量，需要为广告增加更多的展现机会。SEM们经常会使用各种方法来扩充自己的词库，例如获取竞争对手关键词、寻找访问者真实搜索关键词、参考站内搜索关键词等。每当扩展出一批新词进行测试时，都会或多或少影响付费搜索带来的流量。

7. 广告投放地域

投放地域是影响付费搜索流量的第七个原因，也是最简单的一个原因，地域对流量有限制作用。当一个地域的流量增长到一定程度时就无法再增加了，增加投放地域也就意味着增加了新的访问群体，同样也意味着流量的增长。

场景分析： 选择单独针对北京和同时选择北京、上海两地投放广告的效果一定是不一样的。新增的地域范围会带来新的访客、新的流量。

A）付费搜索品牌词流量波动原因

付费品牌词是付费搜索流量的一个子集，这类关键词通常是网站名称、网站域名或是品牌名称，以及这些名称的扩展、缩写、谐音或者错别字等。对于我的博客，品牌词就是"蓝鲸网站分析"，这类关键词统一归为网站的品牌关键词。对于付费品牌关键词流量的变化，除了前面介绍的影响付费搜索流量变化的原因外，还有一些特定原因，这些原因造成付费流量中的品牌关键词。

A1）品牌广告

品牌广告是影响付费搜索品牌词的第一个原因。在分析直接流量时我们就说过，品牌广告会同时影响直接流量和搜索流量。而当品牌广告中网站域名不容易记忆的情况下，对品牌关键词的影响就会更大一些。

场景分析：访问者通常都很懒，也很依赖搜索引擎，如果广告中网站的域名不够简单，他们更愿意去记网站的中文名称，然后再通过搜索引擎访问网站。这就造成了品牌词流量的增长。

A2）软文和新闻

软文和新闻是影响付费搜索品牌词变化的第二个原因。软文和新闻是网站主动发起的营销活动，这类活动对访问者的覆盖范围较大。如果软文或新闻稿写得好，还会吸引访问者继续下一步行动，通过搜索引擎搜索文章中的网站名称访问网站。

场景分析：通常在软文和新闻稿中都不能加入链接，但为了推广目的都会有网站或公司的名称。访问者在软文中无法找到网站入口，所以只能从搜索引擎中搜索网站名称。这样就会造成来自付费搜索的品牌词流量变化。

B）付费非品牌词流量波动原因

付费非品牌词是付费搜索流量的另一个子集，付费非品牌词的定义很简单，去除付费品牌词剩下的就是付费非品牌词。付费非品牌词中可能还包含很多类别子集，如商品的名称词、类别词、商品属性词等。每一个子集的关键词都有各自的特点和规律，这里不再细分，只将这些词都看做非品牌词来分析。

B1）竞争对手

竞争对手是影响付费非品牌词的第一个原因。和影响付费搜索流量中的原因类似，当我们购买的非品牌词中出现了新的竞争对手，或者是这类竞争对手也购买了和我们相同的词时，就会影响付费非品牌词的流量。这里有朋友可能会问，竞争对手不也会影响品牌词吗？是的，但通常品牌词可以通过品牌保护来阻止竞争对手，并且搜索品牌词的访问者有更强的目的性，所以影响相对较小。

场景分析：当竞争对手调整非品牌词的匹配方式，扩词的时候，就会与现有的关键词产生重合，当我们查看发生变动的非品牌词时可能会发现，竞争对手的广告就出现在我们广告的前面。这种情况下，竞争对手就会对我们的非品牌词流量造成影响。

B2）热点事件

热点事件是影响付费非品牌词的第二个原因。这里的热点事件与前面造成直接流量变化的热点事件不同。多是针对网站中某类内容或商品的热点事件。这种热点事件发生时，不是针对网站，而是针对某类特定的内容或商品。而此时如果网站购买了相关的关键词，就会造成非品牌词流量的变化。

场景分析： 当某本图书变为畅销书时，访问者会直接搜索图书的名称而不会去搜索某个网站的名称。而如果此时你也购买了这本图书的关键词，那么就会对付费非品牌词造成影响，而不会影响付费品牌词的流量。

4.6.3　自然搜索流量（SEO）波动常见原因

自然搜索流量是指来自搜索引擎的非付费流量，也可以理解为SEO流量。因为现在几乎所有的网站都在对自然搜索流量进行优化，所以自然搜索流量也变得不那么自然了。网站通过对关键词、页面结构、内容撰写、链接与锚点的调整等手段，可以影响自然搜索流量的变化，如图4-60所示。

图4-60　自然搜索流量波动原因

下面来分析一下影响自然搜索流量变化的几个原因。

1. 网站收录量

网站页面被搜索引擎收录的数量是影响自然搜索流量的第一个原因。收录量的多少会影响网站获得的流量，但这里有个"二八原则"，即大部分页面的收录量变化不会对网站流量造成显著变化，通常只有很少一部分关键页面的变化才会对流量造成影响，即使这样，网站收录量变化仍然是需要关注的一个原因。

场景分析： 当网站在搜索引擎的收录量发生变化时，我们看到最直观的变化就是关键词的数量变化，带来流量的关键词数量变少了，但流量本身的波动可能并不大。而当收录量开始增加时也同样如此。收录量作为获得搜索流量的一个门槛，短期不会对流量造成明显影响，但长期来看还是需要我们关注的。

2. 标题描述优化

标题和描述的优化是影响自然搜索流量的第二个原因，这和SEM的创意优化很像，都是通过对搜索结果中标题和描述内容的优化来吸引访客眼球，通过提高点击率来增加流量。与SEM不同的是，自然搜索中对标题和描述的修改没有SEM那么立竿见影，往往会有一定的延迟。

场景分析： 这里的情况和SEM的创意优化很像。不同的是我们通过修改页面中的meta标签来调整网站在搜索结果中的呈现。单一页面标题和描述的修改同样不会立刻带来流量的显著变化，因为一个词带来的总流量是有限的。但当我们统一修改某一频道或一类页面的标题和描述模板时，肯定会对网站流量造成影响。

3. 排名与外链

排名与外链是影响自然搜索流量的第三个原因，也是最主要的两个原因。排名的变化直接影响流量的变化，第一页与第二页的流量有着天壤之别。而外链则是影响排名最主要的一个因素，排名对流量的影响是即时的，外链对流量的影响是长远的。

场景分析： 网站关键词排名下降意味着什么，我想不用说大家也都知道。这也是为什么SEO们要努力将关键词做到第一页甚至前三名的原因。访客从上至下浏览网页，没有好的排名就意味着访客在没有看到你之前就离开了。外链则是影响排名最主要的因素，当看到SEO的外链专员开始广泛交换和购买外链时，我们应该在流量日记里记录下来，并在未来开始关注流量的变化。

4. 竞争对手

有人的地方就有江湖，有流量的地方就有竞争。对于自然搜索流量也一样，热门搜索关键词是每个网站都关注的地方，在我们不断优化网站，购买外链，提高排名时，竞争对手也没有闲着。所以，竞争对手的动作和优化策略也是影响自然搜索流量变化的第四个原因。

场景分析： 当我们搜索关键词时，会向后看到第几页？多半都会在第一页解决问题。所以，当我们的关键词被竞争对手挤出第一页时，流量也一定会发生显著的变化。对于流量下降明显的热门关键词，我们要对比排名的历史记录。

5. 网站内部调整

什么是网站内部调整？最简单的介绍就是改版。对于搜索引擎来说，改版是网站最大也是最混乱的一次内部调整，搜索引擎需要重新来认识这个网站的结构和内容，所以，网站内部调整是影响自然搜索流量的第五个原因。

场景分析： 每次改版对于SEO来说都是痛苦的，因为这意味着太多的改变，对于搜索引擎也是一样。搜索引擎需要重新收录新页面，这个过程会同时影响到前面介绍的收录量、排名、标题和描述优化。

6. 服务器状态

服务器状态是影响自然搜索流量的第六个原因。网站的所有页面都保持在服务器里，如果服务器在蜘蛛访问时运行不稳定，或者直接宕机，那么一定会影响搜索引擎对页面的收录，并进一步影响排名或流量。

场景分析： 我们会经常访问一个不稳定的网站吗？不会的。蜘蛛也一样。当服务器状态不稳定时，蜘蛛就会停止对网站的抓取。对于搜索引擎来说，为了保证访客的搜索体验，也不会给一个不稳定的网站很高的排名，而收录、排名都将直接影响网站的流量。

7. SEM策略

SEM策略是影响自然搜索流量的第七个原因。SEM策略也会影响SEO的流量变化吗？是的。在搜索引擎流量中，SEM流量和SEO流量有着密不可分的联系，它们既有相同的变化趋势，也会相互争夺流量。

场景分析： 对于同一个关键词，SEM广告的排名一定会高于SEO的排名。这种情况下，SEM的广告就会抢走本来属于SEO的流量，造成SEO的流量减少；而当SEM停止投放这个关键词时，SEO的流量又会增长。

A）自然搜索品牌词流量波动原因

自然搜索品牌词是自然搜索流量的一个子集，自然搜索品牌词与付费搜索品牌词的定义是一样的，这里也建议两者使用统一的标准，以便两者的对比和分析。

A1）SEM品牌词策略

SEM品牌词策略直接影响SEO品牌词的流量变化。对于真正的品牌词我们也许不用购买，但对于品牌词的扩展、错别字和缩写等情况，则必须使用SEM来获得好的排名。所以一旦我们对这些词进行竞价，就会影响SEO品牌词的流量。

场景分析： 此处场景与SEM策略类似。

A2）品牌广告

品牌广告在这里也会影响SEO品牌词。情形和付费搜索品牌词类似。访客通过搜索引擎寻找网站时，不会100%地点击付费广告，同样也会点击下面的自然搜索结果，而且这也是最自然的一种情况。所以，强大的品牌广告除了会影响直接流量、付费搜索品牌词之外，还会影响到自然搜索品牌词。

场景分析： 此处场景与付费搜索品牌词类似。

A3）软文和新闻

软文和新闻同样也会造成SEO品牌词的流量变化。与付费搜索品牌词一样，访问者在软文中找不到网站入口时，会通过搜索引擎搜索网站名称或品牌词。在搜索结果中访客也会同时点击自然搜索结果，造成SEO品牌词流量变化。

> **场景分析**：此处场景与付费搜索流量中的软文和新闻类似。

B）自然搜索非品牌词流量波动原因

自然搜索非品牌词是自然搜索流量的另一个子集，排除自然搜索品牌词，剩下的就是自然搜索非品牌词。与付费搜索非品牌词一样，自然搜索非品牌词也包括很多的子集，这些子集要多于付费搜索非品牌词的子集，而且更加广泛，更加没有规律。这里，我们将这些子集都归为非品牌词来统一分析。

B1）竞争对手

竞争对手在非品牌词上的变化是造成自然流量变化的一个原因，情形和自然搜索品牌词类似。这里我认为付费搜索非品牌词对自然搜索非品牌词的影响要小于品牌词的情况，但实际情况远比想象的要复杂很多。

> **场景分析**：此处场景与自然搜索品牌词类似。

B2）热点事件

与付费非品牌词类似，热点事件是造成自然搜索非品牌词变化的第二个原因。访问者在搜索特定关键词时，可能会点击付费结果，也可能点击自然搜索结果。所以，当有热点事件发生时，针对的付费与免费的关键词都应该会有变化。

> **场景分析**：此处场景与付费搜索流量非品牌词的热点事件类似。

4.6.4　引荐流量波动常见原因

引荐流量是指除搜索引擎之外其网站带来的流量，通常这类流量都是免费的。通过交换链接、互换广告位或其他合作方式获得的流量。引荐流量也会随链接形式、链接位置等因素发生变化，具体的波动原因有如图4-61所示的四种。

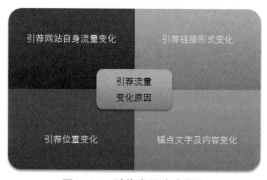

图4-61　引荐流量波动原因

下面分析一下常见的几种影响引荐流量的原因。

1. 引荐网站自身流量变化

引荐网站自身的流量变化是造成流量变化的第一个原因。引荐网站自身的流量大小决定了我们可以从该网站上获得的流量。如果一个网站每天只有几千次访问，那么再大再吸引人的广告也不会获得更多的点击。

场景分析：因引荐网站自身流量变化造成的引荐流量变化，是一个长期的过程。一个网站很难在数周内蹿红。所以，如果发现来自某网站的流量逐步增高，并且质量变化不大，而我们又没有在该网站上增加或修改引荐链接的方式，那么就应该关注下该网站自身的流量变化。

2. 引荐链接形式变化

引荐链接的形式是造成引荐流量变化的第二个原因。同样在一个网站中，文字链接和图片链接获得的关注和点击量是不一样的。所以，改变引荐网站上的链接形式也会造成引荐流量的变化。

场景分析：在引荐网站报告中，Google Analytics可以告诉我们每个引荐页面带来的流量。如果引荐网站整体变化不大，但某个引荐页面流量有变化，就需要我们检查这个页面的链接形式了。

3. 所在频道及位置变化

引荐链接所在的频道及页面位置变化是造成引荐流量变化的第三个原因。同一个网站中，首页和内页获得的流量相差巨大，同一页面的首屏和底部获得的点击也相差很多。所以，改变链接所在的页面及页面位置也会影响引荐流量的变化。

场景分析：和引荐链接形式类似，通过Google Analytics的引荐页面报告，可以获得每个页面带来的准确流量。当这些页面的流量发生变化，或者是出现了新的流量来源时，我们都需要检查链接在网站及页面中的位置变化。

4. 锚点文字及内容变化

最后一个影响引荐网站流量的原因是链接锚点文字或图片内容的变化。这里指的不是文字链接变为图片链接，而是通过更改文字链的描述，或更改图片的颜色、内容造成的引荐网站流量变化。

场景分析：更改文字描述和广告颜色会提高引荐流量吗？是的。但可能不会很多。这要根据引荐网站的具体情况来分析。但访问者总是会对颜色鲜艳、文字诱人的链接感兴趣。和前面分析链接形式和所在位置一样，当某个页面的引荐链接流量发生变化时，检查他们的图片或文字内容。

4.7　本章小结

流量是网站生存的源泉，也是网站分析中最常用的细分，主要包括**推荐网站流量**、**搜索引擎流量和直接访问流量**。

需要额外注意直接流量的分析，因为里面可能包含了未知的流量类型。

使用Google Analytics的高级细分和高级过滤器来标记和分析流量，区分搜索付费和免费流量，细分搜索引擎的关键词，追踪EDM或其他推广流量。

对于虚假流量的分析，结合虚假流量的目的性、规律性特征和真实流量的自然性、多样性特征，我们可以从流量的指标表现中分辨虚假流量。

流量的波动变化是网站分析日常工作的重要部分，基于流量细分，我们对造成流量异常的一些原因进行了罗列，帮助我们有效地定位问题。

第5章

你的网站在偷懒吗——
网站内容效率分析

内容对于网站至关重要，网站的内容包括页面中的所有内容，如页面的文字、图片以及导航信息和帮助信息等。优质的内容将吸引访问者进一步浏览，并最终完成网站的目标，粗劣的内容将导致访问者离开网站。你的网站内容表现如何呢？它能帮助你吸引住目标客户吗？是否能够促进网站目标的达成呢？本章将介绍几种对网站内容进行分析的方法，帮助你找出网站内容中存在的问题。

在帮助营销推广部门进行了流量标记和梳理工作后，他们现在已经有了很清晰的分析和优化方向，他们知道自己需要什么样的流量，以及如何判断流量的质量。有些时候他们甚至会主动对产品部提出页面优化建议，来保证流量的效果。现在，产品部门也已经坐不住了，他们提出需求，准备对网站页面和内容进行一次全面的体检。

Mr. WA，你好：

　　我们负责网站页面的设计和制作，但始终无法找到一套有效的方法来衡量网站页面的效果，因此我们的工作价值也受到了影响。请问您是否能提供一套完整的网站页面分析方法，来帮助我们衡量网站页面的实际效果和我们的工作价值呢？

产品部门终于开始行动了，而且他们看起来要进行一次全面的页面质量分析。公司内部的数据氛围又向前推进了一步，我们也要全力以赴，为产品部提供有效的页面分析方法。下面介绍两种网站内容的分析方法。它们分别是页面参与度分析和页面热区图分析。

5.1　网站页面参与度分析

页面参与度是Google Analytics报告中的一个秘密而又特殊的指标。那么页面参与度指标表示什么？有什么作用？我们该如何使用这个指标？它又对我们的网站分析有哪些指导呢？下面进行详细介绍。

5.1.1　什么是页面参与度

网站是由一个个页面组成的，一个网站会包含很多种不同类别的页面。这些页面的质量如何？在网站中有什么作用？当我们需要对网站的页面进行评估时，该如何去衡量它们呢？这些都是页面参与度指标需要解决的问题。为了更好地理解页面参与度这个指标，我们先来看个例子。

如图5-1所示，在一个传统的商店或公司里，有很多的销售人员，这些销售人员的工作是负责将商品销售给顾客，使商店或公司获得收益。那么我该如何衡量这些销售人员呢？很显然，销售业绩是最重要的指标之一。一个优秀的销售人员可以说服顾客购买商品，同时为商店或公司创造更多的收益。

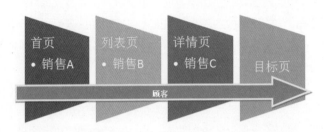

图5-1 网站的页面就像销售人员帮助顾客抵达目标

现在将传统的商店或公司替换为网站，顾客替换为网站的访问者，而销售人员就是网站中的页面。当访问者到达网站后，页面负责将信息传递给访问者，并引导访问者完成网站的目标。那么，对于网站中的这些"销售人员"来说，该如何衡量他们的表现呢？很显然，访问者在网站中的目标完成度是衡量网站页面最重要的指标之一，这个指标就是页面参与度。优秀的页面可以促进访问者在网站中完成转化，并最终完成网站的目标。有问题的页面会导致访问者的流失。

5.1.2 页面参与度的计算方法

页面参与度指标用来衡量网站不同页面对完成目标的贡献度。那么这个指标是如何计算出来的呢？很多非电子商务网站不是以收入作为目标的，并且即使是那些以收入作为目标的网站，又该如何分配每个页面对收入的贡献度呢？下面我们将详细地说明页面参与度指标的计算方法。

$$页面参与度 = \frac{总目标价值}{唯一身份综合浏览量（Unique\ Pageviews）}$$

下面通过三个例子来详细说明每个页面的页面参与度计算方法，其中Visits=Session。

例1：如图5-2所示，访问者在一次访问（Visits）中，连续浏览了A，B，C三个页面后到达目标页。目标转化价值为10元。按照页面参与度计算公式来分别计算页面A，B，C的参与度指标。

图5-2 页面参与度计算方法

目标价值=10
页面A唯一身份综合浏览量=1

页面B唯一身份综合浏览量=1

页面C唯一身份综合浏览量=1

页面A参与度指标=10

页面B参与度指标=10

页面C参与度指标=10

例2：如图5-3所示，访问者在一次访问（Visits）中，连续浏览了页面A，B，A三个页面后到达目标页。目标转化价值为10元。按照页面参与度计算公式来分别计算页面A，B的参与度指标。

图5-3　页面参与度计算方法

目标价值=10

页面A唯一身份综合浏览量=1

页面B唯一身份综合浏览量=1

页面A参与度指标=10

页面B参与度指标=10

P.S. 页面A在这个Visits中被浏览了2次，Pageviews=2，但因为都发生在一个Visits中，所以Unique Pageviews仍然等于1。

例3：如图5-4所示，在第一次访问（Visits）中，访问者连续浏览了A，B，C三个页面后到达目标页。在第二次访问（Visits）中，访问者连续浏览了页面A，B，C，A后离开网站。按照页面参与度计算公式来分别计算页面A，B，C，D的参与度指标。

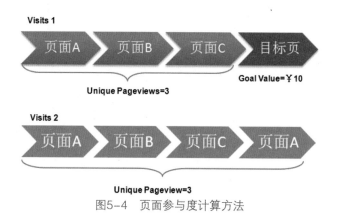

图5-4　页面参与度计算方法

目标价值=10

页面A唯一身份综合浏览量=2 (Visits1+Visits2)

页面B唯一身份综合浏览量=2 (Visits1+Visits2)

页面C唯一身份综合浏览量=1 (Visits1)

页面D唯一身份综合浏览量=1 (Visits2)

页面A参与度指标=5

页面B参与度指标=5

页面C参与度指标=10

页面D参与度指标=0

页面A在Visits2中没有完成目标，所以参与度指标=10/2

页面B在Visits2中没有完成目标，所以参与度指标=10/2

Visits2中不包含页面C，页面C只出现在Visits1中，所以参与度指标=10/1

页面D没有完成目标，所以没有目标价值，参与度指标=0

计算参与度指标需要注意的问题！

1. 为参与度指数单独创建一个profile，在这个profile中不要启动电子商务功能，也不要加入事件追踪价值，只单独设置一个目标并为它设置目标价值，因为电子商务和事件追踪价值都会影响到目标价值的计算，同时，多个目标和价值也会影响页面参与度的计算。

2. 计算页面参与度时使用的是Unique Pageviews，而不是Pageviews。所以，刷新页面并不会提高页面的参与度指标。

3. 计算某个页面的页面参与度时使用的是目标价值与该页面所有Unique Pageviews值的比率，如果该值为0表示此页面没有参与过目标转化，如果参与度指标等于目标值表示每个浏览过此页面的Visits都完成了目标转化。

5.1.3 设置并查看页面参与度指标

前面说了一大堆页面参与度指标的功能和计算方法，那么如何设置这个指标呢？下面就开始设置页面参与度指标。其实，熟悉Google Analytics目标设置的朋友可能早就看出来了，这个页面参与度指标其实就是设置目标时的目标价值，如图5-5所示。这里唯一的区别是，通常我们设置的目标价值是通过每次目标转化后网站所获得的实际收益值反推出来的每次转化目标价值，而在计算页面参与度指标的时候，并没有这个要求，我们只是对页面完成目标转化次数进行简单的计数。例如，页面每参与一次目标转化，我们就记录一次。所以，这里将目标价值设置为1即可。

图5-5 页面参与度价值设置

页面参与度指标只在三个报告中可以看到，它们分别是热门内容、内容标题和内容细目报告，如图5-6所示。这也是我开头说它是个秘密指标的原因。在这几个报告的最右侧，$index指标就是我们所说的页面参与度指标，这里允许我们按照参与度指标对页面进行排序，找出那些对网站目标转化至关重要的页面。同时，这里也可以通过报告级过滤器查看一类页面的页面参与度指标。

图5-6 页面参与度报告

5.1.4 页面参与度指标的两个作用

页面参与度指标最重要的作用就是用来记录不同的页面在完成网站目标中所起的作用，所以根据这个指标可以发现两个对于网站分析最直接的作用。

149

◉ 页面与目标的相关性

只有当页面参与了网站的目标转化，才会有参与度指标。所以，没有页面参与度指标
（$index）的页面都没有参与目标转化。或者说，浏览这些页面的访问者最终可能都没有到达目
标页。这究竟是路径的问题、流程的问题，还是页面本身的问题，需要我们逐个进行分析。

◉ 页面对目标的促进度

页面每参加一次目标转化，参与度指标都会增加。所以，页面参与度指标（$index）值与
Unique Pageviews值成正比的页面，转化能力越强，也越重要；而页面参与度指标（$index）值
与Unique Pageviews值成反比的页面就是存在问题、需要优化的页面。

5.2 页面热力图分析

热力图简单地说就是网页点击量可视化工具，在Google Analytics中叫网页详情分析报告。
它通过直观的方式显示出访问者在网页中的点击行为，并且可以告诉你不同位置、不同样式链接
的受欢迎程度。如图5-7所示，你可以在旧版Google Analytics的内容报告中找到它。在旧版的网
页详情报告中，Google提供了强大的分析功能，如时间段数据对比、多维度细分及路径分析功能
等。下面来详细介绍新版Google Analytics热力图工具。

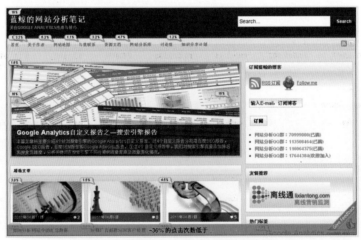

图5-7 Google Analytics热区图报告

5.2.1 Google Analytics热力图功能

在Google Analytics的网页详情分析界面中，共分为两大部分，一部分是网页热力图的显示

区，在这里显示了当前页面中不同链接被点击的情况，另外一部分是功能区，在功能区中提供了各类分析工具。本节将介绍四个主要的分析工具。

1. 页面中点击行为的质与量分析

点击行为的量是指页面中链接被访问者点击的次数，点击次数越多，量的值也就越大。如图5-8所示，很多热力图工具通常是按照点击量来显示数据的，Google Analytics也不例外。所以，当你看到热力图中的某个链接有很高的点击占比时，说明这个链接或者是这个位置在整个页面中很受访问者欢迎。

图5-8　热区图报告中的质与量

但仅有量是不够的，我们更关心的是每次点击的质。点击行为的质是指访问者点击链接后完成目标的比率。这些目标可能包括访问者的注册、下载、购买商品等一系列行为。在Google Analytics的热力图工具中，除了点击次数外，还会提供每次点击带来的交易次数、收入、目标转化等指标，用于对访问者点击行为的质进行衡量。

2. 分屏的点击量分布数据分析

你的网站页面有多长？页面底部的内容是否有人感兴趣？设计新页面时我们该给出哪些建议呢？很多时候设计师按经验设计页面的长度，但这个长度究竟对不对呢？我们需要用数据来验证。分屏点击量分布就是这样一个功能，如图5-9所示，它可以用来分析访问者在首屏、二屏及三屏等位置的点击行为。在Google Analytics热力图的底部有一个橙色区域，用于显示每一屏的点击量在整个页面点击量中的占比。如在图5-9中，首屏下橙色区域显示"后面的部分点击次数低于~36%"，说明在这个页面中~64%的点击量集中在首屏中（1～36%），而首屏以外部分的点击次数只占~36%。拖曳右侧的滚动条会发现，越到页面底部橙色区域的百分比越小，直到0%。

图5-9　热区图报告中分屏点击量

3. 不同时间范围的数据对比

如图5-10所示，在Google Analytics中，每个报告都提供时间维度的对比功能，包括同比与环比。这个功能在Google Analytics的热力图报告中也不例外。通过在报告顶部选择时间范围和对比时间，可以看到任何页面中的任何链接在不同时间段中的点击次数对比和目标转化对比及其变化趋势。图5-10是我的博客中某个文章页底部链接在2011年4月11月与4月10日的环比点击量数据。当然你也可以选择使用4月11日的数据与3月11日的数据进行对比。

图5-10 热区图报告不同时间范围数据对比

4. 点击量占比分层筛选功能

页面中哪些链接获得的点击量最多？哪些链接带来的转化最多？哪些链接获得的链接较少甚至可以忽略？面对种类繁多的链接和数据，Google Analytics热力图工具提供按点击量占比的筛选功能。如图5-11所示，筛选工具共分为7个等级，当前页面中点击量占比最高的为100%。

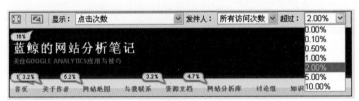

图5-11 热区图报告点击量占比筛选

点击量占比分层筛选功能是最经典的应用：分别查看点击次数超过100%的热区图和目标转化超过100%的热区图，看看获得最多点击次数的链接是否也为网站带来了最多的价值。

5.2.2 Google Analytics热力图中数字的含义

在Google Analytics的热力图中，所有的访客行为和页面指标都是以数字的形式体现的。这些数字的含义是什么？是如何被计算出来的？数字背后的意义与指标的定义有什么差别？下面主要介绍Google Analytics热力图中几个关键数字的含义。

1. 点击次数的含义以及如何计算

如图5-12所示，Google Analytics热力图中默认显示的指标是点击次数，但实际上Google Analytics是记录不到页面中鼠标的点击行为的，无论这个点击发生在页面中的什么位置。那么热力图中链接的点击次数的数据是从何而来的呢？这个点击次数实际是指链接目标页面的PV。也就是说，当访问者点击页面中的链接，只有当链接目标页面中的GATC完全加载后，Google才能记录到这个链接被点击过，否则这次点击将不会被记录。

图5-12 热区图报告链接点击数据

那么，热力图中显示的点击次数百分比又是如何计算的呢？答案很简单，页面中此链接被点击的次数÷页面中所有链接被点击的总数就是点击次数百分比。

计算公式：点击次数百分比=链接被点击次数/页面所有链接被点击次数

这里需要说明的一点是，页面所有链接的被点击次数是指所有链接目标页的PV，而不是此页面的PV。

2. 内容详情中的数据

如图5-13所示，在Google Analytics网页详情分析界面的左侧，提供了内容详情数据，包括浏览量、停留时间和跳出率等。这部分数据都属于当前热力图中的页面，它们与该页面在热门内容报告中的数据是一样的。

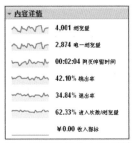

图5-13 热区图报告内容详情数据

3. 最普遍的人口统计特点数据

最普遍的人口统计特点从两个维度描述了访客的基本属性，分别是语言和国家，如图5-14所示。

图5-14 热区图报告人口统计数据

数据表示在当前时间范围内，发起访问最多的访客属性。这里的数据来自访问者报告下的地理位置分布图报告和语言报告，并且数据与其保持一致。

4. 最热门的技术数据

最热门的技术与最普遍的人口统计特点一致，从屏幕分辨率、操作系统和浏览器角度描述了访问者访问网站的设备设置情况，如图5-15所示。

图5-15　热区图报告热门技术数据

这里的数据来自访问者报告下的浏览器报告、操作系统报告和屏幕分辨率报告，并且数据与其保持一致。

5.2.3　Google Analytics热力图中的细分功能

新版网页详情分析报告与Google Analytics中的众多报告一样，也提供了对热力图的细分功能，并且异常强大。它支持使用高级群体进行细分，基本可以满足你能想到的任何维度的数据细分。

1.　使用报告级过滤器细分

第一个细分工具是报告级别的过滤器，与所有Google Analytics提供的报告级过滤器一样，在网页详情分析报告中也有一个报告级过滤器，也许应该叫热力图级过滤器，如图5-16所示。

图5-16　Google Analytics热区图细分功能

通过这个过滤器，我们可以透过某个维度来查看访问者在页面中的点击行为。在图5-16中，我们选择了搜索引擎关键词维度，并且设置完全匹配"蓝鲸网站分析"这个关键词。这里你也可以将维度更改为来源、媒介或广告系列等。匹配方式同样支持正则表达式。

2.　使用高级群体细分

第二个细分工具是强大的高级群体，在Google Analytics热力图中支持所有预定义和自定义的高级群体。如果已经使用高级群体对流量进行了细分，那么将它们直接应用到热力图中去吧。看看那些既没有跳出，又没有转化的访问者在页面中究竟干了些什么。

3.　使用人口统计维度细分

如果你觉得使用报告级过滤器和高级群体都太过复杂，Google Analytics在内容详情报告中还提供了五个预定义的细分工具，就是我们之前提到的最普遍人口统计特点和最热门技术，如图5-17所示。

图5-17　热区图报告人口统计数据

在最普通人口统计特点下选择国家维度，此时Google Analytics热力图上方提示已经启用了过滤器工具。没错，这就是一个预定义的报告级过滤器。选择修改过滤器会发现，系统已经将"国家完全匹配China"这个条件设置到过滤器里了，此时热力图中的数据全部属于来自China的访问。

4. 使用热门技术维度细分

最热门技术是另外三个预定义细分工具，如图5-18所示，使用方法和人口统计特点一样。点击屏幕分辨率，此时热门技术的屏幕分辨率占比变成了100%，而热力图中的数据也都是此页面在1440×900分辨率下的表现了。

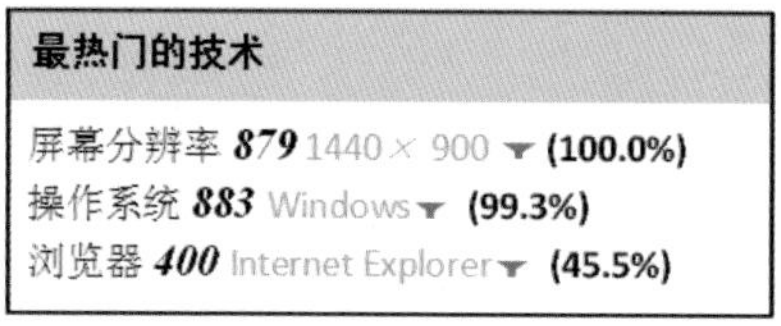

图5-18　热区图报告热门技术数据

但此时有个问题，我们前面选择的国家完全匹配China维度已经不起作用了。是的，也就是说，预定义细分工具中维度是不能叠加的。热力图级的过滤器只能支持在一个维度下的细分。

5.2.4　Google Analytics热力图中的路径分析

在看完页面的点击分布数据后，你一定还有个问题：现在知道用户去了哪里，那么这些用户来自哪里呢？Google Analytics页面详情分析报告提供一组简单的路径报告可以回答这个问题，它以列表的形式告诉你访客从哪些页面来到当前的页面，在浏览完当前页面后去了哪些页面。

1. 流量的进入来源

流量的进入来源就是页面详情分析界面左侧的入站来源功能。在这里，Google列出了浏览当前页面的所有入口页面，其中也包括直接从站外进入的来源，这里统称为entrance。点击路径页面可以查看该页面的热力图，如图5-19所示。

2. 离开后的目标页

如进入来源一样，离开后的目标页罗列了访问者从当前页面离开后访问的页面。这里的点击次数及百分比数据和热力图中显示的数据是一样的。点击下面的箭头可以查看更多后续的页面列表，如图5-20所示。

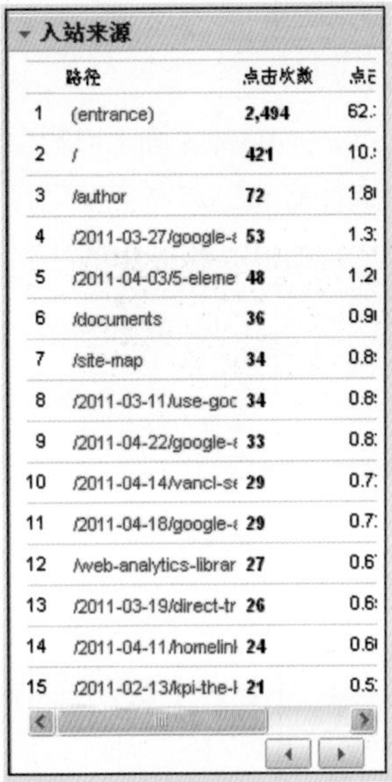

入站来源

	路径	点击次数	点
1	(entrance)	2,494	62.
2	/	421	10.
3	/author	72	1.8
4	/2011-03-27/google-	53	1.3
5	/2011-04-03/5-eleme	48	1.2
6	/documents	36	0.9
7	/site-map	34	0.8
8	/2011-03-11/use-goc	34	0.8
9	/2011-04-22/google-	33	0.8
10	/2011-04-14/vancl-s	29	0.7
11	/2011-04-18/google-	29	0.7
12	/web-analytics-librar	27	0.6
13	/2011-03-19/direct-tr	26	0.6
14	/2011-04-11/homelin	24	0.6
15	/2011-02-13/kpi-the-	21	0.5

图5-19　热区图报告入站来源报告

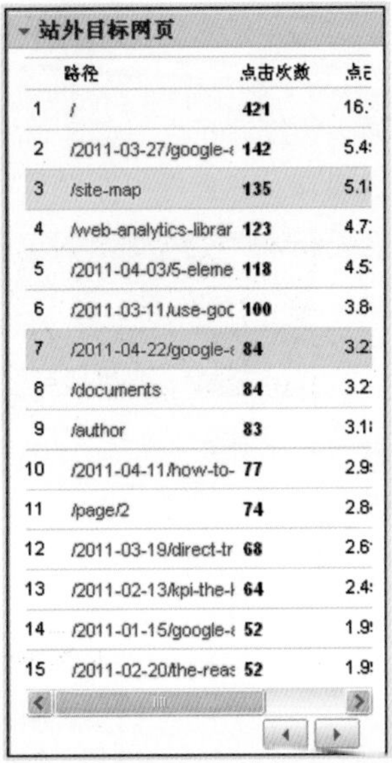

站外目标网页

	路径	点击次数	点
1	/	421	16.
2	/2011-03-27/google-	142	5.4
3	/site-map	135	5.1
4	/web-analytics-librar	123	4.7
5	/2011-04-03/5-eleme	118	4.5
6	/2011-03-11/use-goc	100	3.8
7	/2011-04-22/google-	84	3.2
8	/documents	84	3.2
9	/author	83	3.1
10	/2011-04-11/how-to-	77	2.9
11	/page/2	74	2.8
12	/2011-03-19/direct-tr	68	2.6
13	/2011-02-13/kpi-the-	64	2.4
14	/2011-01-15/google-	52	1.9
15	/2011-02-20/the-rea	52	1.9

图5-20　热区图报告站外目标页报告

5.2.5　Google Analytics热力图的常见问题

1. 为什么页面中有些链接没有数据

在Google Analytics的热力图中，有些链接是没有数据的，这是正常情况。在以下几种情况下，Google Analytics的热力图中将不会报告该链接的被点击次数数据。

（1）页面中所有的出站链接

Google Analytics默认不会追踪出站链接，所以对于页面中所有指向站外的链接都无法统计到被点击次数，解决方法是对这部分链接使用虚拟页面的方法来统计被点击次数。

（2）页面中包含在JS中的链接

当页面中的链接包含在JS中时，Google Analytics无法追踪到这部分的被点击数据，同样，热力图中也不会包含这些链接的被点击次数。

（3）下载和订阅等功能性按钮

下载、订阅、视频播放等非页面浏览行为默认为不会被Google Analytics追踪到，解决方法同样是使用虚拟页面进行追踪。

（4）链接目标页面中不包含GATC

Google Analytics利用后续页面的PV计算前一页面链接的点击量，所以，如果碰巧后面的页面没有实施GATC，那么Google Analytics也就没有数据用来计算热力图中的链接点击量了。

2. 整页点击量汇总等于100%吗

不是的，整个页面中各个链接的点击量占比加在一起并不等于100%。热力图中的两种气泡有什么区别？通常在一个页面中会有一个以上的链接指向同一个目标页面，如图5-21所示。

图5-21　热区图报告总的两类点击数据

例如，在我的博客顶部，博客标题和首页都指向了首页。为了区分这种情况，Google Analytics在热力图中使用两种形式的气泡进行辨别，实线的气泡表示当前链接在页面中是唯一指向目标页的链接，不存在重复的链接；虚线链接则表示在当前页面中，还有至少一个链接与此链接指向了同一个目标网页。

要辨别页面中哪些链接共同指向了同一个目标页很简单，把鼠标放在气泡上时，气泡会变成灰色，此时查看页面中还有哪些气泡变灰了，这些气泡下的链接就是那些指向同一目标页的链接。因为Google无法区分用户究竟点击哪个链接到达的目标页，所以这类指向同一目标页链接的气泡数据都是一样的，表示所有这类链接被点击的次数。

3. 如何查看其他页面的热力图数据

默认情况下，当我们打开Google Analytics页面详情分析报告时，Google会显示网站首页的热力图。那么，如何查看网站其他页面的热力图数据呢？最笨的方法是一页一页点进去，直到打开想要查询的页面。这种方法对浅一点的页面还比较容易，但对于深层的流程页面则比较麻烦，且非常耗时。这里有一个简单的方法可以快速查看任何页面的热力图，操作步骤如下。

STEP 01 在浏览器中打开一个新的标签窗口。

STEP 02 将需要查看的页面URL复制到地址栏并打开。

当页面加载完后Google Analytics会在页面上自动显示热力图数据，并且以浮层的方式显示内容详情及路径数据，如图5-22所示。在这里只有简单的点击量分层筛选功能和分屏点击量数据，你不能进行任何时间对比和细分功能。如果希望关闭热力图数据，点击右上角的关闭按钮，就可以正常浏览网页了。

157

图5-22　热区图报告内容详情报告

5.3　页面加载时间分析

Mr. WA，你好：

　　感谢你提供的页面分析方法。现在我们又遇到了一个新的问题，我们有一个Landing Page页面的跳出率非常高，但我们无法判断这究竟是营销部门的流量问题，还是页面设计自身的问题。请您帮助分析和解决一下，谢谢。

　　产品部对之前我们提供的分析方法很满意，但很快就有新的需求出现了。这次的问题看起来有些复杂，因为Landing Page是流量与内容的分界线，两者都有可能导致跳出率指标变差，所以需要提供一种综合的分析方法来找出原因。

　　Landing Page是网络营销的生死线，这里的Landing Page指的是网络营销中针对推广活动和内容所做的页面。在营销活动中，Landing Page是用户点击广告后访问的第一个页面，并且在这里分成两部分，一部分用户继续点击链接，进入更深的页面，第二部分用户关掉页面离开。

　　第一部分用户的点击行为，常用的网站分析工具都可以捕捉到，并且是我们希望用户完成的操作。第二部分没有任何点击行为就关掉页面离开的用户被称为Bounce，这部分用户我们在报告中会看到一个数字或比率。

　　假设，在一次营销活动中，Landing Page上共有10000个用户访问，其中6000个用户点击链接进入了更深的页面，4000个用户离开了，那么这个页面的Bounce rate是40%。如果从时间维度来分析，我们会发现即使是同样40%的Bounce rate也有很多种不一样的情况和产生原因。图5-23至图5-25显示了页面加载的数据分析。

5.3.1　理想情况下的Landing Page时间分布

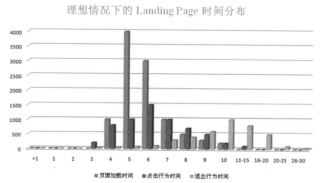

图5-23　Landing Page加载时间分布

★ **蓝色代表页面加载时间**：用户点击广告后，页面在4～10秒内加载完成。
★ **红色代表用户点击时间**：点击行为紧随着加载页面的时间趋势，少部分心急的用户在刚进入页面时就点击进入了下一页面。
★ **绿色代表退出行为时间**：Bounce的行为在6秒后才开始出现，此时已过页面加载峰值，说明大部分页面已经完全显示，用户是在观看了页面内容后有选择地离开。

5.3.2　Landing Page缺乏吸引力的时间分布

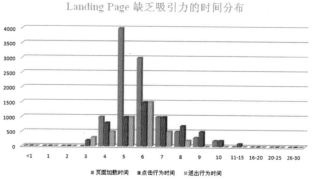

图5-24　Landing Page缺乏吸引力的时间分布

从图5-24可以看出，蓝色的页面加载时间和红色的用户点击时间与理想情况一样，未做改变。绿色所代表的退出行为时间显示退出行为大幅提前，同样是40%的Bounce rate，但可以看出部分用户在页面没有显示完全的情况下就已经离开了（如果时间继续提前至1~3秒的话，就很有可能是垃圾流量了）。

5.3.3 页面打开速度慢的时间分布

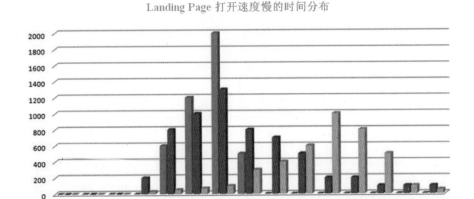

图5-25 Landing Page打开速度慢的时间分布

★ **蓝色代表页面加载时间**：数据只出现在了4~7秒，且峰值出现的时间比理想情况延后了1秒，数量也减少到一半（2000）。

★ **红色代表用户点击时间**：点击行为延后直到30秒，并且在第7秒后取代了页面加载时间的数据，说明大部分用户没有等到页面加载完成就开始点击了。

★ **绿色代表退出行为时间**：伴随着用户点击时间的数据取代页面加载时间数据，退出行为也出现了上升并在10秒出现了峰值，说明页面加载时间已经超出用户忍耐。

不一样的页面表现，不一样的用户行为，不一样的原因，产生了相同的数据。不要简单地被Bounce rate迷惑，根据三个行为在时间维度中的表现，可以对Bounce的用户进行更深入的了解，并对Landing Page进行调整。

以上只是简单地模拟了三种情况，在实际操作中肯定要比这复杂很多，并且会产生更多的情况。比如页面加载时间与点击时间和退出时间重叠，导致页面加载时间数据很少或者根本就看不到，又或者点击时间或者退出时间的数据一直延续很久等。

5.4 网站中的三种渠道分析

Mr. WA，你好：

之前的问题已经解决了，非常感谢。现在我们可以对页面的效果进行有效评估了，并准备对一些质量差的页面进行改版。对于网站中的关键页面和无效页面的判别，您能再给一些更加深入的建议吗？

产品部在页面优化和改版的时候还是非常小心谨慎的，这非常正确。因为任何一次页面调整都有可能影响访问者路径和网站的目标转化，因此，我们从提高视角，从不同类别访问者和网站内容分组的角度继续来看这个问题。

如图5-26所示，在一个网站中，通常会有三种常见的渠道，即网站流量来源渠道、网站的内部渠道和网站的目标渠道。其中，第一种和第三种理想情况下都应该是直线渠道，就是说访客按照网站预先设定的路线完成任务，这通常也是最优的方法。

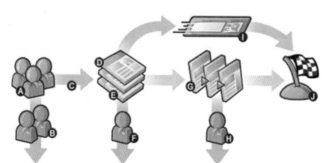

图5-26 网站中的三种转化渠道

有朋友可能会说，我的网站中这两部分渠道都不是简单的直线渠道。比如第一种渠道，访客在登录Landing Page后就分流了，一部分可能去了各产品页，另一部分去了登录页，还有一部分直接回到了首页，或者有一些访客先去了登录页面，登录后又去了产品页面，然后又返回了Landing Page页兜了一圈，等等，总之行为千奇百怪。同时我的最后一种渠道也存在访客兜圈子的问题，这种情况的渠道如何解决、如何分析呢？

161

OK！一个一个来看。首先，网站流量来源渠道中所说的Landing Page分为两种情况。第一种情况是网站自身的页面，网站中任何页面都有可能成为Landing Page；第二种情况是我们为某个营销活动或某个关键词单独设计的Landing Page。第一种情况稍后会在网站的内部渠道中说明，先来看一下为营销活动单独设计的Landing Page情况。我认为设计每一个页面的时候（无论是营销中的Landing Page还是网站的内容页）都要问自己两件事，如图5-27所示。

图5-27 设计页面时需要考虑的两个问题

通常在一个Landing Page上有多少个链接，访客就会有多少种选择，同时也会走出多少种不同的路径。如果你的Landing Page上有10种不同的链接，或者你直接将网站的首页作为营销活动的Landing Page，那么就会很自然地出现前面的问题：你的第一个渠道不再是一条简单的直线了，访客在进入登录页面后迅速分流，并且可能不断兜圈子（兜圈子更有可能是流程设计的问题）。当遇到这样的情况时要问一下，本次营销活动的目标是什么？为何Landing Page没有将流量引入到目标页面再进行分流呢？访客在进入Landing Page后马上分流只能说明两个问题：

★ Landing Page没有很好地引导流量。

★ Landing Page在设计时的功能就是用来分流流量的。

也许你希望访客在进入网站后能浏览更多的页面，挑选更多的商品。所有的这些都可以在目标被完成后再进行，除非这就是你的第一个目标。

图5-28 防止流量分流不等于唯一链接

如图5-28所示，Landing Page上的防止流量分流并不是狭义的只给访客一个唯一链接，或者所有的链接都指向同一页面，而是针对目标给访客一类链接，这类链接有着相同的属性。比如，电子商务网站在做相机产品的推荐页面时，页面上可能会同时出现6款不同的相机，同时也会有6个对应的链接，这些链接有着相同的目标（购买相机），也有着相同的属性（同属于相机产品内容页面）。这个依然是一条直线渠道，只不过更粗壮一些。如果你的URL规范，同样可以使用目标渠道来追踪。

5.4.1　网站的流量来源渠道

流量来源渠道是图5-26中的A～DE的步骤，指访客通过外部链接进入网站的过程。我们通常不仅会追踪到访客在网站的登录页面，还会继续追踪访客完成某个任务，将渠道延伸，比如注册、留言、订阅等。

1.　实现追踪的方式

最常用的方法是对来源URL增加Linktag或参数，或是针对不同的渠道单独设立Landing Page，然后在网站中对目标设立渠道，就可以完成对这类渠道的流量追踪工作。如果你认为URL的Linktag或参数都不适合网站的情况，单独的Landing Page也会产生影响。OK，那么请分享你的最优解决方案吧。

2.　需要关注的问题

在这个渠道中需要关注的是B和F，来源渠道中流失的访客和登录页面跳出的访客。B通常可以用点通率来计算，较高的点通率说明来源渠道中访客的流失率较低。F直接看Landing Page的跳出率指标就可以了。降低F的方法是将Landing Page设计得更有针对性。比如针对不同的渠道、不同用户、不同产品设计不同的Landing Page。

5.4.2　网站的内部渠道

网站的内部渠道是DE～G的部分，是访客在进入网站后的活动情况，如果在第一个渠道中已经设置了目标和任务，内部渠道就是访客在完成第一步任务后的访问情况。还记得前面说过将首页作为Landing Page，访客进入后马上分流的情况吗？这也属于网站的内部渠道。

网站的内部渠道比较复杂，很难形成一个简单的直线渠道。访客的访问路径多种多样，一个访客可能会访问多个页面、多个频道，并且不停兜圈子，这些情况都是正常的，如图5-29所示的A, B, C, D四类访客，每类访客都有独特的访问路径。如何分析呢？

163

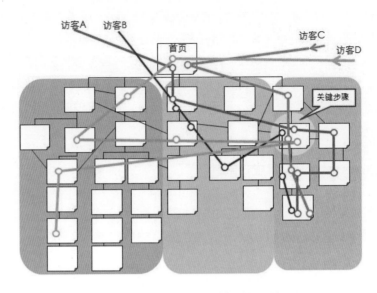

图5-29　网站内部访问者浏览渠道

　　图中的情况需要使用到路径分析，但我们无须追踪访客在网站的所有完整路径，因为有些路径的追踪是没有意义的。我在图中用不同的颜色对网站的不同区域做了划分，蓝色代表电脑产品区域，绿色代表软件产品区域，都属于网站的产品频道，橙色表示网站的购物车或其他关键流程区域。

　　在蓝色区域内，会有各种型号的电脑产品页面，访客会在里面反复挑选，比较各种不同型号电脑的配置、性能、价格，最终可能会进入橙色区域完成购买，也可能直接离开网站，这是一个购物前的正常行为。单一地追踪访客在蓝色区域里的行为没有太多意义。

　　如图5-30所示，我们更应该关注的是不同颜色区域之间的交叉访问路径以及离站路径。比如，访客在蓝色区域里挑选完电脑后，是离开了网站（离站路径），还是继续进入了绿色区域挑选相关软件（也许你在电脑产品的页面上做了软件产品的交叉推荐），或者是直接进入了橙色区域完成购物流程。这些不同频道、不同产品区域之间的交叉路径要比只在一个频道中的路径更有意义，如图5-31所示。

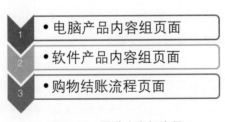

图5-30　网站内容组流程

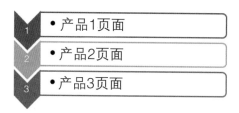

图5-31　网站页面流程

　　当然，即使你需要追踪访客在一个频道或区域内的行为，页面的选择也不是随意的，而是需要选择一个比较有意义的页面来做正向或反向的路径分析或流失分析。比如，针对入站页面进行正向路径分析，或是针对某个关键页面进行反向路径分析。如果只是随意挑选一个产品中间页，分析出的路径可能是前后页面都是不同型号的同类产品页，这只能说明访客在挑选对比，或者干脆在闲逛。

1. 实现追踪的方式

　　Google Analytics的路径追踪虽然简单，但如果对分析的步骤要求不高的话，可以用来做简单的路径分析。同时，这里还有一个内容组的概念，也可以通过目标和渠道来完成。例如，将电脑产品的所有页面设置成一个渠道，将软件产品的所有页面设置为目标。追踪这两类产品的交叉推荐是否有效。

2. 需要关注的问题

　　在第二个站内渠道中，应该关注不同区域内访客的离站路径，以及不同内容组之间的访问路径，这直接表明了你的交叉推荐是否有效。

5.4.3　网站的目标渠道

　　网站的目标渠道是图5-26中G～J的步骤，也是我们平时使用最多的一个渠道，如图5-32所示。我认为这里应该是一个步骤最少、路径最直的渠道。每多一个步骤或多一种路径都可能造成访客的流失。这里直接关系到网站整体目标的达成，是之前所有页面和所有努力的最后一步。访客在这里不应该有任何反复或兜圈子的行为，如果有的话，也应该是在完成目标之后。

图5-32　亚马逊购物渠道流程

1. 实现追踪的方式

Google Analytics的目标和渠道功能是追踪这类封闭渠道的最好方式，在渠道可视化报告中，步骤转化率、流失率、转化率都会被清晰地显示出来。

如果你的渠道中真的存在很多分支路径，并且已经让访客在这里兜圈子了，传统的漏斗图无法很好地显示出你那复杂渠道的每一步骤了，那么好吧，Google Analytics的反向目标路径工具也许可以帮到你，如图5-33所示。

图5-33 反向目标路径报告

2. 需要关注的问题

渠道访次、步骤转化率、步骤流失率、渠道转化率、目标转化率等。

★ 示例

先来说个小例子，假设你的老板在百度做竞价促销《杜拉拉2》。一个月过去了，销售情况很不理想，要分析一下原因，于是找来了所有和本次促销相关的数据，关键词点击量、Landing Page访问量、跳出率、停留时间、渠道转化率、新老访客比率等。然后开始分析，发现关键词获得了很多的点击量（成本也很高），Landing Page访问量也不错，就是买的人不多。经过分析，通过搜索来的访客都是有明确目标的高质量访客，但访客在登录产品页面后就流失掉了，渠道转化率也很低，可能是产品页和转化渠道的问题。于是，马上找到网站运营优化总监、渠道营销总监、UI等人来开会。

最后决定：
★ 将《杜拉拉2》产品页面的购买按钮搞大，并用两种版式做A/B测试；
★ 改进购物渠道的页面设计，减少购买步骤；
★ 对现有的Landing Page和产品页面加入更多追踪代码，进行更多更细致的追踪；
★ 对已有数据进行更详细的分析，比如按访客类型、按地域、按时段；
★ 也许还会投入更多的推广费用，将竞价排名的位置提高；
   ……

所有这些工作都做完了，我们又获得了更多的数据，但效果依然不理想。怎么办？怎么办？

试着从下面的角度分析一下，下面这些问题不会出现在报告中，无法通过数字间的计算来发现，也不能通过给页面加更多的代码获得。

（1）市场情况：市场中是否有其他的替代产品？比如，你在促销《杜拉拉》的时候，可能还会有《张拉拉》、《李拉拉》、《徐拉拉》，都是职场这点事儿，写的也都差不多。用户已经被不同的产品分流走了，还有一种可能就是会有盗版或免费下载的情况。访客搜索这个词只是在找免费下载，因为你的网站花钱排在前面就顺道打开看了一眼。

（2）用户群大小：这个产品的用户群有多大，也许看似很大众的产品其实很多人在心里都不太认可。表面的热闹只是生产商的造势行为，即使有很大的用户群，他们又是否有足够的支付能力呢？

（3）对手情况：多去营销第一线看看，也许你在百度竞价推广《杜拉拉》的时候，上面或下面的一个位置就是卓越的推广，并且价格比你便宜，还免运费。访客打开你的页面比较之后肯定还是选择去别家买了。

（4）产品淡旺季：很多商品都是有季节性的，这需要对产品和行业本身有深入的了解才可以，有时候还会受到其他因素的影响。

（5）行业水平：也许在整个行业中这个产品的情况都不算好，比如某本书因为翻译问题遭到了用户的抵制，或者某个意见领袖对这个产品进行了批评，那么大家的销量都会受到影响。

（6）用户习惯：用户是怎样买书的？流程是什么？很多用户都是先上豆瓣看书评，然后再决定是否购买，豆瓣上的书评和星级直接影响着访客的决定。另外，访客在搜索的时候还会同时打开多个窗口进行价格、运费的比较。

（7）其他影响因素：很多你看不到，摸不着的因素，比如访客的口碑传播等。

5.5　追踪并分析网站404页面

Mr. WA，你好：

　　最近网站页面的改版遇到了一些问题，网站中出现了很多404页面。请问有什么方法能追踪带404页面的访问情况和数据吗？我们希望尽快找到这些页面并消除它们，谢谢。

404页面是当访问者输入了错误的地址或者访问了被删除的页面时，服务器返回的错误页面（404 HTTP 状态代码），是在网站改版过程中经常遇到的问题，产生的原因多种多样。这个页面除了告诉访问者页面不存在以外，不提供任何有价值的信息，访问者很可能从这里直接离开网站。

了解404页面的信息非常有用，可以发现访问者要查找的内容和推介来源，有助于网站补充新的内容并修复有问题的链接。如何使用Google Analytics来追踪并显示404页面的情况？很简单，只需要下面三个步骤！

5.5.1 使用Google Analytics追踪404页面

STEP 01 将网站的Google Analytics追踪代码添加到404页面里：

```
pageTracker._trackPageview( "/404.html?page=" + document.location.
pathname + document.location.search + "&from=" + document.referrer);
```

STEP 02 修改404页面的Google Analytics代码，将_trackPageview函数的值设置为：

```
<script type="text/javascript">
  var _gaq = _gaq || [];
  _gaq.push(['_setAccount', 'UA-12347890-1']);
  _gaq.push(['_addOrganic', 'soso', 'w']);
  _gaq.push(['_addOrganic', 'yodao', 'q']);
  _gaq.push(['_addOrganic', 'sogou', 'query']);
  _gaq.push(['_trackPageview', ' "/404.html?page=" + document.
location.pathname + document.location.search + "&from=" + document.
referrer ']);//添加404页面追踪代码

  (function() {
      var ga = document.createElement('script'); ga.type = 'text/
javascript'; ga.async = true;
      ga.src = 'http://www.google-analytics.com/ga.js';
      var s = document.getElementsByTagName('script')[0]; s.parentNode.
insertBefore(ga, s);
  })();
</script>
```

代码的作用是访问者访问404页面时，_trackPageview函数将丢失页面的名称和推介来源发送给Google Analytics服务器。

例如，当访问者访问404页面时，Google Analytics会向服务器返回一条数据，就像下面这条信息一样，并最终将404页面的信息显示在报告里。

```
http://www.google-analytics.com/__utm.gif?......&utmp=%2F404.
html%3Fpage%3D%2F404.php%26from%3D......
```

STEP 03 查看并分析404页面。

在修改完404页面的追踪代码后，我们在热门内容报告的底部过滤器中输入404，就可以看到404页面的报告了，如图5-34所示。这里会详细列出404页面的浏览量、停留时间和退出率等常规指标。但这里我们最想知道的是到底哪些链接将访问者带到了404页面？访问者又从404页面去了哪里？是直接离开了网站，还是忽略了这个错误，并去浏览了新的页面内容？对于这些问题，Google Analytics中的内容导航报告可以给出答案。

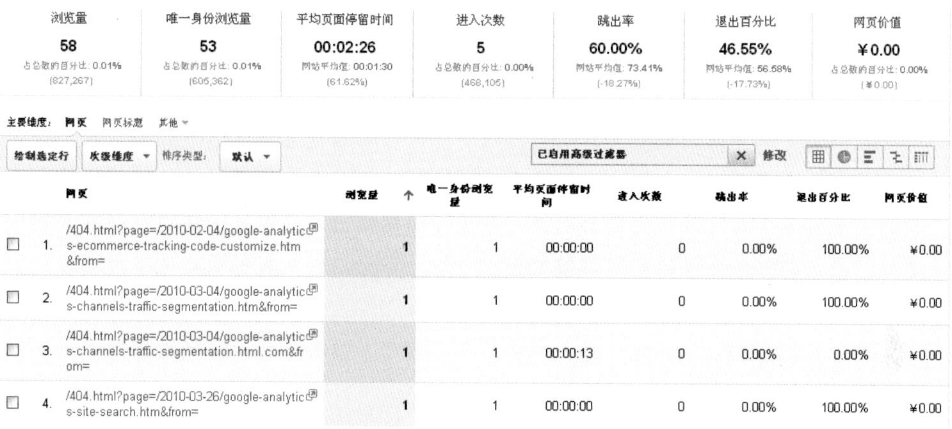

图5-34　404错误页面报告

在内容报告中点击404页面标题，在展开的报告界面选择导航分析报告，导航分析报告以404页面为中心向我们展示了访问者到达404页面之前的页面，同时也显示了访问者之后的行为，如离开网站或继续浏览其他页面。如果你对网站结构足够熟悉，那么通过导航分析的上一页面，就很容易判断出产生错误的页面和链接了。

5.6　最终产品页分析

上面介绍了网站的进入页和中间页，基于这些页面的分析和优化，用户可以方便地在网站中穿梭，寻找自己感兴趣的内容。就像是一个大型展览馆，已经完成了馆内的布置、展台的布局与参观路线的设计，无论是环形还是曲线，只要方便用户的出入和参观就可以。接下来就需要在展台上放置展览品了，放置什么样的展品直接关乎能够吸引到的用户数量，如果用户对展品没兴趣，展览馆设计得再优秀到访的客人也是寥寥无几。所以网站也是一样，网站的最终产品必须是高质量的、用户感兴趣的，最终产品页是网站最终想给用户的东西，可能是信息、文档、视频、音乐，也可能是电子商务网站的商品，我们需要去分析这些最终产品页的数据表现，进而去区优劣，将用户更喜欢的产品摆在醒目的位置，而不是放在角落埋没它的光彩。

通常网站的内容运营人员会非常关心网站的内容或产品数据，他们希望通过一些数据分析的方法来帮助他们更好地管理和优化网站的内容。

@

Hi, Mr. WA:

我们经常去查看网站内容的日常报表，观察每个内容页的浏览量、平均停留时长、退出率等指标，但是因为网站的内容实在太多了，无法直接从报表中获取有价值的信息，我们需要数据分析师的帮忙，希望能够对每个内容的价值有一个评估，如果你能告诉我们哪些内容更值得去运营和调整，那将大幅提升我们的效率。

我们需要掌握网站每个内容的热门程度，内容的浏览量仅是一个数值，因为内容过多，排序不方便，我们无法明确每个内容的热门度在总体层面的位置。同时，我们需要知道哪些内容需要做出调整，希望你们能指出这些内容并提供一些运营的建议，最好能够对内容的整体价值做出一个综合评价，以便我们更好地掌控内容，向用户进行推荐。

我们希望得到以下数据：每个内容的热门程度、需要优化调整的内容及建议、每个内容的综合评分。谢谢！

运营部

其实，这个估计是每个网站运营部的同事们都头痛的事情，网站的内容头往太多了，如何通过内容运营真正发挥内容的价值？能够替其他部门排忧解难是数据分析师的荣幸。我们先试着从数据分析的需求邮件中解析出以下内容。

★ **分析目的：**通过对网站内容的分析帮助运营部提升工作效率。

★ **分析描述：**分析网站中每个内容的热门程度，明确内容在整体中所处的位置；发现需要进行运营优化的内容，提供参考的调整建议；基于内容指标的表现对内容价值做出综合评价。

★ **预期结果：**内容热门度、内容运营调整建议、内容综合评分。

明确这些信息以后，就可以动手解决问题了。

5.6.1 如何评价内容的热门度

首先需要明确怎么定义热门度。热门度只是一个概念，并非网站分析中具体的指标，我们一般认为网站的页面被浏览得越多，或者内容被下载或点击得越多、商品被购买得越多，就越热门，所以热门度也不是一个统一的定义，这里用页面浏览情况来评价热门度。网站的页面浏览在Google Analytics上面有两个指标，一个是页面浏览量（Pageviews），另一个是唯一页面浏览量（Unique Pageviews），这两个指标的差别就是唯一页面浏览量对用户在一次访问中多次浏览相同页面做了去重处理，一个用户的访问路径如果是A—B—C—A，那么A页面的Pageviews是2次，而Unique Pageviews是1次。这里选择每个内容的唯一页面浏览量Unique Pageviews作为评价热门度的标准指标，为了方便，下面简称为"UPV"。

根据需求，如果只是将UPV作为内容的热门度是不够的，因为它只是一个数值，无法区分内容在所有内容中所处的位置，如同看到一个日UPV是1000的内容，无法确定是否热门。所以最好的方法就是将UPV缩放到一个固定的取值范围区间，就像考试的百分制评分标准，60分是及格，80分以上是良好，有了这样的区间，就能定位内容热门度所处的位置。但是百分制的区间有点大，我们可以选择5分制或者10分制，看具体对热门程度的区分需要到多细，这里用5分制来列举几种方法。

其实有了上面思路的整理，问题已经被简化，只需要将UPV的数值缩放到[1, 5]这个数值区间就完成了5分制的热门度评分，于是首先想到的是数据的归一化。**数据归一化**是指将数据统一映射到[0, 1]区间上，最常用的方法就是min-max标准化，公式如下：

$$x^* = \frac{x - min}{max - min}$$

这里的x^*代表的是归一化后的数值，x代表原数值，max代表指标中的最大值，min代表最小值。经过处理后的数据肯定在[0, 1]的区间内，将x^*再乘以4得到[0, 4]的数值，再加上1后就得到了想要的[1, 5]的数值，经过四舍五入后，所有的数值被精简为1到5这5个值，就完成了5分制的评分。

使用数据归一化后得到的5分制评分的数值分布结果基本与原数据UPV的分布情况保持一致，数据的归一化只是对数值做了简单的缩放，数据的离散和间隔基本保持不变。其实对于一般网站而言，热门内容的占比一般都是少数，更多的内容集中在低分值区，也就是长尾内容，我们可以尝试根据得到的评分将内容数量做个如图5-35所示的分布图。

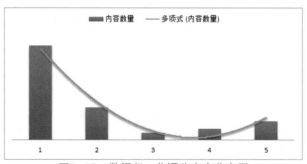

图5-35　数据归一化评分内容分布图

图5-35中内容的评分主要集中在1分，中间的3分的内容数量是最好的，我们用Excel添加多项式的趋势线可以更清晰地看到内容数据的分布情况。

运营部的同事觉得这个方法并不理想，他们看到的大部分内容都是1分的，如果他们要将这个热门度评分展现给用户，那么用户肯定觉得网站的大部分内容都没人关注，影响了用户浏览内容的积极性。我们需要另想办法，这个评分模型不可靠，我们换个其他的试试，我们试图去了解运营部门期望的结果，或者用户看到怎样的结果会认为是合理的，并且对网站是有利的？热门的内容是少量的可以理解，但过于冷门的内容同样不应过多，这个时候我们可以"中庸"一点，不妨把大部分的内容集中在中间评分，呈现一种类似正态分布，所以使用Z标准化来处理UPV数据会是个不错的主意。

前面的章节已经对Z标准化做过简单介绍，对指标进行Z标准化之后输出的结果满足均值是0，标准差是1的正态分布，但是不像归一化得到的结果是有前后边界的，Z标准化的结果没有边界，所以需要人为地设定取值区间让数值落在1到5这5个分值上，见表5-1。

表5-1　Z标准化结果区间评分设定

取值区间	评分
小于或等于-1.5（即-1.5σ）	1分
大于-1.5（即-1.5σ）但小于或等于-0.5（即-0.5σ）	2分
大于-0.5（即-0.5σ）但小于0.5（即0.5σ）	3分
小于或等于0.5（即0.5σ）但小于1.5（即1.5σ）	4分
大于或等于1.5（即1.5σ）	5分

表5-1中，将Z标准化之后的值根据一定的取值范围给予相应的分值，这样既保证了5分制的评分标准，又使每个分值的内容数量分布能够近似地趋向正态分布。

Z标准化评分之后内容的分布基本满足之前的预期，主要集中在3分，1分和5分的内容数量都相对较少，如图5-36所示。

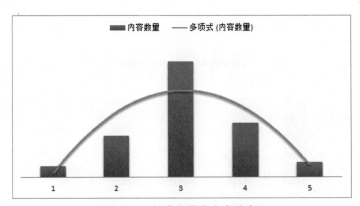

图5-36　Z标准化评分内容分布图

可能其他的热门度评分方式还有很多，比如需要5个分值的内容数量均匀分布，其实只要根据UPV排序后依次选择1/5的内容数量赋予分值即可，最终的评分模型还是要根据网站内容的特征和各分值内容分布的需要进行设定。

5.6.2　基于多指标的内容简单分类

其实上面的内容热门度评分也可以看成是对内容的简单分类,将内容分成5类由低到高的热门度,但如果只是考虑内容的热门度,运营所能做的调整比较有限,我们需要结合其他指标对内容做分类,进而可以区分各类内容的特征,以便运营同事们做出针对性调整。

分析最终产品页的内容,需要关注内容到底能够给网站带来多少价值,比如电子商务网站的用户如果只是浏览商品而不进行购买,那么即使商品的浏览量再高也无法给网站带来足够的价值,或者视频网站用户只浏览视频信息而不点击播放,资源下载网站用户只浏览不下载,所以对最终产品页的分析需要结合网站目标的实现情况。对于电子商务网站而言,网站的目标就是提升销售额,所以网站的商品页最终是为了促成购买,我们可以结合商品页的浏览情况、商品的转化率和销售单价对内容进行分类。

图5-37可以直接用Excel的气泡图绘制,气泡图可以展现个体在不同指标上的分布特征。图中用不同的颜色区分不同的商品类目,横坐标轴标记每个商品类目中所有商品的浏览量,纵坐标轴标记商品类目的总体转化率,气泡的半径表示每个商品类目中商品的平均价格。为了将平面坐标系拓展到4个象限,需要设定横坐标轴和纵坐标轴的交点,即原点,这里取的是所有数据的中位数,也可以根据实际需要考虑均值、众数等。

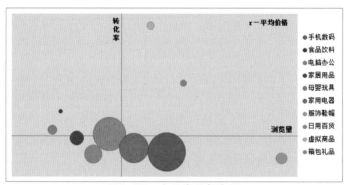

图5-37　商品类目气泡图

对于一个综合电子商务网站而言,分析商品的数据表现时区分商品的类目是必需的,从图5-37可以看出,不同品类的数据特征有很大的差别。服饰鞋帽有较高的浏览量,虚拟商品有较高的转化率,手机数码和电脑办公的商品价格普遍较高,这些数据表现的差异很多时候是商品本身的特征属性引起的,所以做商品的运营调整需要区分商品的类目,根据商品特征和数据表现进行针对性的运营。气泡图是很好的观察商品类目间数据表现差异的工具,因为气泡图可以表达三个指标的数据分布情况,展现的信息比较丰富,但缺陷就是所能展现的个体数量有限,如果商品的类目数量超过30个,用气泡图的效果可能会一团糟,很多的气泡大大小小叠在一起无法分辨,所以当细分到每个商品时，可以采用散点图。

散点图与气泡图的差别在于代表个体的圆变成了点，所以能够展现的指标也从三个减少到了两个，散点图一般用来说明指标间的关联关系，比如在回归分析中，用来表现两个指标是否存在线性关系。这里我们使用散点图来表现商品数据的分布情况，进而对商品进行分类，如图5-38所示。

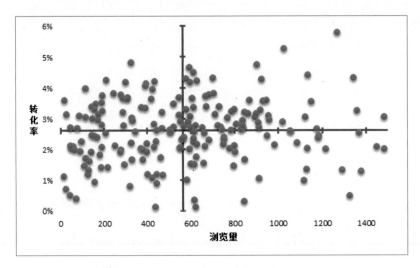

图5-38 商品散点图分布

图5-38中，因为散点图只能通过横纵坐标轴表现两个指标，所以这里仅考虑了每个商品的浏览量和转化率。这里必须要注意的是，因为每个类目间商品的特征差异较大，指标的数据表现差异也很大，所以如果我们基于每个商品进行分类和分析，最好的办法就是细分到各个类目下的商品，不要把不同类目的商品放在同一个散点图内，可以将每个商品类目分别生成散点图。

我们将散点图横纵坐标的交点设置在每个指标的均值上，这样把所有商品的点分割到了4个象限，我们来看一下4个象限中商品的数据表现特征。

第1象限（右上）：商品具有较高的浏览量和转化率，这类商品属于优质商品，较高的浏览量结合转化率保证了商品能够带来较高的成交额，我们把这类商品称为"A类商品"。

第2象限（左上）：商品具备较高的转化率，但因为浏览量有限，导致商品无法达成较高的交易额，如果这类商品不是小众商品，可以适当增加商品的曝光度来提升浏览量进而提升销售额，我们将这类商品称为"B类商品"。

第3象限（左下）：浏览量和转化率都比较低的商品，其本身有问题或者运营做得不理想，如果是商品本身的问题，我们可以适当下架来减少这类商品带来的运营成本，我们将这类商品称为"C类商品"。

第4象限（右下）：浏览量较大而转化率不高，这类商品比较热门，很多人喜欢，但可能某些因素阻碍了用户的购买,可以分析一下商品页面的信息,图片、描述、价格等是否合理,有没有改进的空间。如果可以提升这类商品的转化率,将有效带动商品成交量的上涨,我们将这类商品称为"D类商品"。

其实在现实做分析的时候,并不一定要用到散点图,直接在商品的报表中对商品进行分类更加直接,而且避免了因为商品过多,散点图的展现会显得比较凌乱,见表5-2。

表5-2 商品4象限分类表

商品编号	浏览量	转化率	偏移量	分类
1	246	3.81%	0.307	B
2	330	3.02%	0.177	B
3	191	3.51%	0.303	B
4	1379	1.27%	0.601	D
5	140	1.91%	0.312	C
6	925	4.27%	0.386	A
7	770	3.02%	0.160	A
8	685	2.29%	0.097	D
9	419	3.63%	0.210	B
10	61	2.08%	0.354	C

表5-2将所有商品的浏览量和转化率计算后就可以通过与均值的比较将商品划分到相应的象限或者类别中,在Excel里面也很好实现,使用嵌套的IF函数就可以。表5-2中还有一列——**偏移量**,其实这个数据很有用,计算的就是散点图中每个点到原点的距离,不过计算的时候需要注意所有的指标都要进行归一化处理来消除度量单位的影响。偏移量越大说明数据点离坐标轴原点越远,也就是归属于相应分类的程度更深。我们对每个类别的商品做相应的运营调整时,偏移量可以作为优先级的参考指标,偏移量越大,该商品处理的优先级越高,比如B类商品中离坐标轴原点越远的商品,我们应该优先考虑增加保管展示,因为该商品在所有B类商品中的提升空间最大。

上面我们用浏览量和转化率将电子商务网站的商品进行了分类,并根据每个类别的数据特征制订相应的运营建议。在实际应用中,我们需要结合网站的业务特征定制内容的分类方法,分类的参考指标的选择应该基于指标的特征。指标也不局限于2个,同样可以选择3个,这样就会生成 $2^3=8$ 个类别,只是无法用平面图标进行展现和解释,但分类的结果仍然有效,而且基于更多的分类可以制订更加细致的运营策略。

5.6.3 基于多指标的内容综合评分

对内容进行综合评分,同样需要考虑内容给网站带来的最终价值,我们可以把能够体现内容价值的指标作为评价内容的参考,进而根据指标的数值排序得到内容价值的排名。Google

Analytics上面有个非常不错的功能——加权排序（Weighted Sort），加权排序通过一定的算法使用一个指标的数值对另外一个指标的数值进行修正后再排序，使排序的结果更能反映事实，如图5-39所示。

	Page Title None	Pageviews	Unique Pageviews	Avg. Time on Page	Bounce Rate	% Exit	$ Index ↓
1.	网站地图(Site Map) » 网站数据分析	3,861	2,532	00:01:19	41.48%	19.84%	$2.21
2.	文章专题推荐 » 网站数据分析	4,290	2,698	00:01:00	31.63%	15.76%	$2.02
3.	网站数据分析	46,916	37,392	00:02:04	55.07%	45.59%	$1.76
4.	网站数据仓库 » 网站数据分析	2,286	1,597	00:01:04	25.41%	16.67%	$1.87
5.	关于(About) » 网站数据分析	2,071	1,891	00:02:15	42.91%	33.46%	$1.82

图5-39　Google Analytics Weighted Sort

图5-39所示的是我的博客页面在Google Analytics上的数据，这里使用的是旧版GA的截图，因为新的V5版本的页面报表里面没有$Index这个指标。$Index是根据在GA上设定的网站目标（Goals）计算得出的，统计每个页面每次的平均页面浏览能够为网站带来多少的目标价值。我们先根据$Index进行降序排列，然后勾选Weighted Sort用Unique Pageviews进行修正，这里Weighted Sort主要修正因为页面浏览量过少导致的$Index数值存在较大偏差，可能偏离真实值。设想一下，如果某个页面只被浏览了1次，恰巧那次访问实现了一个价值$10的网站目标，那么该页面的$Index就是10，被排在了所有页面的前面，但这个$Index可信度显然不高，随着该页面浏览量的不断上升，如果之后的大部分访问都没有实现网站的目标，$Index就会持续下降，直到到达一个比较稳定的值。而Weighted Sort就是为了修正指标的这类偏差，基本原理就是页面浏览量越大，修正后的$Index越接近原始的$Index值；浏览量越小，修正$Index越接近网站所有页面的$Index均值。图5-39中$1.76的页面排在$1.87的前面就是这个道理，$1.76的页面具有非常高的浏览量，修正后变化不大，而$1.87修正后变小，排序发生了变化。

如果你将数据放在了Excel中，那么可以选择使用"自定义排序"的功能，自定义排序可以同时对多个指标进行组合排序，比如先按浏览量降序，再按退出率升序等。但排序只能得到内容价值优劣的先后顺序，内容的综合评分必须将结果量化，从而体现各内容价值的差异及差异的大小。我们同样可以结合多个指标来得到一个综合的内容价值评分，从而对内容进行更加有效的排序。

如何选择评价内容价值的指标，首先需要思考内容为网站创造最终产出的这个过程。以电子商务网站为例，来看一下商品的价值创造公式：

商品销售额 = 商品访问数 × 转化率 × 商品单价

这里仅考虑商品的销售额，而不考虑商品的利润，因为纯利润一般很难直接计算得到。当然如果你有每个商品的利润值这个指标，可以把上面的销售额换成利润，同时将商品单价换成商品利润就行。而且这里的商品转化只考虑每次买一个商品的情况，如果一次买多个商品，此公式就不再满足了。

所以，可以选择商品的访问数、转化率和单价这三个指标对内容的价值做综合评分。也许你会问，既然这三个指标相乘的结果就是商品的销售额，我们直接用商品的销售额来评价商品所带来的价值不就行了吗？看起来似乎没有问题，但实际的商品销售额受到了很多运营方式的影响，可能商品的推广策略对访问量有很大影响、转化率与商品的特征或促销策略有很大关联、商品的单价可能影响着商品的利润空间，使用评分的方式可以通过控制这几个指标对综合评分的影响权重来突显某个指标的作用或者降低某个指标的影响。比如网站更加注重商品转化率，我们就提高转化率对综合评分的影响权重，进而加强转化率较高的商品的运营和推荐，提升访问量来增加销售额；或者网站更加注重销售高价值产品，因为高价值的产品拥有较高的单位利润，可以在保证销售额的前提下减少订单数来降低运营成本，这些都是通过权重控制商品综合评分来进行的有效运营，所以不妨来看一下综合评分如何实现，如图5-40所示。

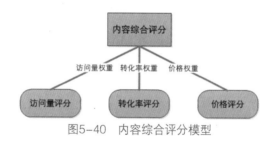

图5-40　内容综合评分模型

图5-40中，借助商品的访问量评分、转化率评分和价格评分，结合相应的权重计算得到内容的综合评分，其实就是一个加权求和的过程，公式如下：

内容综合评分 = 访问量评分 × 访问量权重 + 转化率评分 × 转化率权重 + 价格评分 × 价格权重

这里的访问量权重、转化率权重和价格权重三者加起来的和要等于1，接下来只要将访问量、转化率和价格这三个指标转换成相应的评分就可以，需要消除度量单位的影响，使用min-max的归一化方法，将所有指标放到[0，1]的区间内。这里需要注意的是，因为归一化的方法会使用最大值和最小值，所以涉及商品的评分限定在哪个层面，是所有商品统一评分，还是将商品细分到各类目，再按照每个类目分别评分，因为评分已经考虑了访问量、转化率和价格等因素的综合影响，所以无论是基于总体层面还是基于类目层面都是可行的，根据需要设定即可。这里我们提高转化率的影响权重，设定访问量、转化率和价格的权重分别是20%、50%和30%，采用百分制评分，即对归一化的评分乘以100再四舍五入后得出最终的综合评分，见表5-3。

表5-3　内容综合评分表

商品编号	浏览量	转化率	价格	综合评分
1	246	3.81%	165	37
2	330	3.02%	72	31
3	191	3.51%	1355	46
4	1379	1.27%	138	30
5	140	1.91%	2280	40
6	925	4.27%	30	49
7	770	3.02%	58	36
8	685	2.29%	599	34
9	419	3.63%	105	38
10	61	2.08%	358	22
权重	20%	50%	30%	

表5-3中，6号商品获得了最高评分，得益于较高的转化率和不错的浏览量，10号商品因为转化率和浏览量都较低，综合评分也是最低的，5号商品虽然浏览量和转化率都不高，但因为其价格的优势也获得了不错的综合评分。所以通过综合考虑多个指标加权后得到的综合评分更加客观地展现了商品所能体现的价值，结合一些统计工具，可以将指标的权重设置为可定制的参数，这样方便我们根据需要随时进行调整，在Excel中借助公式也非常容易实现。

得到了上面的综合评分，运营部门可以更加直观地看到各商品或者网站内容的价值体现，他们可以结合内容综合评分和上面做的内容分类将更好的内容推荐给用户，同时发现可以优化和改进的低分的内容，从而有效提升内容运营的整体效率。

5.7　本章小结

网站的内容是网站的基础构成，体现网站存在的价值。对内容的分析必须结合网站的目标和特点，关注网站内容的质量及内容所能为用户带来的价值。

使用**页面参与度**可以衡量网站的页面质量，因为页面参与度与网站目标直接挂钩，页面的参与度越高，说明该页面对网站最终目标的影响越大。

页面热力图通过可视化方式展现页面的点击分布情况，同时明确用户的来源和去向，为页面的设计和优化提供参考。

页面的加载时间直接影响用户的体验和网站目标的实现，尤其是网站的Landing Page，可以通过分析网站页面各类用户行为的时间分布情况明确页面的质量和优化方向。

使用Google Analytics也可以有效**追踪错误页面**，出现错误页面需要及时进行修复。

最终产品页是引导用户实现网站最终目标的关键，通过明确内容热门度、对内容的分类和综合评分来分析最终产品页的质量。

第 6 章

谁在使用我的网站——
网站用户分析

用户分类

用户行为分析

用户忠诚度和价值分析

随着"用户中心论"的兴起，很多行业开始从以产品和服务为主导转向以用户为主导，用户的需求、反馈和满意度越来越受到关注，互联网领域同样如此。随着对用户了解的不断加深，很多公司开始认识到自身的想法和用户的预期往往存在差距，提供的产品功能和服务有时并不是用户真正想要的，这无疑会给产品和服务的推广使用造成麻烦。于是，基于用户的分析研究就显得越发重要。

目前网站用户分析主要集中在三个方面：

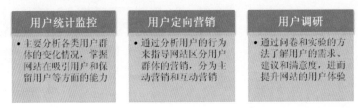

用户调研中有关实验和测试的方法会在之后介绍，这一章主要介绍用户分析的前面两块内容。

6.1　用户分类

在网站分析中，根据用户的基本信息和行为特征可以将用户分为许多类别，衍生出各种各样的用户指标，对于用户总体的统计可以让我们明确用户的整体变化情况，而对于用户各分类的统计分析，可以让我们看到用户每个细分群体的变化情况，进而掌握网站用户的全面情况。

某些用户的分类对于网站的用户现状和发展趋势具有特殊的意义，我们可以着重对这些用户分类进行更加具体的分析和研究，而首先要做的是对这些用户的分类规则和用户指标给出一个清晰的定义。

6.1.1　用户指标

随着网站分析的不断发展，对用户的分析也越来越广泛，根据用户的行为表现可以定义很多相关的指标，如访问用户、新/老用户、活跃用户、流失用户、留存用户、回访用户、沉默用户、休眠用户、购买用户、忠诚用户等。每个用户指标都有它出现和存在的意义，但某些指标的定义比较类似，在分析层面也扮演着相似的角色或者可以被某些指标间接地替代。有些人天生就有"取别名"的喜好，但如果给用户取过多的"别名"，最后可能会把自己搞糊涂，所以不建议将用户混乱无章地分成N个类别，用户的细分关键在于**以合理的体系将用户细分成几个类别，并且每个类别都能发挥其在用户分析上的功效，不存在累赘和混淆**。

其实只要设定几个够用的用户指标就可以了，基于这些指标再衍生出一些其他的用户指标，基本上就能满足大部分的用户分析的需要。从我的角度出发，一般的用户指标有**访问用户数**、**新**

用户数、**活跃用户数**、**流失用户数**和**回访用户数**，下面介绍这些指标的定义以及为什么选择这个指标。

- ★ **访问用户数**：即平常所说的UV，主要按天或月统计，基于用户的访问行为，如果网站提供注册和登录，那么每天的登录用户数也需要统计。访问用户数用于体现网站的访问用户量，能够直接反映网站的受欢迎程度。

- ★ **新用户数**：首次访问或者刚刚注册的用户，那些非首次来访的用户就是老用户，所以通过访问用户数减去新用户数可以计算得到网站的老用户数。基于新用户数同样可以计算得到网站的新用户比例，用于分析网站的推广效果和发展速度。

- ★ **活跃用户数**：活跃用户的定义千差万别，一般定义有关键动作或者行为达到某个要求时的用户为活跃用户。每个网站应该根据自身的产品特征定义活跃用户，但活跃用户不仅是网站的主角，网站的配角也应该被当成活跃用户，因为他们同样为网站创造价值，正如一个论坛中，除了发高质量帖的用户外，灌水的用户也是不可缺少的，因为他们同样给网站带来了活力。活跃用户用于分析网站真正掌握的用户量，因为只有活跃用户才能直接或间接地为网站创造价值。

- ★ **流失用户数**：一段时间内未访问或登录过网站的用户，一般流失用户都是对于那些需要注册、提供应用服务的网站而言的，比如微博、邮箱、电子商务类网站等。不同网站对于流失的定义各不相同，对于微博和邮箱等用户需要经常登录查看的网站而言，可能用户超过1个月未登录，我们就可以认为用户已经流失了；而对于电子商务网站而言，可能3个月未登录或者半年内没有任何购买行为的用户才可以被认定是流失用户。流失用户数用于分析网站保留用户的能力，我们将那些未流失的用户叫留存用户，用户流失率也通过流失用户数计算得到。

- ★ **回访用户数**：是指那些之前已经流失，但之后又重新访问网站的用户，用于分析网站挽回流失用户的能力。需要注意的是，除非近期内执行了一些挽留流失用户的手段，正常情况下回访用户的比例应该是比较低的（一般在5%以下比较正常），否则就是对流失用户的定义不够准确，应该适当延长定义流失的时间间隔。

从上面可以看出，我们在获得访问用户数、新用户数、活跃用户数、流失用户数、回访用户数的同时，通过计算还得到了老用户数、留存用户数等衍生用户指标，同时得到了新用户比例、活跃用户比例、用户流失率、用户访问率等复合指标。这些指标给我们的分析提供了足够的支持，而且指标的定义相对明确，有各自的应用价值，不会存在相互重复或重叠的部分，类似这样的网站用户指标体系是比较完整和规范的。至于上面提到的其他用户指标，也许在某些时候基于某些分析才会用到，一般不需要作为日常指标，可以使用临时统计或者从其他数据中间接获取。

当我们已经定义了一套适合分析用户的指标体系之后，可以看一下哪些指标值得重点去关注，这个时候可以设想一下：如果你想用尽量简洁有效的数据了解一个网站或产品的用户情况，你会问哪几个用户数据？如果是我提问，我只会问三个指标：**活跃用户数、新用户比例**和**用户流失率**，如图6-1所示。

图6-1　值得关注的用户指标

也许很多人都喜欢看网站的累计用户数和访问用户数，其实累计用户数除了增加一些自我满足感外什么意义都没有，所有历史上访问过网站或者使用过产品的用户累计的数值只代表网站的过去，无法代表网站的现在和未来，无论过去如何辉煌，你要面对的还是现实。即使网站的访问用户数可以反映当前的情况，为什么也不是最值得关注的指标？因为不是每个访问用户都能为网站带来价值，无论是显性还是隐性，一些因误操作而进入网站的用户对网站毫无价值，他们只是匆匆过客，无论你怎么挽留他们都不会留下来，所以那些愿意留下来，并对网站或产品感兴趣的用户才能体现价值，也就是网站的活跃用户数。

新用户比例反映着网站或产品的推广能力，渠道的铺设以及带来的效果，新用户比例不仅是评估市场部门绩效的一个关键指标，同时也是反映网站和产品发展状况的重要指标。

然而，只看新用户比例是不够的，需要结合着用户流失率一起看，我见过流失率98%的网站，也见过流失率20%左右的产品，流失率会根据产品对用户黏性的不同而显得参差不齐。用户流失率反映了网站或者产品保留用户的能力，即新用户比例反映的是用户"进来"的情况，用户流失率反映的是用户"离开"的情况，结合这两个指标会有下面三类情况，代表了三种不同的产品发展阶段，如图6-2所示。

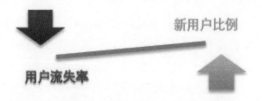

图6-2　新用户比例和用户流失率的平衡

★　新用户比例大于用户流失率：产品处于发展成长阶段；

★ 新用户比例与用户流失率持平：产品处于成熟稳定阶段；

★ 新用户比例低于用户流失率：产品处于下滑衰退阶段。

网站的活跃用户数体现了网站当前实际掌握的用户数量，结合新用户比例和用户流失率可以分析网站用户的发展情况，通过这三个指标基本可以掌控网站用户的全景。可以将这三个指标放在一张图表中来分析网站用户的状况，如图6-3所示。

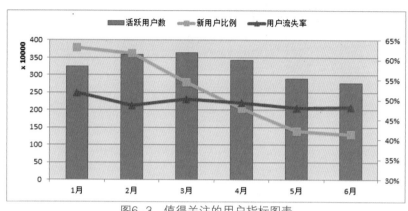

图6-3　值得关注的用户指标图表

如果图6-3显示的是你的网站近半年内的用户变化情况，你觉得网站在用户运营上可能存在什么问题，应该如何解决？

6.1.2　新老用户

网站中新老用户的分析已经成为了网站分析中最常见的一类用户细分方法，也是网站分析中用户分析的一个重要组成。Google Analytics中对新老用户的命名分别为New Visitors和Returning Visitors，同时很多的细分维度上也提供了新用户比例这个指标。

简单地说，新用户就是首次访问网站或者首次使用网站服务的用户；而老用户则是之前访问过网站或者使用过网站服务的用户。网站的老用户一般都是网站的目标用户甚至忠诚用户，有相对较高的黏度，也是为网站带来价值的主要用户群体；而新用户则意味着网站业务的发展，是网站价值不断提升的前提。可以说，**老用户是网站生存的基础，新用户是网站发展的动力**，所以网站的发展战略往往是在基于保留老用户的基础上不断地提升新用户数。

首先需要明确新老用户是如何定义和区分的。如果是基于访问，一般使用cookie，类似Google Analytics会在用户的cookie中记录一个访问次数字段，如果该字段大于1就说明用户不是第一次访问，为老用户；有些网站区分新老用户可能基于用户的注册和登录，首次注册成为网站用户的为新用户，再次登录的为老用户，一般使用用户名或ID来识别用户。

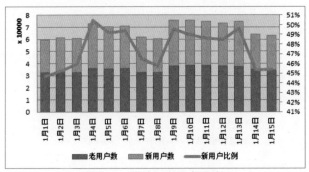

图6-4　网站新老用户图表

如图6-4所示，可以用柱状堆积图显示新用户和老用户的数量变化，堆积的结果就是网站总用户数量的变化，结合新用户比例的折线，通过分析网站新用户的数量和比例的变化能够直接反映网站在营销推广上的效果。

对于新用户的分析可以掌握网站的发展状况，但网站的根基在于老用户，所以有时候需要单独分析老用户的数据。之前遇到过一个问题：网站经常会通过一些推广策略吸引流量，这些推广可能会吸引一些新用户的加入，新用户比例会随之上升，但网站的转化率却在逐渐下降。所以网站的运营人员需要明确转化率的下降是因为网站本身的原因造成的，还是因为新用户比例的增加拉低了整体转化率。转化率一直是网站中比较敏感的一个指标，因为直接关系到目标和绩效，如果证明转化率的下降不是由于推广导致的，而是网站运营的问题，那么运营人员显然需要尽快寻找和解决问题。所以这里就需要区分新老用户的转化率，网站推广带来新用户，新用户的转化率不高可以理解，如果新用户的比例持续上升，转化率的下降就会被持续拉低，相对而言，网站的老用户是基本稳定的，而且如果网站自身没有发生问题，老用户的转化率也应该保持稳定，细分新老用户统计转化率能够帮助我们回答这个问题，如图6-5所示。

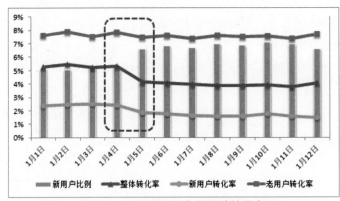

图6-5　细分新老用户的网站转化率

图6-5展示的是1月份前几天每天细分新老用户的网站转化率变化趋势，同时加入了新用户

比例的数据，从图表上看，1月4日之后整体转化率的趋势有明显的下滑，同时新用户比例明显上涨，可能网站展开了新一轮的推广。我们需要分析整体转化率的下降与网站的推广是否存在必然联系，于是需要细分新老用户的转化率，上图中老用户的转化率几乎维持不变，而新用户的转化率也从1月4号后开始出现下滑，所以通过用户细分后的转化率趋势分析，基本上可以判断网站整体转化率的下降是由于网站推广带来的新用户转化率过低导致的，与网站本身的运营没有关系。

所以还是那句话，老用户是网站生存的基础，新用户是网站发展的动力，细分老用户的数据可以分析网站当前的根基是否牢固，同时排除网站营销推广的干扰；细分新用户的数据可以分析网站营销推广中引入的流量质量，同时消除了凭借原始积累的"吃老本"的情况。

6.1.3　活跃用户和流失用户

基于新老用户的分析是为了让网站更好地保留老用户、发掘新用户，但仅提升网站的用户数量是不够的，同时需要提高网站用户的质量。网站的活跃用户给网站带来活力，同时为网站创造持久的价值，而用户的活跃度一旦下降，用户很可能会渐渐地远离网站，进而流失。所以**通过分析网站的活跃用户可以洞悉网站当前真实的运营现状，而分析流失用户则可以了解网站是否存在被淘汰的风险，以及网站是否有能力留住新用户。**

活跃用户和流失用户没有标准定义，也很难在网站分析工具中找到类似的指标，它们都是基于网站业务特征的自定义指标，所以分析之前必须对指标做出明确的定义。在很多的网站分析工具中可以找到Engagement的指标，Google Analytics里面Engagement的指标分类在用户行为下面，包括访问时长（Visit Duration）和访问页面深度（Page Depth，即一次访问中的浏览页面数），我们可以结合Engagement指标和网站业务的关键行为动作来定义活跃用户。

> **活跃用户：在访问网站过程中完成关键动作，或者Engagement满足一定条件的用户。**

关键动作根据网站的业务特征进行定义，如电子商务网站的下单、社交媒介上的信息互动、论坛上发帖或评论、视频网站播放视频等，只要用户在访问过程中完成了任何已定义的网站关键动作，该用户即为活跃用户；如果用户没有任何关键动作，只要Engagement指标满足一定的条件，如访问时长超过3分钟并且浏览页面数超过3页，同样可以认为该用户为活跃用户。需要满足的Engagement指标的定义也需要根据网站的特征，如社交类网站大部分操作在一个页面完成，可以适当减小页面浏览数的限制；论坛社区等经常需要查看不同主题的帖子的网站应该适当增加页面浏览数。

活跃用户的关键在于合理的定义，只有符合网站业务特征的定义才能真正反映网站活跃用户的情况，有些网站喜欢宽松的定义，以便让活跃用户数和活跃用户比例看起来更加"美观"；有些网站对活跃用户的定义相对严谨，这样虽然造成网站的活跃用户比例较低，但符合定义的活跃用户基本都是实际的价值创造者，所以在分析的时候指标反映问题可以更加灵敏。活跃用户数的分析主要是趋势分析和细分，需要结合图表观察活跃用户数的变化情况，也可以作为网站的关键指标，比较直观。

如何定义用户是否流失？当网站原先的用户长久不再访问或登录网站时，我们认为该用户已经流失，一般流失用户都是对于那些需要注册、提供应用服务的网站而言的，比如微博、邮箱、电子商务类网站等，因为注册用户更易识别，访问情况可以被准确地统计，同时针对注册用户分析流失情况对网站来说更具意义。

> **流失用户：持续一段时间未访问或登录网站的网站原有用户。**

不同网站对于流失的时间期限的定义各不相同，对于微博和邮箱等需要用户经常登录查看的网站而言，如果用户超过1个月未登录，就可以认为用户已经流失了；而对于电子商务而言，可能3个月未登录或者半年内没有任何购买行为的用户才可以被认定是流失用户。流失用户是通过用户的最近一次访问距离当前的时间来鉴定的，所以要分析流失用户，需要知道每个用户的最后一次访问时间，因此，建议网站注册用户的信息里面记录每位用户的最近一次访问时间，这样就能够准确地计算用户最近一次访问距离当前的间隔时间，进而区分该用户是否流失。可以借助另外一个指标来评估流失用户的流失时间期限的定义是否合理——回访用户比例。回访用户是指流失后重新访问网站的用户，即用户在超过流失时间期限的时间段内一直没有访问网站，但最近又开始重新访问网站。一般来说，一个成熟网站回访用户所占的比例应该低于5%，而处于成长期的网站的回访用户比例应该更低，这样流失时间期限的定义才能被认为是合理的。

注意点！

类似活跃用户数和流失用户数等根据网站特征自定义的指标由于各网站间定义的差异性较大，不能与其他网站的数据或者行业的数据进行比较，只能作为内部参考指标，基于网站自身进行趋势分析、对比分析或者细分分析。

这里还需要注意的是流失用户数的统计存在滞后性，因为流失时间期限的存在，需要判断用户是否流失必须等到经历这个时间期限之后，这个期限跨度越长，流失用户数统计的滞后性就越大。比如定义用户流失的时间期限是30天，要统计1月1日的流失用户数，即1月1日登录访问过，但之后的30天持续未访问，则需要等到2月1日才能得出结果；如果流失的时间期限更长，如3个月，那么就要到4月1日才能得出1月1日的流失用户数的统计结果。介于流失用户数统计的严重滞后性，流失用户的分析更多地集中在回溯和总结性的评价。

例如，网站的推广部门有个需求：网站在年底的圣诞和元旦双节日（12月24日到1月3日，为期11天）针对新用户做了一个促销推广活动，活动期限内新注册用户可以免费领取20元的现金抵价券，在3天有效期内购买任意商品时都可以使用，需要分析这次活动为网站用户数的增长所带来的效果。从活动的内容来看，活动的主旨是带动网站新用户的注册和消费，为网站积累用户数，既然针对新用户，可以对流失用户做进一步细分，分析活动期间新用户的流失情况，如图6-6所示。

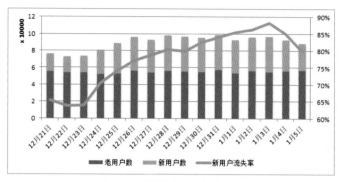

图6-6　网站新用户流失分析

如果网站定义的流失时间期限是3个月，那么图6-6的数据需要在3个月后才能统计得到，这里要选取活动期间注册的新用户，统计活动期间每天的新用户流失率。从图表看，推广期内网站老用户数基本维持恒定，新用户数从原先每天接近2万增长到每天接近4万，几乎翻了一倍，但新用户的流失率也明显上升，从原先的64%左右逐步增长到85%左右，最高接近90%，进而我们可以算一下推广活动带来的新用户是否真的沉淀和积累下来了？结果是活动前每天大概有7千左右的新用户积累了下来，而活动期间积累的新用户数也只是接近7千，某几天甚至只有6千左右，这个推广活动不但没有促成网站用户的积淀，将新用户转化成老用户，反而导致用户的过度流失（甚至新用户的流失情况比活动之前更加严重），所以此次推广活动可以说是失败的。如果不做此类流失用户的回溯性分析，而在活动结束之后马上分析用户数的增长情况，也许会带来误导性的结论，进而错误地判断活动的效果。另外，我们可以同时观察活跃用户的变化趋势来验证活动是否带动了有价值用户的积累和增长。所以用户流失分析对于分析网站的用户策略至关重要，让我们充分了解用户的持续发展，做出有效的判断。

6.2　用户行为分析

前面根据用户的特征对用户做了分类，设定了一些常用的用户指标和值得关注的用户指标，基于这些分类用户指标的分析可以发现用户运营和推广中的诸多问题，其中活跃用户和流失用户的定义中已经用到了与用户行为相关的指标，这里重点介绍常用的用户行为分析指标以及基于用户行为的分析。

如果以网站的用户为主体去理解点击流数据，其实它记录的就是用户在网站中的所有行为数据。培训专家余世维在讲座中常说：行为决定习惯，习惯决定性格，性格决定命运。古语也有类似的话：积行成习，积习成性，积性成命。虽然不能说从用户在网站的行为就能判断用户的性格甚至命运，但如果要从用户在网站的行为中判断用户对网站的期望和喜好还是可以的，关键在于如何处理和分析这些行为数据。

187

6.2.1　每个用户行为指标的分析价值

点击流数据记录了用户在网站的几乎所有行为动作，衍生出许多行为指标，有些指标是所有网站都统一的，比如访问频率、平均停留时长等；有些指标根据网站的特征定制，比如电子商务网站的消费行为、社区网站的内容发布行为和社交媒介的信息互动行为。我习惯将用户的行为指标分为三大类，即**黏性**、**活跃**和**产出**，每个分类可以包含多个行为指标来共同衡量用户在这三类中的行为表现，进而区分用户的行为特征，对用户进行分类或者综合评定，如图6-7所示。

图6-7　用户行为分析分类指标

用户行为指标中的**黏性**（Stickiness）主要关注用户在一段时间内持续访问和使用网站的情况，更强调一种持续的状态，这里将"访问频率"和"访问间隔时间"两个指标归到了黏性的分类；**活跃**（Activity）则更多地针对用户每次的访问过程，考察用户访问中的参与度（Engagement），所以对统计期中用户的每次访问取了平均值，选择"平均访问时长"和"平均访问页面数"来衡量活跃；黏性和活跃从用户的访问情况衡量用户可能创造的价值，可能是显性也可能是隐性，如品牌、口碑等，但**产出**（Outcomes）直接根据网站的业务衡量用户创造的直接价值输出，如电子商务网站可以选择"订单数"和"客单价"，一个衡量产出的频率，另一个衡量平均产出价值的大小。

用户行为分析注意点！

在统计用户行为指标进行分析时，需要注意选择合适的时间段，时间段的长度不能过短，不然无法体现用户长期和持续性的行为特征，黏性指标的分析会不准确；同时短期的用户行为也会误导对用户整体特征和价值的判断，有可能用户在该段时间内极度活跃或者极度低调，也可能用户在短时间内创造了高产出，但从长期看用户创造的价值并没有那么高。

用户行为指标统计的时间段可以根据网站业务特点和用户的行为密度进行选择，对于一般的网站，建议每月统计一次比较合适，可以针对某些用户或分类来比较每月的行为指标数据的变化。

根据需要，可以创造其他的用户行为分类，也可以基于这三类，每个类别添加不同的行为指标，前提是每个行为分类能够体现其分析的价值，并且每个分类下的指标可以有效地衡量这个分类的绩效表现，尽量保证分类和指标分析上的独立性，不存在作用的重叠。比如，在黏性使用了访问频率、访问次数越多，相应的总的访问页面数（Pageviews）也越多，如果在活跃中选择总的Pageviews，指标间就存在相互的关联性，进而对分析结果产生重复的影响，所以这里选择每个访问的平均访问页面数来保证指标的独立性。基于行为分类和指标的独立性，就能体现出不同的分析价值。

用户行为分析还有一种更简单的方法——RFM分析，仅选择三个指标：

★　最近一次消费（Recency）

★　消费频率（Frequency）

★　消费金额（Monetary）

RFM分析原先用于传统营销、零售业等领域，适用于拥有多种消费品或快速消费品的行业，只要任何有数据记录的消费都可以用于分析。在网站分析中电子商务网站可以直接套用，其他网站也可以基于RFM的分析思路进行修改后使用。

提取相关数据之前，首先需要确定数据的时间跨度，根据网站销售物品的差异，确定合适的时间跨度。如果经营的是快速消费品，可以确定时间跨度为一个季度或者一个月；如果销售的产品更替的时间相对久些，如电子产品，可以确定时间跨度为一年、半年或者一个季度。因为RFM也是基于用户持续行为的分析，所以不建议获取短时间内的数据。

其中最近一次消费（Recency）取出来的数据是一个时间点，需要计算与当前时间的间隔，单位可以是天，也可以是小时；消费频率（Frequency）这个指标可以直接对每位用户的消费次数进行计数得到；消费金额（Monetary）这里取的是该时间段内每位用户的消费总额，通过相加（SUM）求得。获取三个指标的数据以后，需要计算每个指标数据的均值，分别以AVG(R)、AVG(F)、AVG(M)来表示，最后通过将每位客户的三个指标与均值进行比较，可以将客户细分为8类，见表6-1。

表6-1　RFM分析用户分类

访问间隔	访问频率	消费金额	客户类型
↑	↑	↑	重要价值客户
↑	↓	↑	重要发展客户
↓	↑	↑	重要保持客户
↓	↓	↑	重要挽留客户
↑	↑	↓	一般价值客户
↑	↓	↓	一般发展客户
↓	↑	↓	一般保持客户
↓	↓	↓	一般挽留客户

注："↑"表示大于均值，"↓"表示小于均值

表6-1中，我们可以认为当消费金额大于均值时该用户能够创造较高价值，因此是网站的重要用户；访问频率高于均值，用户访问比较持续，应该保持这种持续性，而访问频率过低的用户

需要提升他们的访问频率，属于需要发展的用户；最近访问间隔从某种程度上反映用户流失的倾向，间隔时间越长用户流失的可能性越大，对于这类用户需要重点挽留。

RFM模型包括三个指标，无法用平面坐标图来展示，所以这里使用三维坐标系进行展示，其中X轴表示Recency，Y轴表示Frequency，Z轴表示Monetary，坐标系的8个象限分别表示8类用户，根据上表中的分类，可以如图6-8所示进行描述。

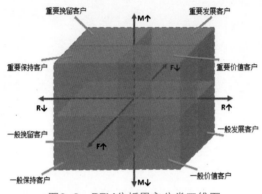

图6-8　RFM分析用户分类三维图

原始的RFM分析只能分析有交易行为的用户，而对访问过网站但未消费的用户由于指标的限制无法进行分析，这样就无法发现潜在客户。所以在分析电子商务网站的用户时，由于网站数据的丰富性，不仅拥有交易数据，而且可以收集到用户的浏览访问数据，可以扩展到更广阔的角度去观察用户。

6.2.2　基于用户行为指标的用户分布

基于上面用户行为指标的统计结果，可以结合一些图表来表现每个行为的用户分布情况。Google Analytics上面在用户行为模块中对新老用户占比、访问频率和间隔、访问时长和深度的分布情况进行分析和展现，如访问频率的用户分布情况，使用了条形图进行展现，如图6-9所示。

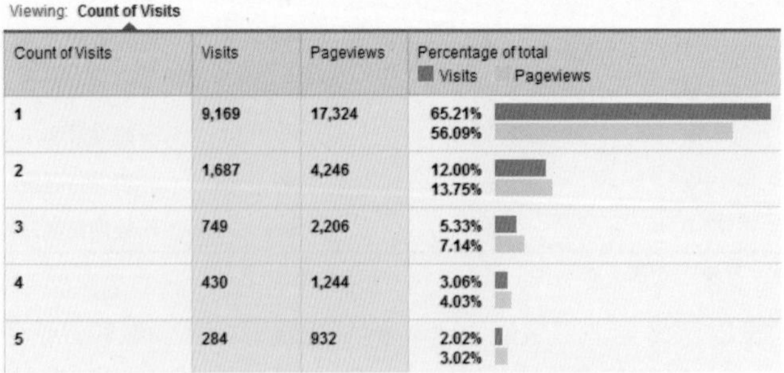

Viewing: **Count of Visits**

Count of Visits	Visits	Pageviews	Percentage of total Visits　Pageviews
1	9,169	17,324	65.21% 56.09%
2	1,687	4,246	12.00% 13.75%
3	749	2,206	5.33% 7.14%
4	430	1,244	3.06% 4.03%
5	284	932	2.02% 3.02%

图6-9　Google Analytics用户访问频率分布图

图6-9展现了访问次数在1～5次的用户的访问数和页面浏览数，及访问数和页面浏览数在总体中所占的比例。用于展现数据分布情况的图表有很多，比如用饼图可以显示每个数据类别的比例，可以用于新老用户占比的展现，最常用是直方图，直方图与柱状图比较类似，而柱状图常用来展现不同数据项的数量大小，如每个省份的访问数，这里的横坐标省份间是相互独立的，所以每个柱形之间是相互分离的，而直方图则常用于展现频数和分布，横坐标的数据一般是连续的，所以直方是紧靠在一起的，很多时候横坐标是基于分组的数据，我们将用户的客单价分组后展现每组数据的用户分布比例，如图6-10所示。

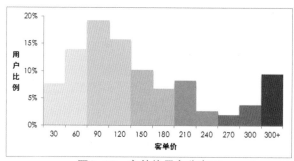

图6-10　客单价用户分布图

图6-10中，将客单价每隔30进行分组（图中30显示的是客单价为0～30的用户比例，以此类推），大于300的独立一组，统计每组用户数及所占比例并展示。数据的分组尽量使用一样的组距，这样可以让数据看上去更均匀，但有时候由于数据分布比较特殊，使用不相同的组距也未尝不可，但要注释清楚。直方图的分组个数在6～20比较合适，如果横坐标的分组或数据项异常多，可能展现出来的直方图看上去会非常密集，这时可以借助"趋势线"来观察数据的整体分布情况，或者使用带平滑线的散点图，如图6-11所示。

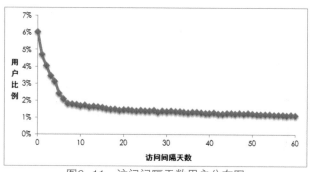

图6-11　访问间隔天数用户分布图

图6-11所示的是近60天中访问的用户的最近一次访问距离当前的间隔天数的用户分布图，显示了每个访问间隔天数的用户比例，因为没有对数据做分组，横坐标显示了连续的60天的数据，所以使用了带平滑曲线的散点图进行展现，能够比较直观地展现用户的保留情况。我们可以

从图中得到一些其他信息，比如可以定义访问间隔天数超过两周的为沉默用户或者休眠用户，只要取访问间隔天数超过14天的用户就可以得到相应的用户比例；如果定义访问间隔超过30天的用户为流失用户，也可以从图表中计算得到流失的用户比例。所以基于用户的行为分布图可以获取一些额外的用户统计指标。

　　直方图或者带平滑曲线的散点图都只能表现用户分布的频数或比例中的一个指标，借助排列图可以将频数和比例同时展现在一张图中，如图6-12所示。

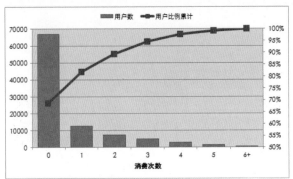

图6-12　消费次数用户分布排列图

　　图6-12的排列图也叫帕累托图，原先主要用于产品质量管理的领域，用于统计和分析引起产品质量问题的主要因素，使用直方图表示数据分布的频数，使用折线图表示数据分布的频率的累计。从这个消费次数的用户分布图中可以得到很多信息：零消费（消费次数为0次）用户比例与消费（消费次数大于0次）用户比例、单次消费（消费次数为1次）用户比例和多次消费（消费次数大于1次）用户比例，所以基于用户分布图同样可以做用户的行为细分。

　　散点图较多地用于表现两个指标之间的联系，在相关分析和回归分析中较常用，但其本质也是展现数据的分布，而且是基于两个指标展现数据点的分布位置，这里选择用户访问的平均停留时长和平均浏览页面数来绘制散点图，如图6-13所示。

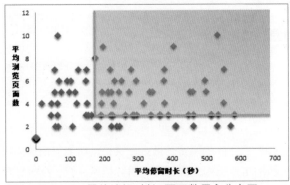

图6-13　平均访问时长&页面数用户分布图

图6-13中，我们抽取了100个用户作为样本展现每位用户平均每次访问的停留时长和浏览页面数的分布情况，从图中可以发现网站中有多少用户比较活跃，例如定义平均停留时长超过3分钟（180秒）并且平均页面浏览数超过3个的用户为活跃用户，那么图中绿框范围内的用户就是活跃用户，并且越接近绿框的右上角，用户的活跃度越高。

用户行为指标的用户分布可以帮助我们发现许多额外的信息，同时基于每期的统计结果进行比较并分析用户各行为指标分布的变化可以掌控用户的发展情况，所以定期统计和分析用户行为指标的分布情况是十分有用的。

6.2.3　基于用户细分的用户行为分析

前面对用户的分类和行为做了分析，但对于分析的输出结果，我们可能无从下手，观察新老用户、流失用户及用户的各种行为指标和行为分布也许可以做出很好的报告，评估用户的发展情况，但结论太过宏观，我们所能做的也只是根据分析结果调整用户的整体运营策略，其他能够采取的细节措施寥寥无几。而网站分析始终需要把握的一个前提就是分析的结果需要有效地指导行动（Take actions），所以这里就要介绍如何得到更加有效的见解（Insights）。

前面已经介绍过一些常见的用户分类：新老用户、流失留存用户等，不同的用户分类群体可能会有不同的行为表现，我们可以通过分析各种用户分类的用户行为指标来区分各类用户的特征及对网站的期望要求，进而针对各类用户群体进行调整和定向的营销推广。这里主要以指导内容层面的调整为导向，通过比较各用户细分群体对内容需求的差异，优化内容运营，将优质的内容或者符合用户偏好的内容推荐给相应的用户。这里举例三类用户细分，即流失用户与留存用户、新用户与老用户、单次购买用户和二次购买用户，基于这三类细分，对每个分类的用户购买商品进行比较分析，明确哪些商品更加符合用户的预期。

这里的细分比较还是以电子商务网站的数据为例，首先是基于流失用户和留存用户，电商网站的内容就是商品，我们基于每个商品计算购买这些商品的用户中购买之后造成流失的用户比例，如图6-14所示。

商品	购买后流失的用户数	购买总用户数	流失用户比例	与总体比较
A	379	652	58.13%	3.80%
B	195	368	52.99%	-5.38%
C	197	312	63.14%	12.75%
D	131	254	51.57%	-7.90%
E	111	200	55.50%	-0.89%
F	69	176	39.20%	-29.99%

图6-14　流失用户和留存用户细分比较

首先要明确一下图中各指标的定义，每个商品的流失用户比例应该是购买该商品后流失的用户数在所有购买该商品的用户中的占比，但只知道每个商品的流失用户比例无法评价这个商品是否对用户保留有促进作用，或者在一定程度上造成了用户的流失，只有通过与总体水平的比较才能得出相应的结论。所以这里需要重点解释的是"与总体比较"这个数值是怎么计算得到的，这里的百分比不是直接相减的结果，而是一个差异的幅度体现，这里假设总体用户流失率为56%，那么以A商品为例，与总体比较的结果是：（58.13% – 56%）/ 56% = 3.80%，使用同样的计算方法也可以得到其他商品与总体比较的差异幅度。最后就是展示，在Excel中通过"条件格式"里面的数据条功能可以直接展现出图中的效果，非常方便。

图6-14中截取的Excel数据条的展示效果基于Excel 2010，Excel 2010开始支持双向的数据条，以零为界，正数向右负数向左，2010之前的版本仅支持单向的数据条。数据条左右方向的颜色都可以自定义，默认负数为红色、正数为绿色，基本思路是红色表示指标表现较差，绿色表示指标表现较好，这里因为与总体比较流失率较高（正数）表现为不好，比总体低（负数）表现较好，所以对数据条的左右颜色进行了互换，正数为红色，表现较差，负数为绿色，表现较好，之后的图表也遵从这个原则。

很明显，图6-14中的分析结果对运营调整有直接的指导性，目的是促进用户保留，所以我们要做的就是将有利于用户留存的商品（F商品的用户流失率明显要比总体低得多，说明F产品更有利于用户保留）推荐给用户，而将那些可能导致用户流失的商品（C商品）进行优化或者下架。

同样，使用上面的方法可以区分不同用户群的购买偏向。新老用户的细分是最常见的用户细分方法，我们可以使用类似的方法来看看新老用户对商品的不同喜好，如图6-15所示。

商品	购买新用户数	购买总用户数	新用户比例	与总体比较
A	182	536	33.96%	-2.99%
B	156	439	35.54%	1.53%
C	142	411	34.55%	-1.29%
D	83	286	29.02%	-17.68%
E	59	177	33.33%	-4.76%
F	37	101	36.63%	4.67%

图6-15　新老用户细分比较

从图6-15中你看出了什么？购买D商品的用户中新用户的比例明显偏低，也许新用户根本就不喜欢这个商品，而B商品和F商品显然更加符合新用户的口味。如果你的网站可以进行新老用户区分的定向推广，那么上面这个分析结果将让你受益良多。

当然，这个数据呈现的特征可能与商品的推广渠道有一定关系，比如图6-15中的D商品可能使用老用户比较集中的推广渠道（如EDM），那么购买用户中自然老用户的比例会偏高；或者把某些商品放在新用户比较集中的Landing Page中展示，那么购买该商品的新用户比例显然也会偏高。所以，在做此类分析时需要注意根据推广渠道的差异，具体问题具体分析，不能一概而论。

再来看一下类似的方法怎么促成用户的重复购买。对于电子商务网站而言，用户的首次购物体验非常重要，这会直接影响用户是否会产生再次或者之后的多次购买，或者是否能够成为网站的忠诚客户。如果你的网站注重用户关系管理，有足够的数据支持，那么可以尝试下使用如图6-16所示的分析方法。

商品	促成二次购买的用户数	首次购买用户数	二次购买用户比例	与总体比较
A	310	594	52.19%	8.73%
B	156	357	43.70%	-8.96%
C	168	338	49.70%	3.55%
D	131	236	55.51%	15.64%
E	111	192	57.81%	20.44%
F	73	171	42.69%	-11.06%

图6-16　首次二次购买用户细分比较

需要注意的是，这里的基础用户群设定在了每个商品的首次购买用户（不是所有用户），我们要分析的是所有将该商品作为首次购买商品的情况下，用户是否还会发起之后的再次甚至多次购买行为（这里的二次购买用户不是指购买次数是2次的用户，而是指所有购买次数超过1次的用户），从而评价商品对于首次购买体验的影响好坏。从图6-16可以看出，B商品和F商品在促成二次购买的表现不佳，很有可能商品的使用或质量问题影响了用户的满意度，阻碍了用户再次购买的脚步。根据分析结果，我们尤其需要对那些二次购买率比总体水平低很多的商品进行重点关注，同时也需要根据商品的特征进行分析，有些商品确实比较容易促成二次购买，因为可能存在交叉销售和向上营销的情况。

如果你从Google Analytics上寻找类似的数据，其实唯一可以找到的就只有新访问比例，因为GA没法细分首次购买和二次购买用户，而流失和留存用户是网站的自定义指标。在GA的内容模块里面细分到每个页面的指标也未包含% New Visits（在流量来源、地域细分里面有该度量），所以需要自定义报告来查看网站每个页面的新访问比例，比较的基准还是网站总体的新访问比例，GA的展现方式选择里面直接提供了与总体比较的视图"Comparison"，图6-17是我做的自定义报表。

Page Title	Visits ▼	% New Visits ▼ (compared to site average)
层次分析法（AHP）» 网站数据分析	897	35.40%
T检验和卡方检验 » 网站数据分析	678	16.21%
数据仓库的基本架构 » 网站数据分析	451	16.69%
数据的标准化 » 网站数据分析	415	24.94%
关于网络机器人 » 网站数据分析	265	39.26%
网站的活跃用户与流失用户 » 网站数据分析	187	0.75%
网站转化率与漏斗模型 » 网站数据分析	174	-8.72%
值得关注的用户指标 » 网站数据分析	163	-37.91%

图6-17　GA基于内容细分新老用户比较

如图6-17所示，GA上面展现的效果和用Excel 2010定制条件格式后的效果很像，这种基于基准的比较展现非常直观实用，其实在其他分析中同样可以用到。我的博客文章的新用户比例比较中可以分析出什么？访问数排在前几名的文章中同样很明显的趋势就是概念性和方法论的文章的新用户比例高于均值（当然主要靠搜索引擎的帮忙），而观点性和分析性的文章的新用户比例低于均值（老用户更偏向于实践和应用），所以如果我的博客可以动态向新用户和老用户展现不同的内容，那么这个分析将十分有价值，也许你的网站可以尝试一下。

最后用一句话总结：**细分是用于比较的，比较是为了反映差异进而做出调整优化的，所以细分的目的最终还是指导运营决策**，这才是数据分析的价值体现。

6.3　用户忠诚度和价值分析

前面介绍的都是一些用户的行为指标和用户细分，这里要介绍的是基于每个用户行为的综合性分析和评定，主要包括用户的忠诚度和用户的价值。"以用户为中心"的理论要求网站不断优化改善用户的体验，进而提升用户的满意度，当用户的预期不断被满足时，用户就会喜欢上这个网站，进而发展成为网站的忠诚用户，同时不断地为网站输出价值。忠诚用户不但自身为网站创造价值，而且可以为网站带来许多隐性的收益，比如品牌和口碑的推广，带动其他用户的进入和成长。所以网站的忠诚用户是网站生存和持续发展的基石，我们需要掌握每个用户的忠诚度，同时也需要了解每个用户的价值体现。

这次的数据分析需求来自网站的营销部门，营销部门的同事需要跟进一些网站的已付费用户和潜在的付费用户，以便更好地推广网站的产品，为客户提供更好的服务，引导新用户的消费和老客户的持续性消费。营销部门因为资源有限，面对不断扩大的客户群体开始犯愁，他们没有精力对每位用户进行跟进和服务，于是他们请求数据分析师的帮助，帮他们寻找定位目标客户，以便提升工作效率。销售部门发来了数据分析的需求邮件。

看来这个问题确实困扰着营销部的同事，如果他们所做的营销工作大部分用户没有任何响应，这是一件让人非常沮丧的事情。他们的目的就是缩小目标群体，定位那些有意愿有潜力的价值客户，以便减少日常的无效工作，提升效率。他们需要的就是用户忠诚度的分析、用户价值的评定和用户价值的持续发展情况。我们用数据分析的方法来一一解决这些问题。

6.3.1　基于用户行为的忠诚度分析

用户忠诚度（Loyalty）是用户出于对企业或品牌的偏好而经常性重复购买的程度。对于网站来说，用户忠诚度则是用户出于对网站的功能或服务的偏好而经常访问该网站的行为。根据客户忠诚理论，传统销售行业的忠诚度可由以下4个指标来度量。

★ 重复购买意向（Repurchase Intention）：购买以前购买过的类型产品的意愿；

★ 交叉购买意向（Cross-buying Intention）：购买以前未购买的产品类型或扩展服务的意愿；

★ 客户推荐意向（Customer Reference Intention）：向其他潜在客户推荐，传递品牌口碑的意愿；

★ 价格忍耐力（Price Tolerance）：客户愿意支付的最高价格。

以上4个指标对于电子商务网站而言，可能还有适用性，但对于大多数网站是不合适的，所以为了让分析具有普遍的适用性，同时为了满足所有的指标都可以量化（上面的客户推荐意向比较难以量化），以便进行定量分析的要求，我们选择所有网站都具备的基于访问的用户行为指标：**用户访问频率、最近访问间隔时间、平均停留时长和平均浏览页面数**，这些也是Google Analytics原版本中用户忠诚度模块下的4个指标。

这4个指标在上文已经多次提到了，定义不再重复介绍。统计数据的时间区间也是根据网站的特征来定的，如果网站的信息更新较快，用户访问较为频繁，那么可以适当选取较短的时间段，这样数据变化上的灵敏度会高些；反之，则选择稍长的时间段，这样用户的数据更为丰富，指标的分析结果也会更加准确有效。在统计得到这4个指标的数值之后，单凭指标数值还是无法得到用户忠诚度的高低，需要对指标进行标准化处理得到相应的评分，通过评分就可以分辨用户的忠诚度在总体中处于什么样的程度。

这里使用min-max归一化的方法，将4个指标分别进行归一化后缩放到10分制（0～10分）的评分区间。这里需要注意的是，min-max归一化会受到异常值的影响，比如用户浏览页面数有一个50的异常大的数值，那么归一化后大部分的值都集中在较小的分值区域，所以建议在归一化之前排查一下各指标是否存在异常值，如果存在，可以对异常值进行转换或过滤；同时这里的最近访问间隔时间同样适用以"天"为单位，注意归一化的时候需要进行特殊处理，因为间隔天数越大，相应的评分应该越小，不同于其他3个指标，其他3个指标使用公式(x-min) / (max-min)，最近访问间隔天数要使用(max-x) / (max-min)的方式进行处理。我们使用近一个月的用户访问数据，选择其中3个用户列举一下用户行为数据的处理情况，见表6-2。

表6-2　用户忠诚度指标评分

		访问频率	最近访问间隔	平均停留时长	平均浏览页面数
用户1	数据	3次	15天	150秒	3页
	标准化	0.10	0.50	0.30	0.22
	评分	1.0	5.0	3.0	2.2
用户2	数据	12次	2天	120秒	4页
	标准化	0.55	0.93	0.24	0.33
	评分	5.5	9.3	2.4	3.3
用户3	数据	1次	21天	300秒	6页
	标准化	0.00	0.30	0.60	0.55
	评分	0.0	3.0	6.0	5.5

表6-2中，用户忠诚度的4个分析指标经过标准化处理后统一以10分制的形式输出，这样就能直接区分每个用户的每项指标的表现好坏。基于每个指标的评分，可以对用户进行筛选，比如营销部门重点跟进经常访问网站的用户，可以选择访问频率评分大于3分的用户，或者重点跟进用户访问参与度较高的用户，可以筛选平均停留时间和平均访问页面数都大于3分的用户，这样能够帮助营销部门迅速定位忠诚用户。

这里我们用4个用户行为指标来评价用户的忠诚度，这类基于多指标从多角度进行评价最常见的展现方式就是**雷达图**，或者叫蛛网图，在电脑游戏里面比较常见，比如一些足球游戏使用雷达图来表现球员的各方面的能力指数，如防守、进攻、技术、力量、精神等，所以这里也可以借用雷达图用4个指标来展现用户的忠诚度表现情况，如图6-18所示。

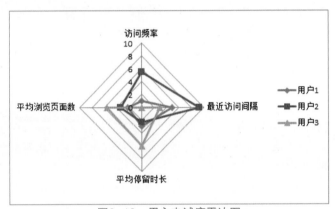

图6-18　用户忠诚度雷达图

图6-18使用了表6-2中三位用户的评分数据绘制而成，能够非常形象地表现用户忠诚度在各指标上的表现情况，用户1的整体忠诚度较低，用户2在访问频率和访问间隔具有较好表现，而用户3的访问具有相对较高的参与度。使用雷达图分析用户的忠诚度主要有如下优势：

★ 可以完整地显示所有评价指标；

★ 显示用户在各指标评分中的偏向性，在哪些方面表现较好；

★ 可以简单观察用户整体的忠诚情况，即图形围成的面积大小（假设4个指标的权重相等，若重要程度存在明显差异，则不能用面积来衡量）；

★ 可以用于用户间忠诚度的比较。

所以，基于雷达图展现用户的忠诚度之后，营销部门可以直接查看哪些用户具有较好的忠诚度，哪些用户值得他们重点跟进。

6.3.2　基于用户行为的综合评分

上面介绍的用户忠诚度分析使用用户的4个行为指标来进行评估，但我们只能看到各指标的表现，无法评定用户忠诚度的总体水平，所以需要对所有的相关指标做汇总处理，获取一个综合评分，就像足球游戏中球员的综合能力值（Overall）。上面忠诚度的相关指标经过标准化已经统一了度量区间，最简单的方法就是取所有相关指标评分的均值来计算得到忠诚度综合评分，这样的处理将所有指标以同等的重要性去对待，但现实情况下不同指标对综合评分的影响是不一样的，有些指标比较关键，有些则相对次要，所以这里引入AHP的方法来设定不同指标的权重。

AHP（层次分析法）是美国运筹学家T.L.Saaty教授于20世纪70年代初期提出的，AHP是对定性问题进行定量分析的一种简便、灵活、实用的多准则决策方法。它的特点是把复杂问题中的各种因素通过划分为相互联系的有序层次，使之条理化，根据对一定客观现实的主观判断将每个层次元素两两比较的重要性进行定量描述。而后，利用数学方法计算反映每一层次元素的相对重要性次序的权值，通过所有层次之间的总排序计算所有元素的相对权重并进行排序。层次分析法适用于多目标决策，用于存在多个影响指标的情况下，评价各方案的优劣程度。当一个决策受到多个要素的影响，且各要素间存在层次关系，或者有明显的类别划分，同时各指标对最终评价的影响程度无法直接通过足够的数据进行量化计算的时候，就可以选择使用层次分析法。

了解了AHP之后，我们以上面的忠诚度评分为例，先简单介绍AHP的应用。首先根据忠诚度的影响指标构建层次模型，这里只需要两层，上层是忠诚度，下层是影响忠诚度的4个指标，如图6-19所示。

图6-19 忠诚度评分层次模型

我们需要计算底层的4个指标对忠诚度的影响权重，需要构建对比矩阵，即运用9标度对需要赋权的同层各影响要素间进行两两比较，例如模型中的要素i相对于要素j对上层的重要程度，1表示i与j同等重要，3表示i比j略重要，5表示i比j重要，7表示i比j重要很多，9表示i比j极其重要，可以用W_i/W_j表示该重要程度，两两比较后可以得到以下矩阵：

$$\begin{bmatrix} W_1/W_1 & W_1/W_2 & W_1/W_3 & \cdots & W_1/W_j \\ W_2/W_1 & W_2/W_2 & W_2/W_3 & \cdots & W_2/W_j \\ W_3/W_1 & W_3/W_2 & W_3/W_3 & \cdots & W_3/W_j \\ \vdots & \vdots & \vdots & \ddots & \vdots \\ W_i/W_1 & W_i/W_2 & W_i/W_3 & \cdots & W_i/W_j \end{bmatrix}$$

两两比较的结果可以得到矩阵对角线上方的各个比值，而这个矩阵对角线两边的对称元素是相互的倒数，并且对角线的所有元素的值都为1，所以得到对角线一侧的数值就可以得到整个矩阵。因为矩阵的数值是两两比较的结果，所以可能存在A元素比B元素重要，B元素比C元素重要，但C元素却比A元素重要的情况，也就是矩阵的不一致性，所以首先需要验证该对比矩阵的一致性。可以通过计算矩阵的最大特征值的方法来衡量矩阵的一致性，相关的指标有一致性指标CI，随机一致性指标RI，一致性比率CR=CI/RI，一般当CR<0.1时，我们认为该对比矩阵的一致性是可以被接受的。如果矩阵的一致性满足要求，则可以根据矩阵的最大特征值进一步计算得到对应的特征向量，并通过对特征向量进行标准化（使特征向量中各分量的和为1）将其转化为权向量，也就是我们要求的结果，权向量中的各分量反映了各要素对其相应的上层要素的影响权重。

因为层次分析法AHP的计算过程设计一些高等数学相关方面的知识，需要详细了解可以参考一些统计学、运筹学和决策学方面的书籍和资料，也可以在网上直接搜索AHP的分析软件，一些工具支持在输入指标两两比较的结果后就可以直接输出一致性检验结果及各层次指标的权重系数。

如上面的忠诚度评分体系使用AHP的方法可以计算得到底层4个指标对忠诚度的影响权重：

> 忠诚度评分 = 访问频率评分×0.4 + 最近访问间隔评分×0.25 +
> 平均停留时长评分×0.2 + 平均浏览页面数评分×0.15

在计算得到影响指标的权重之后，就可以通过加权求和的方式计算得到最终的忠诚度评分，见表6-3。

表6-3　用户忠诚度加权评分

	访问频率评分	最近访问间隔评分	平均停留时长评分	平均浏览页面数评分	忠诚度评分
用户1	1	5	3	2.2	2.6
用户2	5.5	9.3	2.4	3.3	5.5
用户3	0	3	6	5.5	2.8

表6-3中，通过加权的方式计算得到用户忠诚度评分之后，就可以直接比较忠诚度评分来评价哪个用户的忠诚度综合值较高、哪个较低，营销部门的同事就有了对用户更直接的取舍依据。

上面只是对用户的忠诚度做了评定，无法体现用户创造的价值，而营销部门的第二个需求点就是对用户的综合价值的评定，比如电子商务网站的用户可能具备一定的忠诚度，但如果只看不买，仍然无法为网站带来足够的价值，所以需要进一步评定用户的价值输出，电子商务类网站尤其可以关注这一点。为了体现用户的价值输出，我们在选择指标的时候需要考虑与用户购买消费相关的指标，这里罗列了5个指标供参考。

★ **最近购买间隔**：可以取用户最近一次购买距当前的天数，反映用户是否继续保持在网站的消费；

★ **购买频率**：用户在一段时间内购买的次数，重点反映用户的消费黏度；

★ **购买商品种类**：用户在一段时间内购买的商品种类或商品大类，反映用户需求的广度，可以分析用户价值输出的多样性和扩展空间；

★ **平均每次消费额**：用户在一段时间内的消费总额÷消费的次数，即客单价，反映用户的平均消费能力；

★ **单次最高消费额**：用户在一段时间内购买的单次最高支付金额，反映用户的支付承受能力，同时也能体现用户对网站的信任度。

上面的5个指标从不同的角度反映了用户的价值输出能力，并且是可量化统计得到的，同样有时间区间的限制，需要注意选择合适的时间段长度。为了能够统一衡量价值，同样需要对上面的5个指标进行标准化，使用10分制的方式对输出进行评定，还是使用雷达图，如图6-20所示。

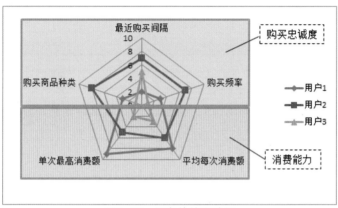

图6-20　用户价值雷达图

图6-20用雷达图展现了3个用户各指标的数据表现来反映用户的价值特征，根据每个指标的属性可以将用户的价值进一步分为两块，其中最近购买间隔、购买频率和购买商品种类用来表现用户的**购买忠诚度**，而平均每次消费额和单次最高消费额用于反映用户的**消费能力**，图6-20中框起来的两块区域，雷达图的上半部分用于表现用户的购买忠诚度，下半部分用于表现用户的消费能力，从图中3个用户的数据进行分析，用户3的整体价值较低，用户1和2的价值较高，而且用户1的价值集中体现在较高的消费能力，用户2的价值更多地体现在较高的购买忠诚度。

雷达图很好地展现了用户价值在不同指标中的体现，再结合层次分析法，就可以对用户的价值进行综合评分，基础的数据源于上面5个指标的评分结果，使用AHP不仅可以得到最终的用户价值评分，同时还可以得到上面的购买忠诚度和消费能力这两方面的评分。

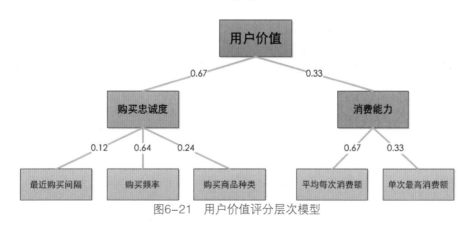

图6-21　用户价值评分层次模型

图6-21是使用AHP的方法构建的用户价值评分层次模型，底层是5个基础指标，中间层是用户价值的两个方面，分别对应各自的指标，最上层就是用户的综合价值。这里需要使用3次AHP来计算：

1．购买忠诚度和消费能力对用户价值的影响权重；

2．最近购买间隔、购买频率和购买产品种类对购买忠诚度的影响权重；

3．平均每次消费额和单次最高消费额对消费能力的影响权重。

经过3次两两比较计算后就可以得到图上的每一层指标对上次的影响权重，正如连接线上标注的数值，转化为公式的结果如下：

用户价值 = 购买忠诚度×0.67 + 消费能力×0.33
忠诚度 = 最近购买时间×0.12 + 购买频率×0.64 + 购买产品种类×0.24
消费能力 = 平均每次消费额×0.67 + 单词最高消费额×0.33

经过推导，我们可以用底层5个指标的评分直接计算得到用户的综合价值评分：

用户综合价值评分＝（最近购买间隔评分×0.12+购买频率评分×0.64+购买产品种类评分×0.24）×0.67+（平均每次消费额评分×0.67+单次最高消费额评分×0.33）×0.33

用户综合价值评分＝最近购买间隔评分×0.08+购买频率评分×0.43+购买产品种类评分×0.16+平均每次消费额评分×0.22+单次最高消费额评分×0.11

有了上面的计算公式，图6-21中所有层次的评分都可以计算得到了，我们根据雷达图中举例的3个用户的数据来计算一下他们的综合得分情况，见表6-4。

表6-4　用户价值加权评分

	最近购买间隔评分	购买频率评分	平均每次消费额评分	单次最高消费额评分	购买商品种类评分	购买忠诚度评分	消费能力评分	综合价值评分
用户1	2	3	8	9	3	2.88	8.33	4.6785
用户2	7	7	6	5	8	7.24	5.67	6.7219
用户3	5	1	3	2	1	1.48	2.67	1.8727

表中不仅计算得到了综合价值评分，同时得到了购买忠诚度和消费能力这两个中间层的得分，这样我们不仅能够**通过直接比较用户的综合价值评分获取网站的重要用户**，同时忠诚度和消费能力的评分也为针对用户的细分提供了一个有力的量化数值参考依据，如图6-22所示。

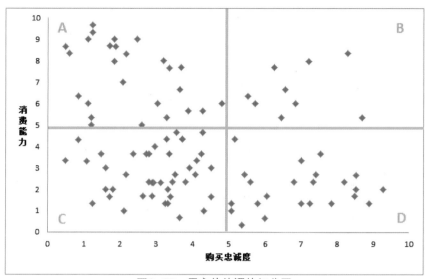

图6-22　用户价值评价细分图

图中展示了100位用户的价值评分数据，根据购买忠诚度和消费能力的评分情况分成了4块，从中可以看出电子商务网站用户特征的分布情况：

★ 从C区域可以看出用户较多地分布在忠诚度和消费能力评分为3附近的区域，也是网站最普遍的客户群；

★ B区域的用户是网站的最有价值客户（VIP），但是数量相当稀少，可能不到10%；

★ 在A区域有一个点密集区间（忠诚度1~2、消费能力8~9），可以认为是网站的高级消费用户群，他们消费不多，但消费额很高，如果你的网站提供高价值消费品、批量购买等服务的话，那么他们就可能是那方面的客户群；

★ D区域的用户虽然消费能力也不强，但他们是网站的忠实粉丝，不要忽视这些用户，他们往往是网站线下营销和品牌口碑传播的有利拥护者。

通过类似上面的分析过程，可以发现电子商务网站用户的某些特征，为网站的运营方向和营销策略提供一定的决策支持。如果你要制订针对用户的营销策略，你会先从A、B、C、D这4类用户群体中的哪类下手？

6.3.3　用户的生命周期价值

通过上面对用户综合价值的评分以及基于用户的购买忠诚度和消费能力的分类，营销部门可以更加容易地把握高价值的用户，同时根据用户的群体特征制订有针对性的营销策略，我们的工作已经完成一大半了，接下去要做的就是对用户价值的持续性监控，不仅要了解用户价值的当前表现，而且要洞悉用户价值的持续变化情况。

　　用户为网站创造价值并不是单次的，它是一个持续的过程，而且这个过程可能需要经过多个阶段，每个阶段用户的行为特征和价值创造都会表现出差异性，我们将用户在网站中持续创造价值的整个过程称为**用户生命周期（Life Cycle）**，而在这个过程中用户为网站创造的价值总和就是用户的**生命周期价值（Lifetime Value）**。网站的用户生命周期指的是用户从首次访问网站（建立关系）到完全弃用网站（脱离关系）的整个发展过程，该过程中用户为网站创造的价值总和就是该用户的生命周期价值，根据用户生命周期理论，用户的生命周期可以分为4个阶段，如图6-23所示。

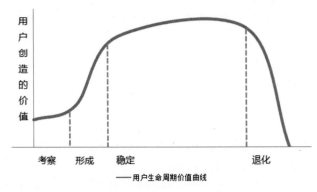

图6-23　用户生命周期价值图

　　图中，从用户的生命周期曲线可以看出用户在与网站建立关系期间一般会经历4个阶段，每个阶段都为网站带来不同的价值。

　　1．**考察期**：用户得知了你的网站，试探性地偶尔来访问网站，这个时候用户创造的价值比较低；

　　2．**形成期**：用户可能已经有点喜欢上你的网站了，他们会不定期进入网站，并开始尝试做些交互，这时用户创造的价值飞速提升；

　　3．**稳定期**：用户成为网站的忠实粉丝，经常光顾网站，不仅自己使用网站提供的服务，同时还会帮助宣传网站，这个阶段用户创造的价值到达最高峰并保持相对稳定；

　　4．**退化期**：用户由于某些因素导致与网站的关系开始产生裂痕，进而迅速破裂直到彻底离开，这个时期用户创造的价值迅速递减。

　　需要注意的是，用户不一定在到达稳定期后与网站的关系才会衰退，在任何时期，只要有某些因素影响了用户的满意度，用户的生命周期就可能进入退化期，进而彻底脱离该网站。我们认为当用户经历退化期脱离网站后，用户的生命周期结束，用户变为流失用户，但是流失用户在流失后还有可能因为某些原因回访网站，这个时候我们一般不会把回访用户作为生命周期的延续，更多的是当做第二个生命周期的开始，因为他们还是会经历前期的阶段。

　　使用用户的生命周期曲线图可以监控用户价值的持续发展情况，横轴其实就是时间轴，我们需要得到的是纵轴的用户价值指标。在计算用户价值体现的时候，很多网站习惯使用用户的直接价值输出，这些数据是显性的，比较容易获得，比如电子商务网站使用用户在网站的消费额作为用户的价值体现，但其实这样的方法过于片面，在信息流动如此迅速的Web 2.0时代，一些社交网站的意见领袖的推荐所带来的价值远远比其自己在网站下单要有价值得多，品牌、口碑和信息的推广所带来的隐性价值也应该作为用户的价值体现，所以需要综合考虑用户的忠诚度和购买力，正如上面用户综合价值评分模型所介绍的，其实可以直接借用上面的用户价值评分作为用户生命周期曲线的价值指标，这里需要计算的是用户从首次访问开始的整个生命周期的总价值。

　　然后就可以根据计算得到的用户生命周期价值分析具体的问题，营销部门的需求是使用用户的生命周期价值来评估他们的营销策略所带来的持续性价值，进而评估营销策略的优劣。这里主要从两个角度进行分析，第一个是用户的来源，用户从哪里进入你的网站，之后又创造了多少价值，细分渠道的用户生命周期价值分析可以区分各渠道所带来的用户的质量，为营销部门选择合适的推广渠道提供有力的决策参考。Google Analytics把流量来源细分为直接进入、搜索引擎、外部链接、社交媒介和其他渠道，同时，可以使用UTM参数来自定义一些渠道，如广告、EDM、线下等，如果营销推广是基于某个主题或某次活动，最好也用参数进行标记，以便区分活动的效果以及评估活动投放的各渠道间的差异。我们统计分析各渠道带来的新用户以及新用户之后整个生命周期所创造的平均价值，如图6-24所示。

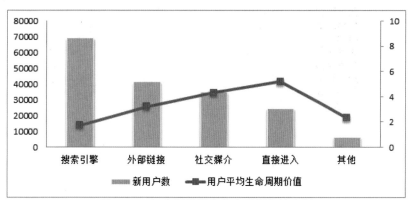

图6-24　细分渠道用户生命周期价值分析

　　图6-24展示的是某网站的各渠道来源的用户生命周期价值情况，**用户平均生命周期价值**指的是每个渠道来源带来的所有新用户的生命周期价值总和÷该渠道来源带来的新用户数，价值评分同样使用了10分制。从上图可以看出，对于这个网站来说，搜索引擎带来了最多的用户（可能大部分网站都是类似的情况）。而从带来的用户的生命周期价值平均值来看，直接进入是最有价值的，因为是新用户，理论上对网站还一无所知，所以直接进入的用户一般通过线下渠道（线下媒介、口碑营销等），或者某些无法辨识来源的线上渠道进入，这些用户一般对网站已经有所了解，所以之后所产出的价值相对较高；社交媒介次之，社交媒介相对搜索引擎和广告的优势在

于其带来的用户的质量相对较高，一般来自所关注的朋友或他人的推荐，并且对网站有一定的兴趣；外部链接再次之，外部链接带来的流量质量与外部链接的建设直接相关，比如我的博客的外部链接带来的用户具有最高的平均生命周期价值，因为我的博客的外链集中在同类型博客的链接交换和内容聚集网站的文章引用，用户群体的针对性很高；搜索引擎虽然带来了最多的用户，但一般也包含了较多的低质量用户，平均价值低也是可以理解的。基于这个分析结果，营销部门可以增加线下渠道和社交媒介的推广强度，引导这两个渠道新用户量的提升，同时需要注意铺设的外链的质量，提升外部链接带来用户的平均价值。

第二个是用户的首次价值输出，用户的首次价值输出就是用户第一次完成网站定义的目标，如在电商网站完成首次购物、在视频网站完成首次视频观看、首次玩在线游戏、首次在我的博客读文章……用户第一次的使用体验将对用户之后的成长起到关键的作用，好的首次体验可以促进用户生命周期的延续，使用户从考察期进入成长期，而差的首次使用体验可能直接导致用户的退出，用户的生命周期直接从考察期进入退化期，进而结束在网站的整个生命周期。因为用户众多，如果去分析每个用户的首次价值输出，计算量比较大，所以这里换一种分析方法，我们只选择用户的生命周期价值排名前1000的用户，分析这1000名用户首次价值输出的分布情况，如图6-25所示。

商品类目	新用户数	价值前1000用户数	与总体比例差异
图书音像	86094	367	-0.64%
数码产品	53219	241	1.02%
日用品	38702	117	-5.08%
皮具箱包	19274	123	3.94%
家用电器	12857	57	0.12%
户外运动	11790	82	3.09%
饰品配件	8651	13	-2.45%

图6-25　细分商品类目用户生命周期价值分析表

图6-25是某电子商务网站新用户首次购买的商品类目，同时列出了每个商品类目有多少的生命周期价值排名前1000的首次消费用户，通过比较各类目新用户数的占比和价值前1000用户数占比的差异，可以分析基于哪些类目的首次消费可以提升用户的整个生命周期价值。其中可以明显看出，"图书音像"和"数码产品"作为网站的主要商品类目，表现比较稳定，而首次购买"皮具箱包"和"户外运动"的商品可以带动更高的持续价值输出，"日用品"和"饰品配件"表现不佳，用户可能在首次购买之后比较失望，进而选择了其他网站。

图6-25的Excel表中使用了"与总体比例的差异"来衡量类目能否引导用户的持续价值输出，而不是使用价值前1000的用户数，因为每个类目本身的新用户数就存在明显差异，比如"图书音像"这个类目吸引了最多的新用户进行首次购买，正常情况在该类目的价值前1000用户数也应该是最多的，所以这里不能直接比较各类目价值前1000的用户数，需要折合成占比后进行比较。经过计算，总的新用户数是230 587，那么首次购买"数码产品"的新用户数占总体新用户数的比例为23.08%，如果每个类

目的高价值用户均匀分配，价值前1000的用户数在"数码产品"该类目中的比例也应该是23.08%，但实际的占比为24.1%，说明实际情况是首次购买数码产品的高价值用户比例要比正常稍高，将两者相减得到1.02%就是高出的百分点，也可以使用差异的幅度1.02%÷23.08%=4.42%，所以使用"与总体比例差异"才能有效地衡量类目在引导用户首次消费后的持续价值输出的作用。

另外，"与总体比例差异"的数据展现形式，使用了Excel 2010中条件格式的数据条，在前面的章节中有介绍，这里不再重复说明。

通过上面的Excel表格，网站的优质和劣质商品类目都一目了然，再结合图表来看下，如图6-26所示。

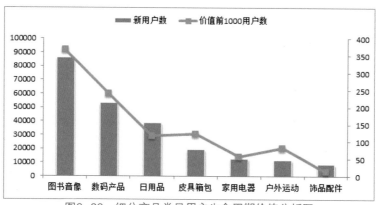

图6-26 细分商品类目用户生命周期价值分析图

图6-26中，折线上生命周期价值前1000的用户数低于柱状新用户数的类目表现不佳，如"日用品"、"饰品配件"；高于柱状图的类目表现较优，如"皮具箱包"、"户外运动"；差不多齐平的类目属于表现一般的商品，如"图书音像"、"家用电器"。

与上面的营销渠道类似，营销部门可以通过一些方法引导用户的首次价值输出方向，比如广告、EDM等主动营销手段所指向的目标页面，使用Landing Page进行引导，或者指定一些首次购买的促销优惠商品等，比如上面这个网站可以向新用户派发一些皮具箱包的折扣券，引导新用户首次购买皮具箱包类产品。于是上面的分析就有了施展（Take Actions）的空间，这样分析的结果就能体现出实战的价值。

用户生命周期价值分析注意点！

其实上面的价值模型或者分析方法都不是决定用户生命周期价值分析的关键，最重要的是用户整个生命周期的数据的获取和处理，因为这关系到数据的源头，将直接影响用户生命周期价值分析的可行性和最终的效果。

数据获取上我们需要记录用户从首次访问开始的所有行为，尤其是价值的输出，这里不建议依靠点击流数据的cookie来标识用户，cookie在长期用户识别上存在不稳定性，使用用户的注册ID或者用户名是比较妥善的表示方式。如果网站构建了CRM系统，这会使用户生命周期和价值的计算变得相对容易，如果网站有成型的数据仓库，并且实现了点击流数据和用户CRM数据的关联，这会使用户生命周期价值的分析无论从数据的完整性和准确性上都有了保证；另外就是数据的处理，因为涉及用户的完整生命周期，需要较长的时间跨度，历史数据的回溯和海量数据的处理是不可避免的，借助数据仓库的存储和计算能力可以让整个分析更加高效。

基于用户生命周期的价值分析，规避了某些营销活动只能提升短期的价值体现，对网站长期的发展并没有明显促进作用，甚至产生消极影响的局限性，让我们能够从长远的角度来观察和分析网站的用户，这也是对网站营销策略最客观有效的评价方法。如果你的网站营销部门能够从用户生命周期价值的角度分析和指导自身的营销工作，那么你可以庆幸网站具备了持续性发展的可能和动力。

6.4　本章小结

对用户的分析需要明确常用的用户指标，及常见的用户分类：**新老用户**、**活跃用户**和**流失用户**，同时明确网站对活跃用户和流失用户的定义，因为每个网站的定义可能存在差异。

用户的行为分析首先定位研究的用户行为指标及其**分析价值**，每个指标的**分布情况**展现用户在每个方面的表现，基于用户行为指标的**细分**和**交叉分析**有利于更好地分析用户群体的运营。

用户是网站的基石，所以研究用户的**忠诚度**和**价值**是网站用户分析的重要部分，能够为网站的用户潜力开发、用户保留和用户个性化营销提供有力的参考。

网站最终服务于用户，所以分析了解用户是网站的一大课题，不要认为你已经足够了解你的用户，当你完成以上分析的时候，你也许会发现用户的另一面，数据分析中了解到的用户形态可能是市场调研分析中无法覆盖到的。

第 7 章

我们的目标是什么——网站目标与KPI

对网站进行全面货币化

创建网站分析体系

KPI网站分析成功之匙

KPI在网站分析中的作用

解读可执行的网站分析报告

目标KPI的监控与分析

每个网站都有存在的目的，这个目的就是通过分析需要实现和提升的目标。为了实现它我们可能需要进行很多工作，这些工作是否有效？哪些工作对实现目标更有帮助？哪些工作需要改进？这些正是KPI的工作。设计合理并且与目标相关的KPI可以让我们时刻掌握目标的达成情况，并给出切实可行的改进建议，本章将对网站目标与KPI进行简单的介绍。

各位同事：

现在我们已经完成了网站流量的梳理和分析工作，同时也具备了对网站页面效果进行衡量的方法。下一步我们将提高视角，关注整个网站的目标。在这个过程中，我们不仅需要对流量和内容的分析和优化，还需要完成两个更重要的工作：

★ 对网站进行货币化衡量；

★ 设定可以促进业务发展的KPI指标。

7.1 对网站进行全面货币化

作为网站分析师，如果你只能向老板汇报一个最重要的指标，你会选择哪个指标？网站流量？注册量？转化率？这些都不能引起老板足够的重视。因此，我建议你直接汇报网站收入的变化。货币收入才是老板最关心的指标，也应该是最应关注的指标之一，如图7-1所示。每个网站的目标大部分都能转化为以货币衡量的具体指标，下面介绍几种对网站进行货币化改造的方法。

图7-1 网站收入核心指标

7.1.1 设置电子商务追踪

收入是衡量网站的重要指标之一，尤其是对于电子商务类网站，所以对电子商务的追踪也尤为重要。Google Analytics的电子商务追踪功能可以让我们对交易中的13个数据进行追踪，并且可以追溯到订单的来源。Google Analytics的电子商务追踪是如何工作的，如图7-2所示。

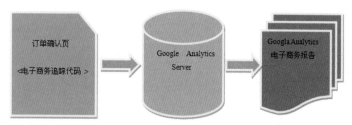

图7-2 Google Analytics电子商务追踪工作流程

Google是通过安装在收据页或订单确认页的电子商务追踪代码获得用户订单中的信息，并通过请求一个1像素的文件将收集到的数据传回Google服务器。下面详细介绍如何设置Google Analytics并开始追踪网站中的电子商务数据。

STEP 01 开通电子商务报告

电子商务追踪功能在Google Analytics中默认是关闭的。首先在网站配置文件界面选择要开通电子商务追踪功能的报告，点击后面的修改进入配置文件设置界面。选择开通电子商务追踪功能。开通后可以在报告里看到增加了一个电子商务部分，如图7-3所示。

电子商务设置

电子商务跟踪 可选   是的，是电子商务网站 ▾

图7-3 开启电子商务报告

STEP 02 电子商务追踪代码定制

Google Analytics为电子商务追踪提供了一段单独的代码，分为三部分，第一部分_addTrans用来启动一个订单，并提供了8个变量存储订单中的数据；第二部分_addItem提供了6个变量来记录订单中每个商品的数据；第三部分_trackTrans将前两部分记录到的数据一起报告给Google服务器，并最终显示在报告里。

下面是Google Analytics的电子商务追踪代码，其中订单号、订单总价、产品代码、产品价格和购买数量为必填项。

```
pageTracker._addTrans(
     "", // 订单号 (必填项)
     "", // 连署机构
     "", // 订单金额 (必填项)
     "", // 订单税款
     "", // 订单运费
     "", // 订单来源的城市
     "", // 订单来源的省/直辖市/自治区等
```

```
         "" // 订单来源国家
     );
pageTracker._addItem(
     "", // 订单号（必填项）
     "", // 商品代码（必填项）
     "", // 商品名称
     "", // 商品所属类别
     "", // 商品价格（必填项）
     ""  // 购买数量（必填项）
     );
pageTracker._trackTrans();
```

详细介绍前两部分的关系。_addTrans和_addItem是从属关系，_addTrans记录订单级的数据，_addItem记录商品级的数据。订单级的变量内记录整个订单的订单号、订单金额、交易税款、运费和买家所在地区等信息。而商品级的变量内记录买家订单内每件商品的信息，如商品代码、商品名称、商品所属类别、商品价格和实际购买数量等。_addTrans和_addItem的订单号字段必须相同（同一份订单），_addItem内所有商品的价格相加就是_addTrans的订单金额。

★ 举例说明

如图7-4所示，一个用户在我的网站买了2本web marketing类别下的《蓝鲸的网站分析笔记》，商品代码是bluewhale，单价是20元，运费5元，订单号是201024。这时Google Analytics的电子商务追踪代码将记录到这样的信息。

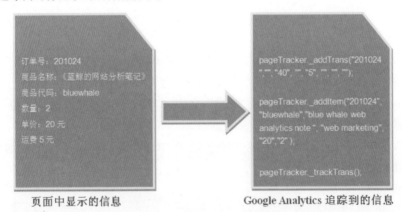

图7-4 电子商务追踪代码

```
    pageTracker._addTrans("201024","", "40", "", "5", "", "", "");
pageTracker._addItem("201024", "bluewhale","blue whale web analytics note
", "web marketing", "20","2" );
    pageTracker._trackTrans();
```

_addTrans里的订单号、订单金额和_addItem里的订单号、商品代码、商品价格和购买数量是必填字段。另外在上面的例子中即使没有买家的国家和城市信息，也不能省略变量的字段，否则会发送错误。

熟悉了代码的功能就可以定制自己追踪代码，让Google Analytics追踪我们需要的数据。定制的过程很简单：

1．确定每件商品和每个订单中要追踪的数据，如商品名称、商品类别、运费等；

2．找到网站的技术人员，询问用来存储这些数据的变量名称，如price代表商品价格；

3．将变量名替换在代码的相应位置，定制电子商务追踪代码。

★　举例说明：如果变量名是这样定义的

```
产品名称 =>product_name
产品代码 =>product_code
价格   => price
购买数量 =>num
订单号 =>order_number
订单总金额 =>order_total
```

那么追踪代码应该是这样的：

```
pageTracker._addTrans(order_number,'',order_total,'','','','','');
pageTracker._addItem(order_number,product_code,product_name,'',price,num);
pageTracker._trackTrans();
```

STEP 03　电子商务追踪代码实施

追踪代码的实施页面：

电子商务追踪代码要添加在用户完成付款后的收据页面或订单确认页面。为什么要添加在这里呢？因为这里是用户完成交易付款后的最后一个页面，所有的交易都已经发生了，从这里追踪到的数据更加准确。如果是在付款前的页面添加代码，有可能造成报告中的数据与实际交易数据不符，因为用户在付款前的任何步骤都有可能放弃。

实施电子商务追踪：

电子商务追踪代码部分已经完成定制了，但在实施追踪前还有一个问题，你的网站可能存在以下两种情况。

★　情况一

很多网站给不同的内容和功能页面设置了单独的二级域名，如商品页面的地址是shop.bluewhale.cc，而付款页面的地址是payment.bluewhale.cc。就是说用户的购物和付款是在两个不同子域内完成的。

★　情况二

很多电子商务网站都使用支付宝，有可能商品页面的地址是bluewhale.cc，而付款页面的地址是alipay.com。这种情况下用户的购物和付款在两个完全不同的域内完成。这里会产生的问题是cookie无法正确记录和报告买家的真实来源了，这时需要对常规的Google Analytics追踪代码进行定制（添加红色部分代码。）

```
<script type="text/javascript">
vargaJsHost = (("https:" == document.location.protocol) ? "https://
ssl." : "http://www.");
document.write(unescape("%3Cscript src='" + gaJsHost + "google-
analytics.com/ga.js' type='text/javascript'%3E%3C/script%3E"));
</script>
<script type="text/javascript">
try {
varpageTracker = _gat._getTracker("UA-10114661-1");
pageTracker._setDomainName("bluewhale.cc");
//情况一时添加此行代码，括号内改为网站的域名
pageTracker._setDomainName("none");//情况二时添加此行代码
pageTracker._trackPageview();

pageTracker._addTrans(order number,'',order_total,'','','','','');
pageTracker._addItem(order_number,product_code,product_name,'',price,num);
pageTracker._trackTrans();

} catch(err) {}</script>
```

将以上代码添加到你的收据页或订单确认页后就可以在电子商务报告中看到数据了。

7.1.2 对目标设定货币价值

在Google Analytics中用来衡量网站的收入指标有两个，一个是电子商务收入，另一个是网站目标价值。如果你的网站不是电子商务类，那么也可以通过对目标设置货币价值来实现货币化。目标价值是在设定网站目标时输入的价值。收入随着目标的完成次数增加。电子商务收入不用预先设定，Google Analytics会自动将网站的电子商务收入（包含税款和运费），汇总为电子商务收入指标。Google Analytics建议一个网站只设定一个收入指标。如果你的网站不是电子商务类网站，可以使用目标价值，否则不要重复为目标设定价值。

1. Google Analytics中的收入指标

网站目标价值是在为网站设定目标时设置的价值，如图7-5所示。比如每1000个留言的访客中有1个人会购买产品，产品价值1000元。那么可以将留言行为设定为网站目标，并设定目标价值为1元，这样每当这个目标被完成一次，价值也随之增加1。通过目标目录中的目标值报告可以

查看按天汇总的目标价值。如果目标报告中的价值是10000元，可以说明你的目标共完成了10000次。按照前面的概率计算这10000条留言（目标）的访客中可能潜在着10个目标客户（你会卖出10件产品）。

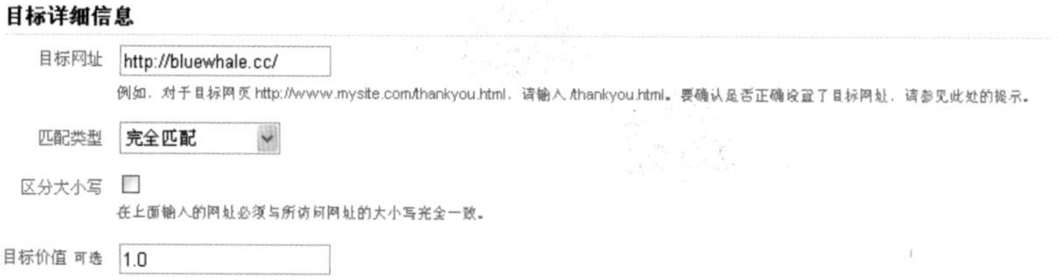

目标详细信息

目标网址 | http://bluewhale.cc/

例如，对于目标网页 http://www.mysite.com/thankyou.html，请输入 /thankyou.html。要确认是否正确设置了目标网址，请参见此处的提示。

匹配类型 | 完全匹配

区分大小写 | ☐

在上面输入的网址必须与所访问网址的大小写完全一致。

目标价值 可选 | 1.0

图7-5 为网站目标设置价值

目标值 = 目标完成次数 × 目标价值

2. Google Analytics报告中的其他收入指标

除了上面的两个收入指标外，在Google Analytics的报告中还有其他几个收入指标，分别是每次访问目标价值、每次访问价值和事件价值。

◉ 每次访问目标价值

每次访问目标价值表示网站的平均每次访问的价值（以目标价值为基础）。

计算公式：每次访问目标价值 = 网站目标总价值 / 访问次数

◉ 每次访问价值

每次访问价值表示平均每次访问价值针对网站访问的平均价值。

计算公式：每次访问价值 = 电子商务收入 / 访问次数

◉ 事件价值

事件价值是我们在事件追踪中对每个事件赋予的价值。

_trackEvent(category, action, label, value)

计算公式：事件价值 = 指定事件价值×事件发生次数

7.2 创建网站分析体系

7.2.1 定义网站目标

细心的读者可能会发现，本书到现在已经重复强调过很多次网站目标了。是的，网站目标无论是对网站分析还是业务本身来说都是非常重要的。网站目标是你期望网站达到的成果，简单地说就是你创建网站时的原始动力。是哪种想法或冲动让你创建了这个网站，通常这个想法或者冲动就是网站的目标。

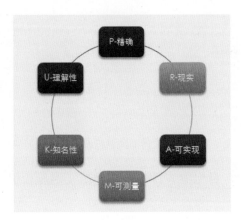

图7-6　设置网站目标的6个原则

网站目标要符合6个原则才是一个合格的目标，如图7-6所示。P——精确（Precise）、R——现实性（Realistic）、A——可实现性（Achievable）、M——可测量性（Measurable）、K——知名性（Known）、U——被理解性（Understand），否则再好的目标也只能是一个梦想。

7.2.2　获取并分解网站目标

1. 获得网站目标的方法

第一种方法：亲自登录到网站上浏览几个页面，或是完成几个操作，如果运气好的话很快就能发现这个网站的目标。因为在一个目标明确的网站中，每一个流程、每一个页面，甚至每一行文字都会散发出网站目标的浓烈气息。

如果没有在网站中找到目标的气息，这个网站肯定或多或少存在一些问题。这时候可以使用第二种方法。

第二种方法：亲自询问网站的创始人或负责人，网站存在的目的是什么？现在的目标是什么？这是最直接也是最有效的方法。他们会告诉你："很久以前，一个想法促使我创建了这个网站……"

获得准确真实的网站目标非常重要，也是开启一次完美网站分析之旅的第一步。后面的所有工作都会紧密围绕着这个目标进行。

2. 细化网站的目标

有了网站的目标后，我们需要对这个目标进行细化，让它看起来更加具体并且可实现。例如，我的博客的目标是增加知名度，那么我就要对这个目标进行细化。首先，如何衡量博客的知名度？这里可以用订阅量来衡量；其次，在什么时间范围内提高多少订阅量算是达到目标；最后，如何操作。这些都是对网站目标的细化过程，也是检验目标是否合理的过程，如果网站的目标符合前面的6个原则，就可以被很好地细化为可衡量、可实现的目标。

3. 分解网站的目标

通过目标细化，网站目标变得越来越清晰了，但还不能被执行和分析，需要进一步分解成不同的分解目标。分解网站目标时只有一个原则，就是所有的分解目标都必须紧密围绕着网站的核心目标，并且与网站核心目标有间接或直接的关系，如图7-7所示。

图7-7 分解网站目标

试着把你的网站想象成一本很吸引人的小说，整本小说在讲一个故事，故事情节层层推进、环环相扣，每一个桥段、每一个人物都在为最后的结局做铺垫。小说中的每一章都是整本书中的一个分解目标，吸引你继续读下去。网站也是如此，需要从网站核心目标中分解出不同的目标，这些分解目标可能包括：

- ★ 希望访问者来自哪里？
- ★ 希望访问者从哪里进入网站？
- ★ 网站的哪些页面应该尽量多地被看到？
- ★ 访问者应该按哪些路径浏览网站？
- ★ 访问者应该从哪里离开网站？

这些分解目标是进行网站分析的基础，没有这些目标我们面对报告和指标时将变得无所适从。每个指标看起来都似是而非，每条数据似乎都能找到合理的解释，而当我们有了这些明确的分解目标后，分析就变得容易多了，如图7-8所示。

图7-8 分解目标明确分析目的

这里套用Avinash Kaushik的So What小测试举两个例子。

1）在网站没有针对内容的分解目标时

Google Analytics的热门内容报告中显示目前A页面最受欢迎

So What

看来访问者更喜欢A页面，A页面的流量占全站的**%，A页面对于我们很重要

So What

… …

2）在网站有针对内容的分解目标时

Google Analytics的热门内容报告中显示目前A页面最受欢迎

So What

Oh，NO！为什么是A页面，而不是B页面，B页面才是网站最重要的页面

So What

B页面比A页面差在哪里？A页面的访问者都来自哪些路径？他们在A页面找什么？

So What

调整B页面入口，让更多访问者看到网站最重要的页面。

前面说过，分解网站目标时只有一个原则，就是所有的分解目标都必须紧密围绕网站的核心目标，并且与核心目标有间接或直接的关系。这些关系也可以被分解为两类目标，正面目标和负面目标，正面目标促进网站目标完成，负面目标阻碍网站目标完成。这两类目标都是我们在分析中需要关注的，如图7-9所示。

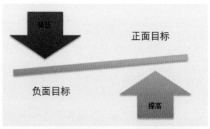

图7-9　提高正面目标，降低负面目标

3）网站的正面目标

正面目标是我们希望访问者完成的操作，是和预先设置的分解目标相一致的。例如，访问者按预定的路径完成了访问，浏览了网站的重要页面，完成了注册或转化，在重要页面中停留时间超过多少秒，等等。完成这类目标后会促进网站的转换和目标的完成度。

4）网站的负面目标

负面目标和正面目标相反，是我们不希望访问者进行的操作。例如，访问者单页面访问，在导航类页面结束访问，访问频率降低，等等。减少负面目标的比例虽然不会立即增加网站核心目

标的完成度,但提高了网站目标的完成机会。

5)检查与优化

最后,把网站的目标和所有分解的目标写在一张纸上,然后认真检查每个分解目标与网站目标间的关系。找出最能影响网站目标完成度的那些分解目标。此外,这些分解目标之间是否存在重叠呢?是的话就需要重新优化这些分解目标。

7.2.3 聚焦网站的核心目标

如图7-10所示,我们把网站的目标和所有分解出来的目标都放在一起,然后检查每个分解目标与网站核心目标之间的关系和影响程度,以及分解目标之间的关系,层级和相互之间的影响程度,然后对分解目标进行分级。

哪些目标在第一级?哪些在第二级?哪些目标和完成网站核心目标的关系最紧密?这么做的目的是为了找出那些最能影响网站目标完成度的分解目标。这些应该是首先被关注的,如图7-11所示。

图7-10 聚焦网站核心目标

图7-11 对网站目标进行分级

当然,这并不是说其他次一级的分解目标就不需要关注了。在对分解目标进行分级后你会发现,它们之间以及它们和上一级目标之间都有着包含的关系。下一级的分解目标完成度影响着上一级的分解目标完成度,而与网站核心目标相关联的分解目标最终影响着核心目标的完成度。

7.2.4 关注每个分解的目标

每个网站分解目标的方式都是不一样的,即使是从事相同业务,有着相同目标的两家网站。这些分解目标的层级和数量取决于网站的设计结构和功能,关注网站中每一个分解目标的完成度可以保证网站目标的完成度。

例如,我网站中的分解目标是:网站内容、站内搜索、线上广告(外部)

那么针对这些分解目标，我应该关注下面这些内容：

◉ 网站内容

（1）网站中的重要页面是否非常受欢迎？

（2）网站中重要的页面是否促进了网站核心目标的完成？

（3）访问者到达重要页面的路径通常有哪些？

（4）有多少访问者在网站的重要页面结束了访问？

◉ 站内搜索

（1）访问者在站内搜索中最常用的词有哪些？

（2）访问者最经常开始使用站内搜索的页面有哪些？

（3）哪些搜索关键词促使访问者完成了网站核心目标？

（4）哪些搜索关键词让访问者直接离开了网站？

（5）搜索失败的次数？发生在哪些页面？

◉ 线上广告（外部）

（1）哪个广告带来了最多的访问者？

（2）哪个广告最大程度地促进了网站核心目标的完成？

上面这些问题既包含正面的内容，也包含负面的内容，这些问题的答案决定了每个分解目标是否能够成功，同时也是我们要分析和优化的对象。在分析这些分解目标前，需要先将问题转化为可以度量的指标。

1. 度量分解目标的成功

"If you cannot measure it, you cannot improve it" ——Lord Kelvin

"如果你不能度量它，你就无法提高它。"是的，对于分解目标，如果不能回答那些问题，就不能提高分解目标的完成度。而回答这些问题的第一步就是要将它们变得可以度量。

下面就将问题转化为可以度量的指标，见表7-1、表7-2和表7-3。

★ 网站内容部分

表7-1　网站内容业务问题与度量指标

关键业务问题	度量指标
1. 网站中的重要页面是否非常受欢迎？	综合浏览量、访问次数、独立访客
2. 网站中重要的页面是否促进了网站核心目标的完成度？	转化率、页面参与度指标
3. 有多少访问者在网站的重要页面结束了访问？	退出次数、退出率

★ 站内搜索部分

表7-2 站内搜索业务问题与度量指标

关键业务问题	度量指标
1. 访问者在站内搜索中最常用的词有哪些？	搜索关键词
2. 访问者最经常开始使用站内搜索的页面有哪些？	搜索开始页面
3. 哪些搜索关键词促使访问者完成了网站核心目标？	搜索转化率
4. 哪些搜索关键词让访问者直接离开了网站？	搜索退出率
5. 哪些关键词导致了访问者搜索失败离开？	搜索失败率、搜索退出率

★ 线上广告（外部）

表7-3 显示广告业务问题与度量指标

关键业务问题	度量指标
1. 哪个广告带来了最多的访问者？	访问次数、访问者
2. 广告带来的访问者质量如何？	跳出率、转化率
3. 广告是否促进了网站目标的完成？	转化率

还可以将这些指标进行分类，见表7-4。

表7-4 指标属性分类

正面指标	负面指标
综合浏览量	退出率
转化率	跳出率
访问次数	搜索退出率
搜索转化率	搜索失败率
页面参与度	

7.2.5 创建网站分析的KPI

网站分析的KPI是用来管理和衡量网站目标完成度的，所以网站分析的KPI可以反映整个网站在完成目标时的状态和问题。开头部分曾提到过一些与网站核心目标关系密切的分解目标，通过这些分解目标的完成度可以影响网站核心目标的完成度，而这些分解目标的完成度也可以作为网站分析的KPI。

1. 创建网站目标结构图

网站目标结构图是用来描述网站所有目标的树形结构图。结构图的顶点是网站目标，下面按照分解目标与网站目标的关系和影响度逐层展开，直到目标无法再被分解为止，如图7-12所示。在这张图上应该包括所有与网站目标相关的分解目标。每个分解目标都是分析时的关注点。

221

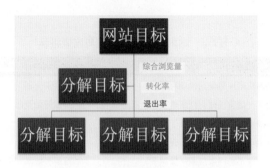

图7-12 网站目标结构图

创建完网站目标结构图后，在每个分解目标后标注出用于衡量这个分级目标完成度的度量。在这个分解目标维度中，通过哪些度量可以衡量目标完成度？这个度量可以是很直观的转化率，也可以是停留时间、综合浏览量或者是访问次数等。这些度量在每个分解目标中都是不一样的，需要按照不同的分解目标来设定。

同时，不要只关注这些正面度量，还要在每个目标后同时标注出负面度量，如跳出率、退出率等。负面度量可以从另一个角度来衡量目标的完成度，如我们对来自Baidu付费搜索的分解目标是访问次数，同时使用跳出率这个负面度量可以有效衡量出目标完成的质量。

2. 优化分解目标衡量指标

现在，网站中所有的分解目标和度量都已经聚合在一起了，虽然所有的分解目标和度量都是和网站目标紧密相关的，但看起来还是很多。现在需要对分解目标和度量做进一步优化。这是一个做减法的过程，但并不是真正删掉分解目标或是任何一个度量，而是进行标注。优化分解目标的具体原则是，先标注与网站目标关系最密切的分解目标，如网站目标的直接入口页；然后再标注控制力较强的分解目标，如广告流量。同时，对每个分解目标的度量也要进行优化，衡量一个分解目标并不是度量越多越好，而是够用就好。所有衡量分解目标的主要指标也是网站分析中首先需要关注的指标。

3. 带着目标看数据

通过前面的过程，我们知道了网站目标是什么，受到哪些主要分解目标的影响，以及衡量这些分解目标的主要度量。现在，带着这些目标进入Google Analytics，查看每个分解目标并衡量其度量。现在查看报告已经不再无所适从了。面对度量，我们知道该从哪些维度进行细分，面对指标的变动我们清楚地知道这个变化代表着什么，以及如何去改变它。

4. 完整的网站分析体系

完整的网站分析体系的流程图如图7-13所示。

图7-13　网站分析体系流程

7.3　KPI网站分析成功之匙

KPI是关键业绩指标（Key Performance Indication），它将目标分解为几个关键的指标，并通过管理和考核这几个关键指标来有效地促进目标完成。

网站分析的KPI也是如此，它将整个网站的目标分解为几个层次的关键指标，并对每个层次的各个关键指标进行管理和优化，最终完成网站的整体目标。

看上去网站分析的KPI和传统的KPI好像没有太大区别，但实际情况却并不一样。网站分析的KPI对于整个网站分析来说更加重要，它决定了所有工作的价值。为什么这么说呢？网站分析的KPI又有什么作用呢？

7.4　KPI在网站分析中的作用

KPI在网站分析中有什么作用？可能没有任何作用，也可能直接影响整个网站分析的价值。为什么这么说呢？先来看两种不同的情况。

◉ 情况一

如图7-14所示，当你拿到一个网站时，和网站的负责人沟通网站的目标和需求，然后登录到网站熟悉结构和功能，随后开始在网站的页面中实施追踪代码，这里包括默认的追踪代码和各种可能的自定义代码，用于满足网站负责人的不同需求。几天后，网站分析工具追踪到了网站方方面面的大量数据。我们将这些数据转化为有意义的信息，并和建议一起写进网站分析报告中，交给网站的负责人。这里通常有两种情况，第一种情况，网站负责人认可这个报告，并开始按照你的建议进行优化和测试；第二种情况，网站的负责人比较有想法，并且对数字很敏感，他会提出一些假设来质疑你的报告和数据，这时你可能需要重新进行分析或收集更多的数据来验证和驳

223

斥这些假设。

图7-14　以老板需求驱动的数据分析

◉ 情况二

如图7-15所示，在你拿到一个网站时，和网站的负责人沟通并确认网站的目标，而不是他的需求，然后登录到网站熟悉结构和功能，并将网站的目标转化为可以度量的目标指标，将这个指标分解为几个足以对目标指标产生影响的关键指标。按照计算关键指标所需要的数据在网站的页面和不同的功能中实施自定义追踪代码。几天后，网站分析工具追踪到了网站方方面面的大量数据和你之前自定义的数据。计算出关键指标，并对关键指标的表现进行分析，将分析结果、解决方案和建议一起写进网站分析报告中。

图7-15　以网站目标驱动的数据分析

这里通常有两种情况，第一种情况，网站的负责人认可这个报告，并按照你的建议进行优化和测试；第二种情况，网站的负责人比较有想法，并且对数字很敏感，他会提出一些假设来质疑你的报告，这时，你可能要看下这些假设是否与目标指标相关，是否足以对目标指标造成影响。如果是的话，将这些假设度量为可衡量的关键指标，并优化你的分析报告，如果不是，那么直接忽略它们。

在"情况一"中，KPI是经过度量后的网站负责人的需求。这类是KPI非常常见，甚至某些大牌商业网站工具厂商提供的咨询报告中也是这样做的，但其实这类KPI在网站分析中的作用微乎其微。这类KPI共同的特征是需求随意、数据零散、KPI没有层级，大部分是基础数据或原始数据，无法获得有效的洞察，无法和网站目标或业务紧密结合。

在"情况二"中，KPI是经过度量和逐层分解的网站目标。所有的指标以目标为中心逐层展开，每个KPI的表现和变化都足以对网站的目标产生影响。这类KPI共同的特征是，所有指标以网站目标为核心、有清晰的层级、绝不会出现原始数据、洞察可以直接产生改进和优化的行动。所有KPI的变化与网站目标或业务的发展息息相关。

现在再来回答KPI在网站分析中的作用：在网站分析中，数据像广阔的海洋，细分是船和桨，网站目标是大海的彼岸，而KPI就是灯塔和罗盘。它帮助我们快速并准确地到达目标的彼岸。如果没有KPI，我们可能很快就迷失在数据的海洋中。

7.4.1　网站分析KPI的5个标准

KPI在网站分析中有重要的作用，并不是因为它的形式，而是因为每一个有价值KPI中都包含有数据的背景、变化趋势、可以产生的行动和负责人等信息，所以在创建每一个KPI时都必须符合下面的几个标准，如图7-16所示。

图7-16　网站分析KPI的5个标准

1. KPI必须是一个比率，百分比或平均数，而不应该是原始数据

KPI不应该是一个原始数据，因为一个原始数据不包含任何背景信息，只通过原始数据很难发现数据的变化和趋势方面的信息，所以KPI必须是一个比率，百分比或平均数。

2. KPI中一定包含个性化的指标，而不仅是网站分析工具提供的指标

在创建的KPI中，一定会包含一部分个性化的指标，这些个性化指标是指在网站分析工具中不提供的那些指标。因为每个网站的类型/结构和目标都是不一样的，即使是同一行业的网站也是如此。所以，为了更准确地记录网站中的变化，就必须要有自定义的个性化指标作为KPI。

3. KPI针对不同的使用者要有不同的层级

KPI并不局限于网站的管理者中，而是需要让网站中的每个人都了解自己的工作与网站目标

225

之间的关系，所以针对不同的使用者，要制定不同层级的KPI，给网站管理者的可能是战略级的KPI，因为他们只关注网站的整体表现和目标达成率就可以了，而给不同部门的就需要是战术级的KPI，因为他们更关注对工作有具体指导的指标。

4. KPI一定要有清晰的定义和边界

为了让网站中的所有人都清楚地了解KPI的作用和所管理的工作，每个KPI都要有一个清晰的定义和计算方法，并且还应该有一个清晰的边界，哪些工作会影响哪些KPI的变化等。

5. KPI的变化一定可以驱动某个具体的行动

制定网站分析的KPI不只是用来给管理者看的，而且还是用来对网站的目标进行分析和优化的。所以，在创建网站分析KPI时，必须保证当每一个KPI发送变化时，都至少有一个对应的行动。说实话，要做到这一点并不容易，但没有行动的KPI同样也是没有价值的KPI。

7.5 解读可执行的网站分析报告

一份优秀的网站分析报告是什么样的？The Action Dashboard（可执行的网站分析报告）是网站分析大师AvinashKaushik在2008年4月30日发布的一篇文章，文章中介绍了一个优秀的网站分析报告《网站分析精要简报》，如图7-17所示。下面来逐一解读报告中的内容。

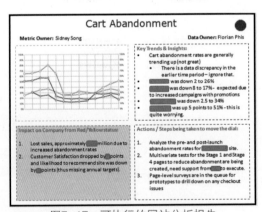

图7-17　可执行的网站分析报告

在开始解读《网站分析精要简报》前，先看一下网站分析报告的三个主要原则，这些原则在后面创建报告或是遇到瓶颈时可能会对你很有帮助：

★　网站分析报告提供的必须是信息，而不是数据；

★　有时候需要从人性哲学的角度进行突破；

★　坚持只为少数的关键人物做报告。

7.5.1 可执行的网站分析报告的内容

解读《网站分析精要简报》的第一步是对现有报告中的内容进行分解，然后逐一分析每一部分在报告中的作用。这里将报告的内容分为8个部分，如图7-18所示。

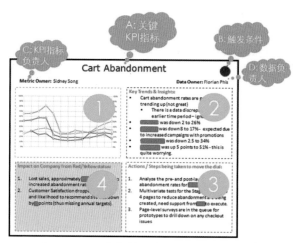

图7-18 可执行的网站分析报告内容分解

A）关键KPI指标

第一部分是关键KPI指标，就是《网站分析精要简报》顶部居中的那部分（Cart Abandonment），这部分是整个《网站分析精要简报》的核心。报告中所有的内容都用来描述这个关键KPI指标的变化和趋势，所有的分析结果都用来解释这个关键KPI指标发生变化的原因，而所有的建议和行动都是为了提高这个关键KPI指标的表现。

这里有一个问题，整个《网站分析精要简报》难道就是为了分析一个指标吗？如果只是为了分析一个指标的话，为什么是这个指标而不是其他的指标呢？这个指标也同样适用于我的网站吗？这些都是我最初遇到的一些问题，并且在报告的其他部分还会有各种各样的问题，我会在后面的内容中一一解读。

B）KPI变化触发条件

第二部分是KPI变化的触发条件，就是《网站分析精要简报》右上角的那个红色的标记。这部分对于整个《网站分析精要简报》也很重要。它关系到你在什么情况下需要开始关注这个关键KPI指标，对其进行分析，并最终产生一个可执行的网站分析报告。这个触发条件的设置必须恰到好处，过于敏感的触发条件会增加你的工作量，并导致你的网站分析报告的价值降低；反之则会使你的分析报告变得迟钝，并影响网站商业目标的达成。

那么这个触发条件该如何设置呢？这里有三个建议，一是按目标进行设置，二是按变化率进行设置，三是按货币影响进行设置。具体的设置方法将在后面介绍。

C）KPI指标负责人

第三部分是KPI指标的负责人，就是说当我的关键KPI指标发生变化时，下一步需要找谁，而这个KPI也可以作为他的业绩考核指标。KPI指标负责人是和创建KPI指标时一起确定的，通常每一个KPI指标都必须有一个明确的指标负责人。

D）数据分析负责人

第四部分是数据分析负责人，这个负责人需要对整个网站的分析报告负责，他要选择在什么时间、什么情况下，对哪些关键KPI指标进行分析、为什么，并最终给出可执行的分析报告。这个人通常就是你自己。

1. KPI指标变化趋势及细分

第五部分是《网站分析精要简报》正文部分左上角的第一个方格，从这里开始进入报告中最有价值的部分，这部分提供了报告中关键KPI指标的背景信息、变化趋势。整个报告的分析过程也将从这里开始。

2. KPI指标变化原因

第六部分是正文部分右上角的第一个方格（Key Trends & Insights），这部分用来对报告中关键KPI指标的变化原因进行说明。这里会深入到更细一级的指标甚至是底层的基础指标。但是和第五部分一样，所有的分析和挖掘过程对报告的阅读者都是透明的，这里只对那些表现不佳的指标进行说明和提示。

3. KPI指标对应的Action

第七部分是正文部分右下角的方格（Actions/Steps To Take），这部分对前面分析出的问题提出下一步的行动和建议。有了这部分内容，《网站分析精要简报》才能成为一个可执行的网站分析报告。这部分的行动和建议大部分依托在一个完整的网站分析KPI体系之上。

4. 衡量KPI指标造成的影响

最后一部分，也就是第八部分，是正文部分左下角的方格（Impact on Company/Customer），这部分可以让你的老板明白发生了什么问题，以及《网站分析精要简报》的价值。因为这里将前面所有的分析结果和指标数字都转化为货币和收入。但这部分并不是每一个网站都可以做到的，因为它需要很多基础数据的支持，比如端到端的分析、流量渠道的细分等。

7.5.2 KPI指标的创建及选择

在《网站分析精要简报》中为什么要选择对Cart Abandonment这个指标进行分析呢？我认为主要有两个原因：

★ 这个指标与网站的目标高度相关；

★ 这个指标的变化度影响了网站目标的完成。

理论上网站中的每一个指标的变化都与目标的完成相关，但我们需要找的是与网站目标相关度最高的那几个关键KPI指标。下面给出了一个寻找关键KPI指标的路径，如图7-19所示。

图7-19 创建KPI指标流程

在上面的图中，寻找关键KPI指标共有6个步骤，分别是商业目标、网站目标、策略、指标、关键绩效指标、行动及见解。下面逐一说明寻找关键KPI指标的路径和每个步骤的功能。

1. 商业目标

商业目标是所有目标的目标，简单地说，商业目标就是网站存在的价值，如果搞不清这一点，后面所有的事情都不用做了。而当确定了商业目标后，后面的方向也就都可以确定下来了。一个网站的商业目标通常可以概括为4大类，即销售商品或服务、产生销售线索、获得广告收入和提供在线支持。

2. 网站目标

网站目标比商业目标低一级，但是更加清晰可衡量。网站的目标取决于它的商业目标。例如，一个汽车销售网站的商业目标是通过网站增加线下汽车的销量，那么它的商业目标属于产生销售线索类，它的网站目标就应该是让销售人员获得更多来自网站的咨询电话。

3. 策略

策略是指你为了完成网站的目标采用的方法和手段。策略分得很细，如流量策略、内容策略等。但所有的策略都是为网站目标服务的。策略体现在整个网站中，如网站中的每个页面、每条路径、每个产品。检验网站策略的方法也很简单，如果你能说清楚每个产品、每个页面甚至每个元素与网站目标的关系，那么这个策略就是成功的。当你发现一个页面似乎和网站目标不太相关时，它就不能算是一个好的策略了。

4. 指标

这里的指标是指衡量网站目标和测量的基础指标。例如，网站产生了多少咨询电话、来了多少个访客、他们看了几个页面、停留了多久，等等。这些指标可以把访问者与网站的每一次交互都记录下来并量化为数字，这些基础指标可以用来管理和衡量每天的工作量，但不能用来进行分析和驱动网站目标。

5. 关键绩效指标

关键绩效指标是用来衡量网站商业目标的关键指标，关键绩效指标是通过不同的基础指标计算得到的，它与基础指标最大的区别在于：

★ 关键绩效指标是对网站目标的分解；

★ 它是个性化的指标；

★ 每一个关键绩效指标都有后续的行动和建议。

每一个关键绩效指标都与基础指标有联系，当关键绩效指标发生变化时，可以通过调整基础指标来进行改善。

6. 行动及见解

行动和见解是驱动完成商业目标的所有方法。虽然每一个关键绩效指标都有后续的行动和建议，但很多时候情况会非常复杂，需要分析师通过定量和定性的分析才可以找到准确的行动和建议，这也是最能体现分析师价值的地方。说到底，每个KPI和指标后面都是一个真实而又自然的人，而人的行为又受到多种条件的影响，所以，整个分析过程不可能被机器替代，只有人才能感知这多种的影响因素，并且能分析出人的行为。

7.5.3 网站分析关键KPI指标报告

网站关键KPI指标有很多，按照这些指标与网站目标的相关度以及它们之间的关系，可以分为一级KPI、二级KPI和三级KPI。通常，一级KPI是对网站目标整体情况的概述，二级KPI可以针对不同产品或目标来设定，如果有需要的话也可以针对个人设定三级KPI，如图7-20所示。

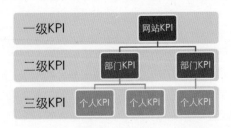

图7-20 网站分析关键KPI指标分类

需要注意的是，网站分析关键KPI指标的主要功能是驱动网站目标完成，并最终实现商业目标，而不是对网站的日常工作进行管理的。所以，网站分析关键KPI指标不会包括网站中的所有内容和行为指标，但它必须包含所有对网站目标产生影响的指标。

关键KPI指标报告是一张监测及管理KPI变化的表格，同时也是创建《网站分析精要简报》的基础表格。在关键KPI指标报告中，需要我们记录每一个关键KPI指标的变化、目标达成率、触发条件、负责人、后续行动以及与下一级和上一级关键KPI指标的联系。

7.5.4　关键KPI指标变化分析

我在《网站分析精要简报》内容分解部分里曾说过，正文部分的前两个方格提供了关键KPI指标的变化趋势，和对表现不佳指标的分析结果和提示。所有的分析和挖掘过程对报告的阅读者都是透明的，而这些细分和对更深一级指标的挖掘和分析都是在创建完关键KPI指标报告后完成的。

当我们创建完关键KPI指标报告后，通过对比会发现有些指标变差了，这时需要回到工具中对变差的指标进行细分，找到原因。例如，你可以使用Google Analytics的多维度下钻功能对指标在不同维度下的表现进行对比，或者使用高级群体功能分析不同属性的访问者对指标表现的影响等，而这些也正是一个工具对网站分析的价值所在。

7.5.5　访客行为货币化

访客行为货币化是《网站分析精要简报》正文中最后一部分的内容，在这部分内容中，我们需要将所有的分析结果和指标都转化为货币和收入，这个工作并不是每个网站都可以完成的。对于销售产品和赚取广告费的网站来说，会相对容易一些。而对于以获得销售线索和提供在线支持的网站就比较困难了。

在将分析结果和指标转化为货币和收入之前，需要先进行两项准备工作，分别是端到端的分析和流量渠道细分。端到端的分析是指从消费端到收入端的分析，在这中间，每一步都需要监测到，并且有单独的指标进行衡量。在这个基础上，还需要对不同渠道带来的流量进行细分。如果可以做到这两点，就可以完成对不同渠道来源的流量和访问者行为进行货币化转换了。

以下是将指标和访客行为转化为货币和收入过程中的三个基础指标。

★　每个访客价值=网站收入/唯一独立访客

★　每次访问价值=网站收入/访问次数

★　每次访问成本=购买流量成本/访问次数

7.5.6　创建属于你的Action Dashboard

STEP 01　挑选Action Dashboard中的KPI关键指标，就是说，你准备分析哪个KPI指标？为什么？这里先用数据充实网站分析关键KPI报告，通过对比找到一级关键KPI指标中存在问题的指标。这里有一个问题，很多时候会有几个指标同时发生变化，这时可以按照目标完成度、指标变化率和对网站收入的影响来设置触发条件。如果多个关键KPI指标同时变差，那就需要对每个KPI指标的变化创建一个Action Dashboard。

STEP 02　在确定了要分析的KPI指标后，我们按网站分析关键KPI指标表的内容确定这个指标负责人及数据分析人。

STEP 03　通过在网站分析工具中对指标的细分，找出结果，并填入正文的第一部分和第二部分。

STEP 04　在网站分析关键KPI指标表中找出对应的Action，并填入正文的第三部分。

STEP 05　将这个关键KPI指标变化流失的访客或访次以货币化的形式计算出成本和价值，并填入正文的第四部分，用来说明这个问题对网站收入造成的影响。

7.6　目标KPI的监控与分析

在选择和设定了目标KPI之后，就可以着手对目标和KPI进行分析。KPI往往直接关系到公司的业绩和各部门的绩效考核，所以KPI的每个波动都异常敏感，特别是突然的大幅度升降都会让人揪心，很多的网站分析或BI工具都会提供KPI监控预警的功能，BI平台上通常会用一些醒目的仪表盘工具来展现当前KPI和目标的达成情况，对KPI的数据监控往往会格外严谨。

因为KPI的重要性，我们在分析KPI的时候需要格外注意指标的准确性，这种准确性不仅在于数据统计计算时可能发生的一些错误，同时因为指标的统计本身就是随着时间不断波动的，因此要用一段时间的数据作为KPI评估效果一定会存在不确定性，也就是统计的偏差及相应的置信度，这个时候需要用一些合适的方法修正这些偏差，让KPI看起来更加真实可信。

7.6.1　KPI的数据监控

其实在第3章已经介绍过一些数据监控的方法，包括移动均值监控、同比环比监控和阈值的设定等，这里结合KPI的重要性，介绍另外一种更加严密、监控灵敏度更高的方法——质量控制图。

质量控制图是一种比较严谨并且对数据波动的敏感性比较强的一种方法。质量控制图最初的应用是在生产领域，使用抽样的方式检验产品的质量是否处于控制状态。一般而言，指标的波动受随机因素和系统因素的影响，如果指标只受到随机因素的影响，那么在正常情况下，指标的变化状态是稳定的、可控的，但如果发生某种系统性的变化就会使指标超出原先可控的波动范围而处于失控状态，所以控制图就是在帮助我们及时发现这种失控状态，从而及时进行调整。

质量控制图的好处在于它考虑了KPI基数的大小对KPI数值波动的影响，比如转化率的基数就是分母的访问量，当访问量越大时转化率的波动区间就越小，反之，访问量越小不确定性就会上升，所以转化率的波动幅度就会增大。根据质量控制图标准差 σ 的计算方法，当KPI基数越大相应的 σ 就越小，反之就越大，限定的上下限区间就会根据 σ 的大小进行调整。所以质量控制图的使用不仅局限于总体的KPI，根据各维度细分的KPI也可以使用质量控制图进行监控，而不需要顾及维度细分项的数据量较小的问题，质量控制图自身会做好调节。

质量控制图通过统计上均值 μ 和标准差 σ 的状况来衡量指标是否在稳定状态，同时选择3σ来确定一个正常波动的上下限范围（根据正态分布的结论，指标的特征值落在 μ ±3σ 之间的概率是99.73%），**使用均值 μ 作为控制图的中心线（Center Line, CL），用 μ +3σ 作为控制上限（Upper Control Limit, UCL），用 μ –3σ 作为控制下限（Lower Control Limit, LCL）**，如图7-21所示。

图7-21 质量控制示意图

根据衡量的指标数值类型的差异，质量控制图主要分为两类，**计数型控制图**和**计量型控制图**，其中计数型控制图中常用的是P控制图，主要用于定类型变量，即符合二项分布检验"是否"的变量，如用户是否完成交易、用户是否为新用户等，这类指标一般会以比率的形式出现，如转化率、新用户比例等，而P控制图正是衡量这些比率是否出现异常（在生产行业通常用于衡量不合格率等）；另外的计量型控制图主要用于一些关键的数值度量，如每个订单的消费额、每个用户的消费次数等，这类指标在网站分析中通过计算全部数据的均值来观察波动情况，计量型控制图最常用的是**均值–极差**（X–R）和**均值–标准差**（X–S）控制图。质量控制图的监控方法与移动均值一样，也要满足指标没有明显上升下降趋势和周期性波动，因此在网站分析领域，质量控制图更多地被用于监控KPI指标，首先重点介绍一下P控制图和使用案例。

根据中心极限定理，当二项分布的样本容量足够大时，分布趋向正态 $N(\bar{p}, \bar{p}(1-\bar{p})/n)$，所以总体均值 μ 就是 $\bar{p}$，方差 σ^2 就是 $\bar{p}(1-\bar{p})/n$，这里的p是指事件发生的概率，或者是二项分布中"是"的占比，比如某天的新用户占比，$\bar{p}$ 就是p的均值，比如我们监控的是近一个月的数据，那么就是这一个月中每天新用户占比取均值；n指的是总体的样本数，比如新用户比例是由新用户数÷总用户数得到的，那么这里的n就是总用户数。根据二项分布的这个特点，进而就可以计算得到中心线CL、控制上限UCL、控制下限LCL：

$$\mathbf{CL} = \bar{p} = \frac{\Sigma p_k n_k}{\Sigma n_k}$$

$$UCL_k = \overline{p} + 3 \times \sqrt{\frac{\overline{p}(1-\overline{p})}{n_k}}$$

$$LCL_k = \overline{p} - 3 \times \sqrt{\frac{\overline{p}(1-\overline{p})}{n_k}}$$

注：p_k每组样本的比例值，n_k每组样本容量

在这里使用了UCL_k和LCL_k，也就是每组样本都有各自的控制上限和控制下限，当然我们也可以和CL一样使用统一的UCL和LCL，不是使用每组的样本容量，而是使用每组样本容量取均值的结果。正常情况下指标会在中心线周围波动，当出现以下几类情况时（异常规则的定义很多地方都有差异，下面列举几个比较常见的），数据可能存在异常。

★ 样本点超出或落在ULC或LCL的界限（异常）

★ 近期的3个点中的2个点都高于+2σ或都低于-2σ，近期5个点中的4个点都高于+σ或都低于-σ（有出现异常的趋势）

★ 连续的8个点高于中心线或低于中心线（有偏向性）

★ 连续的6个点呈上升或者下降趋势（有明显的偏向趋势）

★ 连续的14个点在中心线上下呈交替状态（周期性，不稳定）

质量控制图主要控制的是"质量"而不是"数量"的变化，介于它的前提，我们选择监控的指标也有一定的特殊性，如果使用P控制图，那么指标必须是二项分布的数据，P控制图可以监控网站的整体转化率、新用户比例、活跃用户比例等指标，这些指标一般会作为网站或某些部分的KPI，它们保持长期的相对稳定，不会出现大幅升降的情况。下面就以电子商务网站的转化率为例来看下如何应用，见表7-5。

表7-5 网站转化率质量控制表

日期	总访问数	成功交易访问数	转化率	CL	UCL	LCL
2012-01-01	10231	201	1.96%	1.81%	2.16%	1.45%
2012-01-02	12874	229	1.78%	1.81%	2.16%	1.45%
2012-01-03	11229	231	2.06%	1.81%	2.16%	1.45%
2012-01-04	9870	201	2.04%	1.81%	2.16%	1.45%
2012-01-05	11804	237	2.01%	1.81%	2.16%	1.45%
2012-01-06	11652	224	1.92%	1.81%	2.16%	1.45%
2012-01-07	13259	236	1.78%	1.81%	2.16%	1.45%
2012-01-08	11891	167	1.40%	1.81%	2.16%	1.45%
2012-01-09	12876	213	1.65%	1.81%	2.16%	1.45%
2012-01-10	14562	240	1.65%	1.81%	2.16%	1.45%
2012-01-11	12933	259	2.00%	1.81%	2.16%	1.45%
2012-01-12	13548	241	1.78%	1.81%	2.16%	1.45%
2012-01-13	15230	256	1.68%	1.81%	2.16%	1.45%
2012-01-14	13815	276	2.00%	1.81%	2.16%	1.45%
2012-01-15	15766	248	1.57%	1.81%	2.16%	1.45%

表7-5是一个电子商务网站在1月上半月的一些指标组成的报表，我们使用"成功交易的访问数÷总访问数"计算得到网站的整体转化率，并借助上面质量控制图的计算公式，得到了CL、UCL、LCL，这里使用了统一的数值，没有根据每组数据设定不同的UCL和LCL。有了上面的表，我们很容易就可以构建出一张P控制图，如图7-22所示。

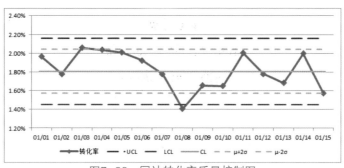

图7-22　网站转化率质量控制图

图7-22中不仅画出了CL、UCL、LCL和指标的波动折线，同时给出了±2σ的控制线，以便更直观地评估控制规则，根据控制规则可以发现这15天的数据存在两个异常：

★　1月8日的数据低于LCL，表现异常；

★　1月3日到1月8日的数据连续6天呈下降趋势，存在异常。

知道了数据的异常，我们需要找到发生异常的原因：从1月3日开始数据呈下降趋势，1月8日到达低谷，很可能在1月3号的时候网站内部的调整或外部事件导致了数据异常的发生，并且持续到了1月8日，同时通过分析1月8日低谷的细分数据进一步明确到底是哪里出现了问题，并做出及时的响应和调整，避免数据的继续下降。

了解P控制图就基本了解了质量控制图，但P控制图仅适用于满足二项分布的指标，对于数值型的指标就不适用了，所以再介绍另外一种控制图——X-MR控制图。单值-移动极差（X-MR）控制图监控了两个指标，一个是指标值X的波动，另一个是指标间的移动极差MR（Moving Range）的波动。需要先计算指标的移动极差：$MR=|X_i-X_{i-1}|$，即每个数值减去前一个相邻的数据的绝对值，进而计算指标均值和移动极差均值，通过公式转换算出均值X控制图和移动极差MR控制图的CL、UCL、LCL。

$$\overline{x} = \frac{\sum x_i}{k}$$

$$\overline{MR} = \frac{\sum MR_i}{k-1}$$

X - Control Chart:

$$\mathbf{CL} = \overline{x}$$

$$UCL = \bar{x} + 3 \times \frac{\overline{MR}}{d_2} = \bar{x} + 2.66 \times \overline{MR}$$

$$LCL = \bar{x} - 3 \times \frac{\overline{MR}}{d_2} = \bar{x} - 2.66 \times \overline{MR}$$

MR- Control Chart:

$$CL = \overline{MR}$$

$$UCL = D_4 \times \overline{MR} = 3.267 \times \overline{MR}$$

$$LCL = D_3 \times \overline{MR} = 0$$

上面的公式需要注意的是MR是指标前后期相减得到的，如果指标的第一个值之前没有值或者无法获取值，那么MR一共只有样本个数k-1个，所以在计算均值$\overline{MR}$时的除数应该是k-1，如果可以获取，那么也可以保持MR为完整的k个数值。公式中的d_2、D_3、D_4是极差到标准差的转化系数，相当于n=2的极差转化系数，在这里可以看成是固定值。

这里使用另外一个KPI指标——客单价，客单价即平均订单价值，是电子商务网站中非常重要的一个指标，它用来分析客户的购买力。客单价用所有成交订单的总价值÷订单数计算得到，当网站运营的产品没有做出大幅调整时，这个指标一般是保持恒定的，并且由于是均值所以每天之差的波动幅度不会很大，因此可以使用均值-移动极差X-MR控制图。首先要计算得到每天的平均订单价值，再通过当天与前一天的值相减计算得到移动极差MR，再根据X-MR控制图的公式计算得到CL、UCL、LCL，见表7-6（也是15天的数据）。

表7-6　网站客单价质量控制表

日期	客单价	MR	X_CL	X_UCL	X_LCL	MR_CL	MR_UCL	MR_LCL
2012-01-01	103.76	12.65	103.48	133.84	73.12	11.41	37.29	0
2012-01-02	129.12	25.36	103.48	133.84	73.12	11.41	37.29	0
2012-01-03	107.30	21.82	103.48	133.84	73.12	11.41	37.29	0
2012-01-04	97.45	9.85	103.48	133.84	73.12	11.41	37.29	0
2012-01-05	105.10	7.65	103.48	133.84	73.12	11.41	37.29	0
2012-01-06	115.78	10.68	103.48	133.84	73.12	11.41	37.29	0
2012-01-07	105.21	10.57	103.48	133.84	73.12	11.41	37.29	0
2012-01-08	98.78	6.43	103.48	133.84	73.12	11.41	37.29	0
2012-01-09	101.74	2.96	103.48	133.84	73.12	11.41	37.29	0
2012-01-10	96.53	5.21	103.48	133.84	73.12	11.41	37.29	0
2012-01-11	97.99	1.46	103.48	133.84	73.12	11.41	37.29	0
2012-01-12	114.20	16.21	103.48	133.84	73.12	11.41	37.29	0
2012-01-13	116.18	1.98	103.48	133.84	73.12	11.41	37.29	0
2012-01-14	80.29	35.89	103.48	133.84	73.12	11.41	37.29	0
2012-01-15	82.76	2.47	103.48	133.84	73.12	11.41	37.29	0

X-MR控制图产生两张图，一张是均值X的控制图，另一张是移动极差MR的控制图，先是均值的（也包含了 $\mu \pm 2\sigma$ 的线），如图7-23所示。

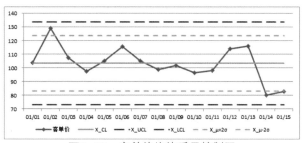

图7-23　客单价均值质量控制图

另外一张是移动极差的控制图，如图7-24所示。

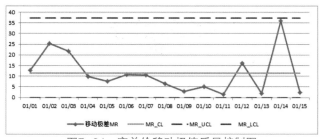

图7-24　客单价移动极值质量控制图

X-MR控制图同样使用质量控制图的控制规则来分析数据波动的异常，首先来看图7-23的均值控制图，比对控制规则可以发现最近三天中两天的数据都在 $\mu - 2\sigma$ 线以下，这给了我们一个很好的预警信号——数据有变坏的趋势，我们需要去寻找原因并做出快速的响应和调整了；再看图7-24移动极差控制图，也有一个异常的规律——连续8个点在中心线以下，为什么？这段时间数据的波动极其平滑，或者相对地说明时间段的两端波动较大，是什么导致了这种异常的波动趋势？这些都需要从业务角度或者外部因素中去寻找原因。所以基于质量控制图的KPI指标监控只能告诉我们出现了哪些异常，而更重要的是基于异常数据的分析，寻找数据背后的影响因素和数据变化的原因，这才是数据分析师需要去做的。

7.6.2　KPI背后的秘密

上面介绍了KPI的选择、分解和监控，对KPI进行分析的时候还需要注意一些问题，这些问题在对总体KPI进行分析的时候一般不会出现，通常在细分之后就会突显出来。比如转化率是网站的KPI之一，我们通过细分流量来源分析每个渠道带来的流量质量，一般认为A渠道带来转化率为10%的流量与B渠道的10%转化率的流量质量是相同的，但有时我们不能这么轻易地下结论。

通过如图7-25所示的分解说明，我们可以看到在考虑类似转化率这类复合计算度量的KPI时，不得不考虑数据的基数，转化率是通过转化的访问数÷总访问数计算得到的，这里的总访问数就是转化率的基数。当我们用转化率这类KPI去评估质量或绩效的时候，往往取的是一段时间的数据，这段时间的数据仅代表了这段时间内的指标表现，无法完整地反映实际情况，因为随着时间的推移和数据的累积，KPI的数值会不断地变化波动。所以用当前取的数据计算的KPI只能作为一种预估绩效和质量的手段，存在着不确定性，就像是统计学上面样本的作用，样本的数据对总体的评估存在置信度和置信区间，当样本的总量越大时，样本得出的统计数值对总体的置信度越高，置信区间就会越小，也就是预估的效果更好，这就是统计学中经典的"大数定理"。对于KPI也是同样的情况，如上图的转化率的基数总访问量越大时，随着时间的推进转化率的数值波动与当前值之间存在较小的偏差，而基数较小时，这种不准确性和波动性就会很大。

	总访问量	转化的访问	转化率
渠道A	1000	50	5%
渠道B	100	5	5%

分别进来100个未转化的访问

	总访问量	转化的访问	转化率
渠道A	1100	50	4.5%
渠道B	200	5	2.5%

图7-25　基数对KPI指标的影响

基数：数学上指集合所含元素的个数，在统计上一般指样本的总量。这里指统计指标的基础数据集的大小，一般是复合度量的分母，如转化率、Bounce Rate的访问量、人均订单量、客单价和用户数等。

其实Google Analytics已经对上面提到的问题做出了修正，也就是它的Weighted Sort（加权排序）功能，通过阅读AvinashKaushik先生博客中的文章，可以知道这个功能实现的方法就是根据基数的大小对KPI指标做了加权处理，根据已有的数据可以计算得到KPI的当前值（Actual Value），而我们要做的就是通过一些方法对当前值做出修正并得出一个预期值（Expected Value），这个预期值可以消除基数的影响，从而更有效地做出评估。既然是通过加权平均的方法修正，那么除了当前值，还需要另外一个数值去平衡当前值可能存在的偏差，这里选择使用总体的均值（Average Value），比如上面修正细分每个渠道之后的转化率，我们可以使用所有渠道的转化均值，即网站的整体转化率去做修正，KPI预期值的计算公式如下：

预期值（Excepted Value）= 权重（Weight）× 当前值（Actual Value）+（1−权重）× 均值（Average Value）

既然当前值和均值都可以根据现有的数据计算得到，那么只需要确定权重就可以得到最终预期值的结果，Google Analytics没有告诉我们具体的实现方式，于是只有自己探索。先看看权重需要符合哪些原则，应该表现为怎样的特征。显然，权重的取值范围应该在[0,1]，也就是0到100%之间；另外，权重施加在当前值上面，因此权重与基数应该是正相关的，也就是基数越大，权重应该越大，相应的预期值更加贴近当前值。基于这些条件，也许我们可以从数据标准化的一些方法上寻找灵感，简单地说，就是将基数进行归一化处理。Z标准化的结果数据并不是落在[0,1]区间，所以不适用，而KPI的基数一般都是自然数，比如访问量、用户数等，所以可以尝试min-max和log函数，可以用散点图简单看一下分别用这两种方法对基数进行归一化之后权重和基数之间的关系，如图7-26所示。

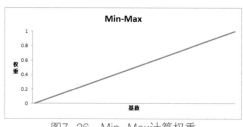

图7-26　Min-Max计算权重

图7-26中，横坐标表示基数，纵坐标表示权重，图展现了基数取最小值到最大值时对应的权重大小，使用Min-Max对基数进行了归一化，即：

权重=（基数-min（基数））÷（max（基数）-min（基数））

使用Min-Max方法得到的基数与权重的关系是一条直线，权重与基数正相关，即基数越大权重越大；同时，权重随基数成比例匀速递增。

Log函数计算得到的权重曲线，如图7-27所示，同样，横坐标为基数，纵坐标为权重，展现用Log函数处理后的权重随基数从最小值到最大值的变化情况。

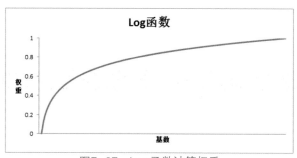

图7-27　Log函数计算权重

Log函数的公式如下：

权重 =logmax（基数）基数

即以基数的最大值为底的基数的log函数，转化后的值同样落在0到1之间，但与Min-Max有所不同，Log函数得到的是一条曲线，从曲线可以看到，权重与基数还是保持正相关，基数越大权重越大，但权重的变化不再是线性的，在基数较小时，权重的变化速度较快，基数较大时变化速度较慢。

　　根据上面的两种方法的特征，根据KPI预期值的公式，权重是作用在当前值上的，我们已经知道基数越大时我们对KPI当前值需要做的修正就越少，也就是权重越大，接近1，而且一般认为当基数超过一定数值时我们就可以认为当前值已经足够可信了，所以权重不应该随着基数完全线性变化，Log函数得到的权重更加能够体现我们希望获取的权重值，所以这里选择Log函数来计算权重。

　　在确定权重之后，KPI预期值的计算公式的所有变量就可以计算得到了，同样通过图形来看一下基数的大小如何影响KPI的预期值，如图7-28所示。

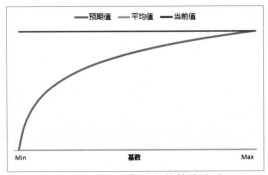

图7-28　KPI预期值与基数的关系

　　图7-28中，横坐标展示的是基数从最小值到最大值，KPI的当前值和平均值都是不变的常量，随着基数的变化，权重改变，KPI的预期值也随之改变，基数越大，KPI预期值越接近当前值，反之则越接近平均值。算法和公式确定之后，就可以将其应用到实际的案例中去了，这里以网站细分各渠道的转化率为例，看看这个KPI预期值的算法是不是有效的，见表7-7。

表7-7　细分渠道的转化率修正

渠道	进入访问数	转化访问数	当前转化率	权重	预期转化率
渠道1	1534	118	7.69%	79.81%	7.51%
渠道2	9817	641	6.53%	100.00%	6.53%
渠道3	682	43	6.30%	70.99%	6.45%
渠道4	136	11	8.09%	53.45%	7.49%
渠道5	795	69	8.68%	72.65%	8.17%
总计	12964	882	6.80%		

　　表7-7是用转化率评价每个渠道流量的质量，当前转化率由各渠道转化访问数÷进入访问数计算得出，总计的转化访问数和进入访问数相除计算得到了转化率的总体均值，而这里的进入访

问数就是基数，根据每个渠道的基数使用Log函数计算得到相应的权重，然后通过加权平均的方法计算得出预期转化率。

比对加权前后的转化率情况，可以看到渠道4由于进入的访问数（基数）较小，所以预期的转化并没有当前值反映的那么好，甚至要差于渠道1；而渠道1因为基数较大，其当前转化率基本能够反映预期的情况，渠道2因为基数最大，所以当前值就是预期值。

通过上面的方法，我们计算得到的KPI预期值在规避了基数的影响之后更加具有说服力，能够更好地做出评估，所以不妨在维度细分分析KPI时试试这个方法。

7.7 本章小结

网站分析必须紧紧抓住网站的目标KPI，对网站的目标进行货币化是有效衡量网站产出的关键步骤。

网站KPI分析体系的建立需要经历：**明确网站目标**、**分解网站目标**、**度量网站目标**，并最终**生成网站的目标结构图。**

KPI之所以为KPI，其选择的标准是：**可衡量**、**与目标直接相关**、**能提供有力的行动指引**，并且KPI根据网站的特征可能存在差异。

KPI对网站至关重要，所以对KPI的日常监控必不可少，**质量控制图**是监控网站KPI的一种方法选择，同时必须小心在细分条件下，每个细分项中KPI指标的不确定性带来的监控分析的问题。

第 8 章

深入追踪网站的访问者——
路径与转化分析

探索用户的足迹——关键转化路径分析

让用户走自己的路——多路径选择优化

基于内容组的访问者路径分析

网站分析师有时更像是一个网络侦探，需要追寻用户的访问足迹，发现用户的每个行为细节，根据用户的行为线索探寻用户可能遇到的各种困难。网站的路径与转化分析是分析师"侦探"潜质的最好体现，网站分析师通常需要根据用户在访问路径中各个动作的完成情况，来分析和优化网站访问流程的用户体验，最终提升网站的转化率。而路径与转化分析可能同样需要根据用户的访问细节来"还原现场"，所以这一块的分析最考验分析师对产品和业务的嗅觉，优秀的数据分析师需要熟悉产品的设计，同时对影响用户体验的要素有所了解。同样，网站分析师不会对用户在网站中的所有访问行为感兴趣，正如侦探不会关注案发现场的每个脚印一样，在做路径和转化分析前，最重要的就是抓住用户访问的关键路径，抓住"关键线索"。如果你也有兴趣扮演"福尔摩斯"，那就跟我来吧！

8.1 探索用户的足迹——关键转化路径分析

产品经理发来了一封数据分析的需求邮件，产品部门对目前网站的一些数据表现感到困惑，希望通过一些数据分析的手段找到答案。

Mr. WA，你好：

　　根据最近的数据显示，我们的网站每天都有超过1万个访问用户，大部分用户进入网站后不会马上离开（在数据上的表现是：网站的跳出率并不高，用户的平均访问页面数和平均停留时间并不低），用户愿意在网站逗留寻找自己感兴趣的东西并决定是否进行购买。但不幸的是，很多用户最终并没有真正购买（在数据上的表现是：网站的整体转化率较低）。我们对此感到困惑，高层也开始怀疑我们的购买流程设计和用户体验方面是否存在问题。

　　我们非常急切地想知道用户购买流程中每一步的转化情况，以便我们抓到影响总体转化的罪魁祸首，从而进行后续的优化改进甚至流程重构，并最终引导更多的用户进行购买，提升网站的整体转化率。

　　我们需要的数据就是用户从进入网站到最终购买整个路径中细化到每一步的转化率，以天为单位或以周为单位进行数据汇总都可以。我们曾经看到过一个反映网站转化路径的漏斗模型，可以非常直观地展现整个流程每一步的转化和流失情况，如果能用类似的方式将数据展现出来是最好不过的了，因为这可以让我们更加方便地观察和理解数据。

产品部

一封标准的数据需求邮件，专业的产品经理们非常善于观察数据，并已经根据数据的表现找到了可能存在的问题，至于问题究竟在什么地方，他们需要数据分析师的支援。我们绝对没有理由去拒绝这么专业的数据分析需求，因为邮件的内容已经告诉我们，数据分析中第一步——"定义"中需要包含的全部信息：

第一段产品经理结合现有的数据——跳出率，平均访问页面数、平均停留时间、整体转化率这些指标分析**现状**，定义可能存在的问题；

第二段产品经理进一步明确了这个数据分析需求的**目的**——发现转化流程中存在的问题，通过改进优化最终提升总体转化率；

第三段对具体需要的数据进行了**描述**，并且为他们希望看到的数据**展现**形式提供了建议。

看到这样的数据分析需求邮件，数据分析师们大感欣慰，整个公司的数据氛围已经基本形成，大家都愿意去观察数据，并且希望从数据中发现问题，根据问题进一步细致深入地寻找产生问题的原因，并探求解决问题的途径和方案。

8.1.1　明确关键转化路径

接到需求邮件之后，问题也就随之而来，网站用户购买的整个转化路径或者流程到底是怎么样的？也许网站数据分析师对这部分并非完全了解，即使可以大致整理出来，也没有十足的把握可以保证每个细节没有遗漏。那么谁对这部分最了解，其实就是提需求的人——产品经理们一定对用户的购买流程了如指掌，虽然在邮件里清晰地表述了数据的需求，却没有说明具体的转化流程，这时就需要考验数据分析师的沟通能力了，无法了解完整细致的转化流程就无法对转化路径进行有效的分析，所以数据分析师的一项比较重要的职能就是熟悉网站或者产品的业务细节。如果能够在理解业务的基础上画出如图8-1所示的**业务流程图**，那么整个分析的思路将会更加清晰。

图8-1中，用户从进入网站到离开网站会进行一系列的操作，蓝色方框中的动作是用户购买流程中的一些关键动作，它们构成了用户转化的完整路径，当用户依次完成这些动作的时候就相当于实现了一次成功的转化。但要完成整个流程并不简单，用户会因为各种原因从各个步骤流失掉，这也是为什么很多网站的整体转化率相当低的原因，而网站的优化目标就是尽可能地减少

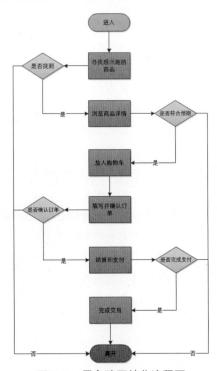

图8-1　用户购买转化流程图

每一步的用户流失，进而提升整体转化率。

8.1.2　测量关键转化路径

对整个转化的业务流程进行梳理之后，就需要进一步明确转化路径中每一步的动作是否可以被监控，数据是否可以获取，也就是"测量"的环节。因为之前接触过很多网站或者产品，在其关键的转化路径上总是有几个步骤的数据没有有效的记录获取，或者数据记录在许多不同的地方，最常见的就是用户的访问和页面浏览的请求被记录在点击流日志中，而用户的购买、订单、支付等结果被记录在网站的应用数据库中。所以要解决产品经理的困惑，不仅需要熟悉业务层面的流程，同时需要熟悉数据层面的流程，也就是将业务的需求转化成数据需求的过程，这个过程在目前的某些大公司里细化出了一个独立的职位——数据需求分析师，需要同时对业务的细节和流程在数据层面的记录、获取和统计的可行性都了如指掌，进而将业务层面的需求转译成数据层面的需求，进而转交技术或者统计人员进行统计计算。

需要知道网站如何记录转化路径的每个步骤，或许这个时候数据分析师需要找技术部门的同事聊聊，或许他们会直接告诉你哪些数据被记录到了哪里，可以如何获得并计算，或者能够直接提供如图8-2所示的**数据流图**，因为图形有时更易于表达一些东西。

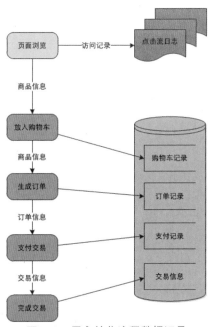

图8-2　用户转化流程数据记录

图8-2中，数据主要被记录在两个地方，用户浏览页面的访问记录被记录在点击流，这些动

作包括用户寻找商品或浏览商品详情（业务流程的前两步）时产生的页面浏览或按钮点击；而之后的动作一般会被保存到**数据库**中，因为这些信息需要支持之后用户回访时的信息反查及信息处理，而且订单信息、支付信息和交易信息可以通过底层表关联用户和商品信息后等获取完整的用户购买详情。当然，目前也有部分网站把整个转化流程的动作记录到了点击流，这样降低了异构数据之间的处理和转化，便于直接的统计计算。

8.1.3 漏斗模型的展现

完成了上述的流程整理和数据获取测量后，数据分析师们已经将网站的关键转化路径从业务层的理解深入到数据层，结合数据的获取和计算马上可以得到以下结果，见表8-1。

表8-1 关键路径转化数据表

步骤	用户数	总体的转化率	上一步的转化率
进入访问网站	12087	100.00%	
浏览商品详情	6871	56.85%	56.85%
放入购物车	3276	27.10%	47.68%
填写确认订单	1593	13.18%	48.63%
结算和支付	1057	8.74%	66.35%
完成交易	975	8.07%	92.24%

表8-1中，我们按天计算了用户转化路径中各步的数据，根据转化路径中的每一步动作，计算完成每个动作的用户数，进而计算用户从进入以后到每一步动作的"总体转化率"，用的是"每步动作的用户数÷进入的用户数"；而"上一步的转化率"是用"当前动作的用户数÷上一步动作的用户数"计算得到的。通过这两个转化率指标，既可以看到每一步总体用户的转化情况，也可以看到从上一步过来的用户转化情况。

现在已经得到了想要的转化数据，也许离最终的结果不远了，只剩下最后一步——数据的展现了。产品经理建议我们使用"漏斗模型"，这是不错的主意，为满足他们的需要，让数据变得生动起来，Excel就能实现，如图8-3所示。

图8-3用Excel自带的图功能，经过一些特殊的变化处理，就展现出一个简单的转化漏斗模型图。纵坐标轴自上而下记录了用户从进入网站到实现转化的所有关键动作，条形图展现了每一步动作从进入的转化情况，即表8-1中的"总体转化率"的展现，右侧的箭头标识从上一步过来的转化情况，即表8-1中的"上一步转化率"。因为用户在实现购买转化的过程中每一步都会产生流失，后一步的用户数一定小于等于前一步，就像是经过漏斗的层层过滤最终得到最有价值的产物一样，非常形象。

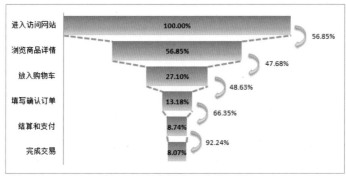

图8-3　关键路径转化漏斗图

Tips

如何在Excel中绘制漏斗模型图？

其实在Excel中绘制图8-3这样的漏斗模型图非常简单，只需对条形图稍作修改即可。首先已经有了每一步的总体转化率，为了能让转化率的条形图居中显示，形状像漏斗一样，还需要一组数据进行占位，这组占位数据是：（1 - 每一步的总体转化率）÷2，在得到这两组数据之后就可以绘制堆积条形图，让占位数据在左侧，总体转化率数据在右侧，然后适当调整每个条形之间的间隔以及横坐标轴的刻度选项，将纵坐标做"逆序"放置，隐藏横坐标，就会出现如图8-4所示的效果，接下来只需要将用于占位的条形的填充去掉就可以，你可以选择无填充或者将填充色置为透明会得到同样的效果。要加入黄色的虚线同样非常简单，只要点击图布局选项里面的"折线"就可以了，你只要调整线条的粗细和颜色；最后不要忘了使用插入右侧的箭头图形来标记每一步来源于上一步的转化率，这样能够使漏斗图的内容更加丰富。

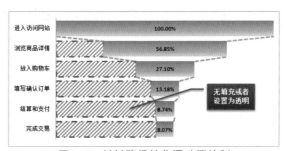

图8-4　关键路径转化漏斗图绘制

8.1.4　有效分析转化路径

产品经理们看到我们发过去的关键路径转化的数据分析报告，感到非常满意，他们找到一些问题，并对用户的购买流程做了优化，但好像又遇到了新的问题。

247

Mr.WA，你好：

感谢你们的关键路径分析和漏斗图，做得非常棒，为我们的工作提供了很好的指导。

我们根据漏斗图的展现，发现"填写订单"和"结算支付"两个步骤的转化过低，存在问题。也许是我们需要填写的订单信息过于复杂，我们已经简化了订单的填写页，并且相信这个改进将方便用户的操作，提升提交订单的成功率；同时，我们发现因为我们支付方式的局限性导致了部分用户无法付款，目前我们提供了"货到付款"的功能，解决了网上付款对部分用户造成的束缚，我们相信这也将提升用户支付的成功率（用户选择"货到付款"方式即可完成支付的步骤）。

但现在我们遇到了问题，我们发现目前提供的漏斗图只能展现当前的转化情况，当我们需要比较流程改进前和改进后的差异时，我们不知道从何下手，不知道你们有没有更好的办法解决这个问题，让数据能够反应出我们所做的流程改进在数据上是否有预想中的效果，谢谢！

简单的漏斗模型确实存在问题，它反映数据太过单一，无法比较失去了分析的基本意义，比较分析是数据分析最基础、最常用的方法，所以数据分析师需要时时刻刻想办法为看数据的用户提供有效的数据比较环境，下面就介绍如何在漏斗模型中设置比较环境。

经过产品部门对用户购买流程的优化改进，我们再次统计了用户每一步的转化数据，见表8-2。

表8-2　优化后关键转化路径数据表

步骤	用户数	总体的转化率	上一步的转化率
进入访问网站	13637	100.00%	
浏览商品详情	7563	55.46%	55.46%
放入购物车	3662	26.85%	48.42%
填写确认订单	2541	18.63%	69.39%
结算和支付	1862	13.65%	73.28%
完成交易	1590	11.66%	85.39%

比较优化前的数据，从"填写确认订单"开始总体转化率有明显的提升，其中"填写确认订单"和"结算和支付"两个步骤的上一步过来的转化率有明显提升，而最后一步"完成交易"的上一步转化率有所下降。从数据上看产品部门做的优化产生了不错的效果：从"放入购物车"到"填写确认订单"的转化的提升说明了简化订单信息的填写页面有效提升了订单填写的完成率；而提供"货到付款"的服务解放了用户在"结算和支付"环节的网上支付方式的限制，从而使转化率也有了明显提升，但同时也带来了另外的问题，从支付到"完成交易"步骤的转化率的下降

可能与"货到付款"服务不无关系。我们能从表格的数据中比较分析得到一些结果,但如何让结果的展现更加具体形象,还是可以借助漏斗模型图,如图8-5所示。

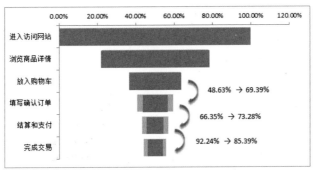

图8-5 改进前后漏斗模型图比较

图8-5中,用蓝色的条形表现流程优化前的转化漏斗,绿色的条形展现了优化后的转化漏斗,就可以很好地反映出改进后在哪些环节的转化有了明显提升,就是图中条形绿色超出部分所展现的效果,同时结合"上一步转化率"的变化展现,可以在右边用箭头展现前后转化率的变化,一目了然,非常直观。

Tips

如何制作可以比较改进前后的漏斗模型图?

上面我们已经绘制了漏斗图,所以要绘制如图8-5所示的改进前后效果比较图就变得简单多了,其实就是改进前后两张漏斗图的叠加效果。注意为了展现效果,条形上面的百分比数据最好去掉,只显示其中一张图的纵坐标就可以。注意两张图的图层上下级,最重要的就是两张图的背景都要处理成透明,这样才能实现层叠的效果。

最后,看看产品部门同事的这次流程改进创造了多大的价值:整体转化率从原来的8.07%上涨到优化后的11.66%,提升了3.6个百分点,这意味着什么?如果你的网站每天有1万个访问用户,每个用户完成交易,那么人均消费额为10元,那么这次优化改进相当于每天为网站带来了3600元的额外销售额。如果你的网站每天的访问用户是100万人,人均消费额是100元呢?

有效的数据分析为网站的精细化运营和改进提供了有利的决策,这些效果可以真实地体现在价值的创造上。

8.1.5 为什么使用漏斗图

漏斗图是用来表现访客在网站的业务流程中转化与流失情况的,通过漏斗图可以很直观地看出网站业务流程中的问题所在,并加以完善。漏斗图在Google Analytics的报告里代表"目标和渠道"。

漏斗图通常可以提供8个主要的指标，分别是渠道进入次数、步骤进入次数、步骤通过次数、步骤转化率、步骤离开次数、步骤退出次数、目标转化率和网站转化率，如图8-6所示。

图8-6 漏斗模型主要指标分类

1. 漏斗图是直观的业务衡量工具

为什么要在分析业务流程的时候使用漏斗图？因为漏斗图是对业务流程最直观的一种表现形式，通过漏斗图可以很快发现业务流程中存在问题的页面或环节。通过A/B测试或多变量测试后，漏斗图又可以很直观地告诉我们业务流程的改进效果。

2. 漏斗图是端到端的重要部分

端到端是在网站分析中的两个重要端点。前面的是流量导入端，是指有多少访客访问了网站；后面的是产生收益端，是指在访问过网站的访客中有多少人给网站带来了收益。在网站运营中，所有的工作都是围绕着这两端来进行的。所有的推广和营销工作（包括付费的和免费的）都是为了吸引更多的人访问网站，一旦访客登录网站后，网站的任务就是让尽可能多的访客完成目标（网站的业务流程），产生收益。漏斗图的作用就是描绘网站中后一端的表现情况。

为什么非要用漏斗图来分析网站业务端的表现呢？提高网站收益的方法通常有三种。

◎ 方法一：提高访客的数量

提高网站的访客数量是前端的方法根据网站现有的访客购买率，按比例提高前端的访客数量。简单地说，当网站的访客购买率是3%的时候，导入15000个访客比10000个访客会多获得150个有价值的访客。如果你的流量是免费获得的，那么这个方法很有效，但在现实中流量都是需要花钱购买的，提高前端访客数据就等于提高了ROI的分母，对真正提高网站收益帮助是很小的（漏斗图对业务流程的优化过程就是提高访客在业务流程中的购买率）。

◉ **方法二：提高业务的转化率**

提高业务转化率是后端的方法，也是最有效的方法。（提高ROI的分子）可以在不增加现有营销投入的情况下，通过优化业务流程来提高访客购买率，进而提高访客的价值，其效果是非常明显的。如何找出现有业务流程中的问题，优化后效果如何？这些问题就需要漏斗图来直观地告诉我们了。

◉ **方法三：提高访客的价值**

提高访客价值其实是另一种前端的方法。简单地说，就是在现有访客数量不变的情况下，提高单个访客的价值，进而提高网站的总收益。提高访客价值又分为以下两种情况。

◉ **情况一：选择高质量的流量导入渠道来提高流量的价值**

访客价值低可能有多种原因，其中一种原因就是访客的属性与网站的属性不一致，比如销售汽车的网站导入的访客是学生。这就需要调整流量导入的渠道，而如何判断每个流量导入渠道的质量就需要后端漏斗图的配合。

◉ **情况二：提高现有访客的价值**

这种方法是指提高现有访客对网站的价值，让本来只想买一件商品的访客购买三件商品。这在营销中有很多方法，最常见的是在业务流程环境中（漏斗中）进行推荐，比如，在亚马逊网站点击购买按钮，进入购买流程后会出现一个推荐页面，显示购买了此书的用户也购买了某某图书。这种叫做推荐营销或触点营销的方式就是对业务流程的一种优化，通过优化来提高现有访客的价值，如图8-7所示。

图8-7　亚马逊购物流程

漏斗图除了转化率还有什么？

漏斗图不仅能告诉我们访客在业务中的转化和流失比率，还可以告诉我们业务在网站中的受欢迎程度（重要程度）。漏斗图中记录的数据是访问次数，通过进入业务页面的访次与整站访次的比率，可以对比出哪个业务在网站中更受访客的欢迎。

同样，如果可以将漏斗图中的每个转化步骤与相应的页面停留时间和页面浏览量相结合，再对比每个步骤的转化与流失情况，就可以更详细地发现访客在业务流程中的具体问题了。

8.1.6　网站中的虚拟漏斗分析

漏斗分析虽然是最有效的分析方法，但在现实中，并非所有的网站都有电子商务网站的封闭购买流程，这样的网站如果希望使用转化漏斗进行分析要怎么做呢？下面介绍一种虚拟漏斗，这种方法适合于所有类型的网站。

1.　什么是网站的虚拟漏斗

虚拟漏斗是基于流量的，并且适合大部分有目标页面或关键行为的网站。虚拟漏斗将网站的流量分为4个部分，即网站全部流量、非跳出流量、非跳出且未转化流量、转化流量，如图8-8所示。

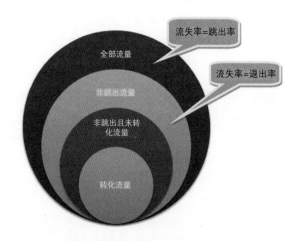

图8-8　网站分析虚拟漏斗示意图

下面介绍各部分流量的定义。

★ **网站全部流量**：网站的全部流量是指网站获得的所有访问次数，这部分是虚拟漏斗的顶部。但这里有一个特例，如果某个渠道的流量直接以目标页作为Landing Page，这个渠道的流量应该被去除。

★ **非跳出流量**：非跳出的流量是指网站获得的所有访问次数中，浏览过一页以上的访问。这部分是虚拟漏斗的第二部分。

★ **非跳出且未转化流量**：非跳出且未转化流量是指网站获得的所有访问次数中，浏览过一页以上，并且没有到达过目标页面的访问。这部分是虚拟漏斗的第三部分，也是最重要的一部分，这部分也可以叫做网站的可转化流量。

★ **转化流量**：转化流量是指网站获得的所有访问次数中，到达过目标页面的访问。这部分是虚拟漏斗的底部，也是整个转化的终点。

2. 虚拟漏斗转化分析

⊙ 转化率

虚拟漏斗和传统的漏斗一样，也可以进行转化率和流失率的分析，从漏斗的上一步到下一步的访次比率就是漏斗的步骤转化率（第3、第4步除外）。例如，网站中的非跳出流量与全部流量的比率，就是漏斗第1步的步骤转化率，而顶部与底部的比率（转化流量/网站全部流量）就是整个漏斗的转化率。

⊙ 流失率

在虚拟漏斗中，和转化率相对应的是流失率，在虚拟漏斗中衡量流失率的指标主要有两个，即跳出率和退出率。跳出率是针对虚拟漏斗第一步流失情况的。降低虚拟漏斗第1步的流失率可以增加后面步骤的转化机会。由于退出率是基于Pageview的，所以只适用于第3步中针对内容的分析。访问者在完成转化前从哪些页面离开网站？找到这些页面，提高它们的转化能力可以直接增加整个虚拟漏斗的转化能力。

3. 如何创建虚拟漏斗

使用Google Analytics的高级群体功能，可以创建出虚拟漏斗中每个步骤的报告，并且可以对不同步骤中流量在网站的访问情况进行比较。整个创建过程非常简单，如图8-9所示。

图8-9 网站分析虚拟漏斗报告

⊙ 网站全部流量

网站全部流量是Google Analytics中的默认高级群体，在同时选择一个以上高级群体进行比较时都会被默认选中，不需要单独设置和选择，如图8-10所示。

图8-10 网站分析虚拟漏斗高级细分

◉ 非跳出流量

在Google Analytics的高级群体中没有跳出率指标，所以非跳出流量就是指跳出为0的这部分流量，如图8-11所示。

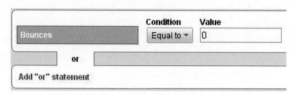

图8-11 跳出的高级细分

◉ 非跳出且未转化流量

非跳出且未转化流量与前面的非跳出流量设置方法一样，只增加了一条对目标完成度的设置。在高级群体中的设置非常灵活，既可以将未转化流量设置为小于1，也可以直接设置为等于0，如图8-12所示。

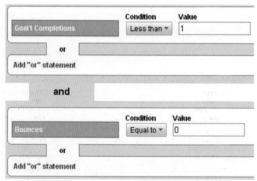

图8-12 跳出且未转化的高级细分

◉ 转化流量

转化流量的设置与未转化流量的设置刚好相反，选择目标完成度不等于0就可以了，如图8-13所示。这里需要注意的是，在Google Analytics中共有20个目标，高级群体中的指标也与这20个目标一一对应。在设置时要选对设置的目标编号，否则不起作用。如果在一个profile中同时设置了多个目标，需要将每个目标都添加进来再进行设置。

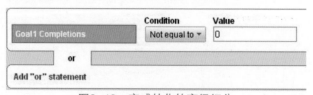

图8-13 完成转化的高级细分

8.2 让用户走自己的路——多路径选择优化

8.1节的例子中，数据分析师为产品部门提供了很好的数据支撑，从产品部门同事的实际需求出发，帮助他们寻找问题、定位问题，并对问题的解决提供了有利的评估，这个过程中数据发挥了至关重要的作用。但其实数据分析师完全可以做得更多，他们接受其他部门的数据需求，帮助其他部门寻找问题、分析问题，从而提升其他部门的效率和效果，但其实数据部门完全有能力从自己的角度去发现问题并寻找解决问题的有效途径。

8.2.1 简化用户转化路径

先引用网站分析大师AvinashKaushik的博客名称——奥卡姆剃刀（Occam's razor）定律：

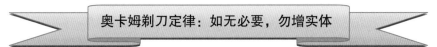

奥卡姆剃刀定律：如无必要，勿增实体

简单是一种智慧，能用最简单的方法去解决复杂问题的人都是聪明的人，网站也是这样。你是不是从"奥卡姆剃刀"定律中找到了一些灵感呢？下面我们就把灵感转化为现实，先看看图8-14的流程可以简化哪些步骤。

图8-14 用户购买转化流程简化图

当然，图8-14显示的是最简化的用户购买转化路径，只有在某些特定的购物环境中才能施行这类最短的转化路径，其中原始路径中的浏览商品详情、放入购物车、填写确认订单这三个步骤在某些购物环境中确实是需要的，有时甚至是必需的。每个事物的出现和存在都有其必然的价值体现，但这与"奥卡姆剃刀"定律有点格格不入，所以我们需要认清在什么情况下哪个更有道理。

看到图8-14的最简路径后，你可能会有疑问，现实中真的存在如此简洁的转化路径吗？答案当然是肯定的，举个例子就可以了，如图8-15所示。

图8-15 淘宝手机充值

图8-15的界面很多人都非常熟悉，就在淘宝首页的右侧边栏，可能很多人经常使用这个功能。如果你用过，可能已经很熟悉这个流程：没有商品详情页、不需要购物车、不需要填写和确认订单，在你填写相关信息后直接跳到了支付页面，非常简便快捷。所以，根据这个例子，你可以尝试思考一下在哪些情况下商品详情、购物车、订单确认都不再需要？为什么不需要？下面就来寻找其中原因。

◉ 为什么省略商品详情？

可以省略详情介绍的商品基本要满足两个要求：一是标准化、规范化的商品，二是用户熟知的低价格商品。首先，标准化的产品具有固定的规格和特性，不需要用户进行定制和选择，如手机充值卡、图书、部分日用品等；其次，商品必须是用户熟知的，如果用户不了解，即使是标准化的产品，用户还是需要阅读商品的详细信息，比如用户长期使用同一种洗发水就不需要了解其详情，但如果用户想尝试一类新的洗发水，可能就需要去关注商品详情了；再次，必须是低价格的商品，如果用户购买一款上万元的笔记本电脑，虽然属于标准化的产品，但用户不看商品详情的可能性是很小的，当然可能有些用户就是偏向于快速购买，而大部分用户会谨慎选择。

◉ 为什么省略购物车？

首先想象一下购物车是怎么出现的，我认为在出现超市之前我们压根就没见过购物车，那为什么超市需要购物车而我们以前去的便利店或者其他的百货商店不需要？因为超市是多样购物的典型，如果只购买一件商品，你会推一辆购物车把商品放进去再推着车去收银台结账吗？这显然是给自己找麻烦，网上购物也是一样，目前大部分情况下，用户只是购买一件商品，那么购物车在这些购物情境下就没有存在的必要了。

◉ 为什么省略订单填写确认？

填写和确认订单的过程中，我们关注的无非是物流、发票、优惠券、折扣这些信息，对于实物交易而言，物流环节不能省略，所以订单确认的步骤也是必需的，而对于那些无优惠策略或者优惠折扣固定的虚拟商品而言，订单确认的步骤就完全没有必要了。所以是否省略订单填写和确认这一步骤，需要根据网站销售的具体商品来定。

8.2.2 让用户选择适合自己的路

既然我们已经得出结论：在某些购物情形下，可以省略某些步骤来简化转化路径。而这些特定的购物情形一方面受到商品本身特征的影响（如虚拟商品不需要物流环节；标准化产品规格统一，不需要过多的描述和个性的选择），另一方面受用户的个体特征（如偏向谨慎地选择还是快速地购买）和用户的购买需求（如购买一类商品还是多类商品）的影响，可能呈现形式异常多样，网站本身无法控制各类情形的发生。网站唯一能做的就是基于商品本身的特征，定制合适的购买路径，而对于用户层面存在的个体特征差异和需求差异，如果我们想让用户必须走完整的路径或者省略一些步骤，一个更好的办法就是**让用户选择适合自己的转化路径**，如图8-16所示。

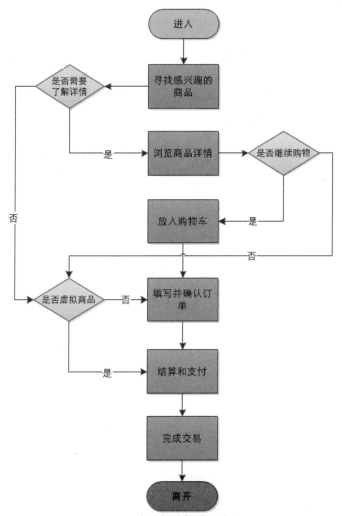

图8-16　多路径选择购买流程图

　　图8-16中，在一个完整的购买转化流程中提供三个可选的步骤（黄色部分），用户在寻找到自己想要的商品后，可以直接跳过商品详情页，如果是虚拟商品则跳过订单填写而直接进入结算和支付步骤，就变成了图8-15所示的手机充值的最简化流程；同时，如果需要购买多种商品，同样可以使用购物车，是否将商品放入购物车也是一个可选的步骤，以便用户购买多种商品后进行统一的结算和支付。从图8-16的流程图中可以总结归纳出用户常用的三个购买路径，如图8-17、图8-18、图8-19所示。

图8-17　路径1——完整购买路径

图8-17所示的完整转化路径适用于最谨慎的消费群体在购买多件需要物流环节的商品时使用的流程。

图8-18　路径2——单件购买路径

图8-18所示的单件商品购买路径中省略了放入购物车的环节，如果用户购买的是熟悉的标准化产品，并且偏向快速便捷的消费，则浏览"商品详情"的环节同样可以省略。

图8-19　路径3——最简购买路径

图8-19所示的最简化的购买路径只要三步就可以完成，省去了订单确认，一般仅用于购买虚拟商品，适合偏向便捷消费的用户对低价格的标准化虚拟产品的快速购买。

上面的三个转化路径只是用户经常选择的，根据流程图还可以分解出多种路径组合，这里不再一一列举了。从上面流程图和各路径分解的角度看，似乎整个购物流程被复杂化了，网站上的某些环节一旦被复杂化，可能会增加用户思考和决策的时间和成本，更可能适得其反，让最终的效果变差。但我们的初衷是为了通过简化流程来提升用户的购买转化率，所以当我们无法确定这个改进是否有效时，最好的办法就是**用数据说话**。

8.2.3　多路径转化数据分析

当用户可以自主地选择合适的转化路径，其实对基于路径转化的数据分析增加了难度，因为分解出了多少个路径就相应衍生出多少个转化漏斗。当然，如果网站的数据获取和区分足够完善的话，构建全套的转化漏斗模型也并不困难。这里为了方便举例说明仅选择两个常用路径，一个是图8-17所示的完整购买路径，不妨称之为路径1；另一个是图8-18中单件购买时省略了浏览"商品详情"后的转化路径，不妨称之为路径2，从而得到两个如图8-20所示的漏斗模型图。

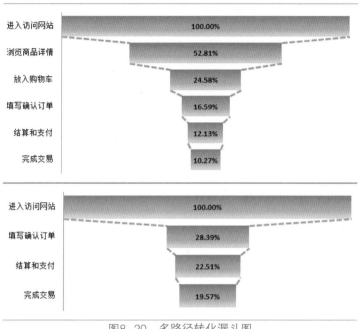

图8-20　多路径转化漏斗图

图8-20根据转化路径构建了两个漏斗模型，并且算出了两条路径每一步的转化情况，我们需要比较的是在采用多路径之后**整体转化率**相比之前是否有提升。从8.1.4节的表8-2中我们已经得到在首次改进之后的整体转化率为**11.66%**，在使用多路径转化之后，我们不能直接从上面的两个漏斗图中得到整体转化率，而是需要合并多路径计算得到一个总体的转化，计算方法如下：

> **多路径整体转化率 = 所有路径完成交易用户数 ÷ 所有进入网站的用户数**

假如用户只会选择图8-20的两类路径，其中选择上面较长的路径1和选择下面较短的路径2的用户比例各占一半，那么可以计算得到使用多路径之后的整体转化率大约为**14.92%**，比之前使用单独路径时提升**3.26**个百分点，提升幅度为**27.96%**，似乎是一个不错的成绩了。但你有没有注意到一个细节：在增加了简化的路径2的选择之后，原先完整的路径1的整体转化率从11.66%下降到了10.27%，为什么？因为具有高购买意向的部分用户被引导到了路径2，这些用户购买意愿较强，而且不喜欢过于冗长的购买流程，偏向快捷的消费，这部分用户从之前只能选择走路径1到优化之后有了路径2的选择，减少了路径1中两个步骤可能造成的流失和损耗，从而让整体的转化率得到有效提升，这就是多路径选择优化在数据上面能够得到提升的真正原因。所以多路径选择优化的本质改进是让每个用户可以选择适合自己的购买流程，有效地提升了用户体验。

综上所述，从数据上已经可以看到，虽然网站的购物流程设计变复杂了，但对于用户而言，他们的购物体验反而更加简单快捷、更加流畅了，整体转化率的提升很好地说明了这一点。

注意点！

诸如这类网站的整个流程的重构和优化与网站的每个细节都相关，在流程设计上变得复杂和选择多样的时候，如何能让用户一如既往地、顺畅地走完适合自己的购买流程，与网站的内容设计、交互设计、界面设计等方面密切相关。在优化的时候需要全面地考虑这些因素，并进行规划、设计和部署，需要从整体上提升用户体验，而不是在简化流程的同时损害用户的正常购物体验。

数据分析师们在基于产品部门需求的基础上，从数据的角度提出了自己的改进建议，并被产品部门的同事采纳实施后，获得了不错的效果，公司的COO不知道从什么地方获得了这个消息，也发来了邮件。

Mr. WA，你好：

你们做得太棒了，基于路径转化分析的购买流程改进有效地提升了网站的整体转化率，这些优化将为网站的运营创造持续的价值提升。你们正在做正确的事情，让数据发挥它的价值，希望数据分析师们能继续给公司带来惊喜！

8.3　基于内容组的访问者路径分析

网站中的路径多种多样，分析方法也需要按照具体的需求来确定。在介绍完关键路径转化分析和访问者路径分析后，再来结合网站分析工具看一下基于内容组的访问者路径分析。下面将通过Google Analytics中强大的数据聚合功能，从更高的维度进一步观察访问者在网站中的访问习惯。

8.3.1　基于分析目的规划内容组

基于内容组的访问者路径分析，顾名思义，就是在开始分析之前先对网站的内容进行分组，如图8-21所示。那么，该如何对网站的内容进行分组呢，有没有什么标准？是按网站频道分组，还是按内容类型或者页面层级分组呢？每个内容组划分到多细的粒度合适呢？所有的这一切都没有标准答案，划分内容组没有统一的标准。每个网站，甚至每个人的划分方法都不一样。这里没有对错和好坏之分，只要划分的内容组能够满足分析需求，达到分析目的即可。因此，在划分内容组之前，我们需要先明确分析的目的是什么。

图8-21　规划网站内容组

分析目的就是要通过分析解决什么问题。例如，对于我的博客来说，要解决的问题是如何增加订阅量，而如何增加订阅量反推到网站的内容中可分解成很多具体的问题：

★　网站的首页布局合理吗？

★　文章列表页中的信息是否有效？

★　站内搜索提供的结果有效吗？

★　文章页的推荐有效吗？

以上的问题还可以再继续分解为更具体的问题，如：访问者从首页去了哪些页面？列表页的排序规则合理吗？选择翻页的访问者有多少？没有点击站内搜索结果的访问者去了哪里？这些具体的问题都是我们的分析目的。在了解了分析目的后，就可以开始创建内容组了。

8.3.2　创建内容组前的准备工作

如图8-22所示，创建内容组的第一步是熟悉网站的内容和页面URL规则，不同内容的URL规则是什么？这是非常重要的一步，也是在整个创建内容组的过程中最费时费力的一步。

图8-22　创建内容组前的准备工作

创建内容组的过程中，经常需要反复的调整，我曾经为两个大家很熟悉的网站创建内容组，都没有一次顺利完成的，其中遇到的主要问题有两个。

★　网站URL规则混乱，层级划分不清晰。这主要是因为最初的URL规划问题，或者是SEO为了优化URL结构造成的。

★　内容组对URL的覆盖不全面，总会发现规则之外的新URL出现。这主要是因为对URL的整理不全面。

按照之前的经验，在开始创建内容组之前，必须进行准备工作，这些准备工作可以最大限度地避免后面报告中的混乱。

261

1. 整理并理解网站URL

准备工作的第一步是整理网站中所有的URL，获得网站所有URL的方法有三种：

★ 从技术或网站管理员那里导出网站URL列表；

★ 从现有的分析工具中导出最大时间段的URL列表；

★ 按照URL规则生成URL，并逐一验证。

前两种方法可以快速获得网站的大部分URL，但在后期整理和分类时比较麻烦；第三种方法在开始阶段比较复杂，但分类时简单，并且可以避免URL遗漏（前提是网站的URL规则层级清晰）。以下是我博客的部分URL的整理列表。

```
bluewhale.cc/
bluewhale.cc/page/2
bluewhale.cc/2011-05-22/talk-about-web-analytics-tools.html
bluewhale.cc/page/3
bluewhale.cc/2011-05-22/talk-about-web-analytics-tools.html#comments
bluewhale.cc/author
bluewhale.cc/tag/cookie
bluewhale.cc/category/web-analytics-tools
bluewhale.cc/2011/08
```

2. 对网站URL进行分组

在获得了网站大部分URL后，可以开始对URL进行分组，并为每个分组设置一个名称。分组的标准是具体的分析需求，也就是通过分析想要解决的问题。最基础的问题有多细致，分组就要有多细致。例如，针对前面例子中的分析目的，我们需要将网站首页单独作为一个分组，用来分析首页的分流情况；将列表页首页作为一个分组，分析列表首页的排序规则；将列表的后续页面作为一个分组，分析访问者在列表页的翻页情况，等等。这时候，你可能会发现你已经创建了很多分组，并且每个分组的规则都不太一样，有些分组中只有一个页面，有些分组则包含一个频道，有些分组中只记录了访问者的某些特定的行为，比如翻页、按钮点击、留言或订阅等，而有些分组记录了网站中的错误，比如404页面、搜索失败页面等。这些都没有问题，只要分组可以满足我们的分析需求就可以。以下是我博客的部分内容分组情况，对于博客的内容，我一共创建了20个分组，而在另一个公司级的网站中，我创建了80个分组。

```
首页
bluewhale.cc/

翻页
bluewhale.cc/page/2
bluewhale.cc/page/3
bluewhale.cc/page/4

文章页
bluewhale.cc/2011-05-22/talk-about-web-analytics-tools.html
bluewhale.cc/2010-11-21/path-analysis-base-on-content-section.html

查看文章评论
bluewhale.cc/2011-05-22/talk-about-web-analytics-tools.html#comments
bluewhale.cc/2010-11-21/path-analysis-base-on-content-
section.html#comments

月度存档
bluewhale.cc/2011/07
bluewhale.cc/2011/08
```

3. 转化为正则表达式

完成网站所有URL的分组后，要将每一个分组转化为一条正则表达式。这个工作有些复杂，必须保证每条正则表达式不遗漏分组内所有的URL，又不能错误匹配到其他分组的URL。这里没什么窍门，从每个分组中挑选一个典型的URL，然后放在一起进行测试。推荐一个非常好用的正则表达式工具Rubular，这个工具可以提高创建正则表达式的效率。以下是博客中部分URL分组的正则表达式。

```
首页
bluewhale.cc/
^bluewhale\.cc\/$

翻页
bluewhale.cc/page/2
^bluewhale\.cc\/page\/\d+$

文章页
bluewhale.cc/2011-05-22/talk-about-web-analytics-tools.html
^bluewhale\.cc\/\d\d\d\d-\d\d-\d\d\/.*\.html$

查看文章评论
bluewhale.cc/2011-05-22/talk-about-web-analytics-tools.html#comments
^bluewhale\.cc\/\d\d\d\d-\d\d-\d\d\/.*\.html#comments$

关于作者频道
bluewhale.cc/author
^bluewhale\.cc\/author$

与我联系频道
bluewhale.cc/contact
^bluewhale\.cc\/contact$
```

8.3.3　使用过滤器创建内容组

内容组是通过搜索和替换过滤器将现有URL进行聚合生成的。新生成的内容组将会覆盖Google Analytics热门内容报告，所以我们需要为内容组单独创建一个新的重复配置文件，这个配置文件中的页面数据将只以内容组的名称显示，可以称这个报告为"内容组路径分析报告"。

1. 创建新配置文件

创建重复配置文件的方法非常简单，如图8-23所示，这里不再赘述。只需注意以下几点即可。

- ★　与主报告应用相同的配置，包括时区、过滤器等设置；
- ★　有子域的网站必须设置增加主机名过滤器；
- ★　按照具体的分析需求，有选择地过滤URL中的参数；
- ★　不要开启站内搜索报告，也不要过滤掉站内搜索或类别参数。

2. 逐一创建内容组

通过前面对网站URL的整理和分组，我们已经将整个网站的内容按照分析目的分为了不同的组。现在要做的工作就是在Google Analytics中创建这些内容组，并获得数据。创建内容组的工具是Google Analytics的搜索与替换过滤器。整个过程很简单，将分组的正则表达式输入到搜索字符串中，将分组名称输入到替换字符串中。过滤器将对URL进行过滤，与正则表达式的规则匹配的URL将被替换为替换字符串中的分组名称，如图8-24所示。

图8-23 创建内容组配置文件   图8-24 使用搜索和替换过滤器创建内容组

8.3.4 检查并优化内容组

创建完内容组后，并不能马上进行分析。因为这时的数据并不准确，需要我们对内容组进行检查。检查的方法很简单，就是通过查看配置文件中的热门内容报告，寻找是否有被遗漏的URL，整个检查过程大概要持续3～5天。

1. 通过热门内容报告检查内容组

在创建好内容组的第二天，通过热门内容报告检查内容组数据，检查是否有遗漏的URL，如果内容组报告中显示了某个页面URL，则说明这个页面没有被匹配到对应的内容组中，需要分析原因，对这个内容组的正则表达式进行调整。如图8-25所示，我们很明显可以发现，网站地图的翻页没有匹配到内容组中，需要检查这个内容组的正则表达式设置。

☐	12.	关于作者频道	142
☐	13.	文章评论翻页	77
☐	14.	与我联系频道	72
☐	15.	bluewhale.cc/site-map?pg=2	55
☐	16.	搜索结果翻页	53
☐	17.	bluewhale.cc/site-map?pg=3	50

图8-25 内容组报告检查

如果创建的内容组比较多，这里有一个快速检查的方法，按页面浏览量对报告进行排序可以很快发现那些没有匹配到内容组中的URL。对内容组报告的检查是一个持续的过程，因为新增加的外部流量经常带有各种奇怪的参数，这些参数随时可能破坏现有的URL规则。

2. 优化过滤器的顺序

在检查内容组的设置时，除了遗漏URL的检查，还需要对存在冲突的内容组进行检查。这种情况并不常见，只在URL规则混乱时才会出现。例如在同一级目录中包含多个信息，当需要对每个信息分别创建内容组时，正则表达式可能会发生匹配错误，这时需要通过调整过滤器的前后顺序来保证正确匹配，如图8-26所示。

图8-26　优化内容组过滤器顺序

到此为止，网站内容组的创建和检查工作都已经完成了，下面将介绍Google Analytics V5中的访问者流功能，并将创建的内容组与访问者流功能配合使用，分析访问者的浏览行为。

8.3.5　访问者流报告功能概述

访问者流报告在Google Analytics V5版本中的受众群体目录下，默认只显示访问者进入网站后的前三次互动。不断点击报告右侧的+步骤链接可以查看后续的互动情况，直到最后一个访问者离开网站。创建完内容组报告后，可以在这里看到访问者与不同内容组互动的情况，如图8-27所示。

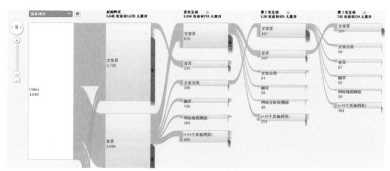

图8-27　访问者流报告

1. 查看访问者流的三种模式

在访问者流报告中，可以通过三种方式查看访问者与网站内容的互动情况，即按访问者来源、按内容组和按访问者的行为。

第一种模式是**按访问者的来源维度进行查看**，如图8-28所示，访问者流报告中提供访问者

265

的不同维度，这些维度包括地域维度、来源维度、内容维度和系统维度。我们可以在报告中任选一个维度，在显示的子维度中选择突出显示途经此处的流量，来查看这个子维度中访问者的浏览路径。

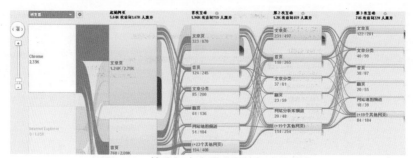

图8-28　按访问者来源查看访问者流报告

图8-28中显示的是系统维度下使用Chrome浏览器的访问者浏览路径，也可以把这种模式理解为按访问者来源对访问路径的细分。

在所有的访问路径中，我发现访问者在第二次互动时仍然会返回首页，这似乎和我之前的设想不一致，首页是整站的导航页面，通常只有访问者结束一个任务，或者不知道下一步该去哪里时，才会返回首页。那就究竟是哪些页面导致访问者返回首页呢？我们可以继续使用第二种模式查看访问者路径。

与第一种模式类似，我们也可以在报告中突出显示途经某个**特定内容组的路径**情况，如图8-29所示。

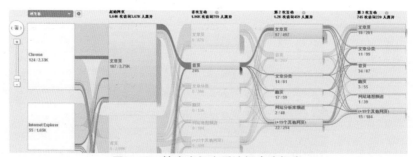

图8-29　按内容组查看访问者流报告

这很像Google Analytics旧版中的导航分析报告。根据前面的问题，我在报告中选择了进入网站后第二次与首页互动的路径情况，这里可以发现首页上一步和下一步的内容基本相同。而文章页在首页的前后页面中都占了较大的比重，如果访问者是从文章页返回首页，又从首页再次进入新的文章页，那么我的文章页底部的相关文章功能可能存在问题，推荐的文章也许不是访问者想要的，又或者我应该在页面右边栏同时提供其他模式的文章导航，帮助访问者在文章页导航。因此，现在要确定的问题是前面看完文章页的访问者通过首页去了哪里？让我们来继续使用第三种模式查看访问者路径。

如图8-30所示，在第三种**按访问者的行为**的模式中，选择了从文章页进入网站首页的这部分流量，很明显，这部分访问者中大部分从首页继续进入了新的文章页，少部分选择了其他的导航方式。

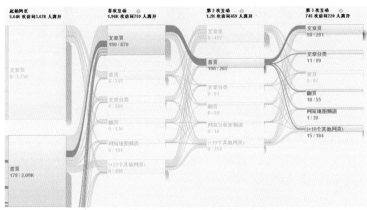

图8-30　按访问者行为查看访问者流报告

通过三种查看模式，基本可以确定文章页现有的相关文章功能存在问题，同时文章页中也缺乏其他的导航方式。下一步需要对文章页底部的推荐规则进行调整，并在右侧增加文章类别的导航。

我们通过一个简单的分析了解了访问者流报告的三种查看模式，细心的读者可以发现在报告中每一步都有很多数字，这些数据表示什么呢？

2. 访问者流报告中的数字

访问者流报告中的数字集中出现在三个位置：报告的顶部，显示了每次互动数据；灰色的流量数据，显示了访问者分流数据；每一次互动中内容组的数据，显示了内容组的表现数据。每次互动的数据如图8-31所示。

图8-31　访问者流中每次互动数据

报告顶部的每次互动数据显示了访问者每次与网站互动后的流失情况，相当于一个大的虚拟漏斗。具体计算方法如下：

起始网页的访问次数等于网站获得的所有访问量，每次互动中访问量减去离开人数等于下一次互动的起始访问量。具体到上图中的数字为：

5640（网站获得访问量）－3670（离开人数）=1960（首次互动）－759（离开人数）=1200（第二次互动）－459（离开人数）

访问者分流数据如图8-32所示。

图8-32　访问者分流数据

图8-32中，灰色的流量部分中显示了访问者的分流数据，在图中可以发现China一共产生了4840次访问，其中2230次访问到达了文章页，而文章页在这个时期共获得了2750次访问。

内容组表现数据如图8-33所示。

图8-33　内容组表现数据

图8-33中，第三组数据是不同内容组的表现数据，文章页内容组共获得了2750次访问，其中82.2%的访问流失（后面红色的部分表示流失情况），继续浏览的访问者仅为17.8%。

8.3.6　访问者流报告与其他功能配合使用

最后，再来说一下内容组，访问者流报告与Google Analytics中其他高级应用的配合使用。首先是自定义报告。在我们对页面进行聚合后，只能以内容组的形式来查看浏览量，这当然还会产生汇总数据和平均数的问题，解决的方法还是细分。如果希望进一步对内容组中每个页面的数据表现进行细分，就需要使用到自定义报告功能。

1.　使用自定义报告对内容组进行细分

如图8-34所示，通过自定义报告对内容组的数据进行了细分设置。在维度中，第一层网页是我们设置的内容组名称，我们通过网页标题对内容组中的每个页面进行分解。在指标组中，我们设置了访问次数和浏览量两个指标，如果你对其他指标感兴趣，也可以把它们添加进来。设置完自定义的指标组和维度后，点击保存就可以开始查看和分析工作了，整个过程非常简单。

图8-34 使用自定义报告对内容组进行细分

2. 使用高级细分对访问者流进行细分

如图8-35所示，在访问者流报告中同样也支持高级细分功能，不用说也能想到这功能有多强大。当我们只对具有某一特定类型的访问者或浏览习惯感兴趣，或需要进行分析时，高级细分就派上用场了。高级细分功能与访问者流中的流量维度是叠加的关系。例如，当我们在访问者流报告中选择来源，在高级细分中选择直接流量时，访问者流报告将只显示直接流量的访问者路径。

图8-35 访问者流中的高级细分

3. 使用访问者级自定义变量进行分类追踪

最后，访问者流报告还支持使用自定义变量对访问者进行分类追踪，如图8-36所示。如果

269

网站使用访问者级自定义变量对访问者进行标识，那么可以在访问者流报告中对预先设置的访问者分类甚至这类访问者中的某个个体进行网站访问的全路径追踪。

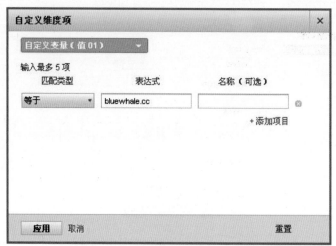

图8-36　访问者流中的自定义维度

8.4　本章小结

分析网站的路径转化首先需要明确网站的**关键转化路径**，**漏斗模型**是网站路径转化的直观展现工具，借助路径分析明确网站转化的瓶颈，进而进行优化改进。

如果你的网站没有明确的关键路径封闭漏斗，那么**虚拟漏斗**会是一个不错的选择，虚拟漏斗基于流量，分析网站全局流量的转化情况。

有时候给用户更多的自由，由用户来决定自己的转化路径会是个不错的选择，基于简化的多路径分析证明了这个过程的有效性。

基于网站的**内容组的路径分析**首先要对网站的内容有个规划和分类，借助Google Analytics强大的过滤器可以实现内容组的分析。Google Analytics V5版本的访问流功能为网站路径分析提供了新的参考方向。

第 9 章

从新手到专家——
网站分析高级应用

为你的网站定制追踪访问者行为

按需求创建个性化报告

控制报告中的数据

快速数据导出工具

数据分析高级应用

在互联网中，每一个网站都是独特的，包括独特的网站结构、独特的网站内容、独特的商业目标、独特的运营策略和独特的用户群。因此，在对每一个网站进行访客追踪和数据分析时，都需要去适应并且理解这些网站的特点。换句话说，不能和网站业务紧密结合的分析结果是没有价值的。本章主要介绍网站分析中的定制应用，这些定制功能可以帮助你获得最独特的那部分数据。

9.1　为你的网站定制追踪访问者行为

_trackPageview函数是Google Analytics进行定制追踪时使用最多的一个功能。因此，在对网站进行定制追踪时必须先了解这个函数的功能。你是否为网站的URL没有规律烦恼过？或者关注过页面中的关键元素呢？下面详细介绍5种_trackPageview函数最常用的功能，它们可以帮助你解决这些问题。

9.1.1　使用_trackPageview函数自定义页面名称

这是最常用的一种方法，通常页面里的GA追踪代码只会记录当前页面的相对URL地址，如果要在报告中看到更详细的页面信息，可以对页面的名称进行自定义。

比如要将页面http://bluewhale.cc/123.html命名为"5fo_trackPageview"，只需要把这个名字作为_trackPageview的函数值就可以了。

```
pageTracker._trackPageview("5fo_trackPageview");
```

如果想看到更具体的信息，比如当前页面在网站结构中的位置，可以在名字前面加入上一级页面或频道的名称，例如这个页面是属于首页下的GA频道的文章页：

```
pageTracker._trackPageview("home/GA/5fo_trackPageview");
```

home/GA/5fo_trackPageview比/123.html附带了更多的信息，也更容易理解，并且方便以后对数据的分类和过滤操作。

Tips

　　这里输入_trackPageview的值是要加引号的，而在另一种使用方法中是不能加引号的，这个在后面会提到。

9.1.2　使用_trackPageview函数追踪出站链接

默认情况下_trackPageview只汇报当前页面的URL，并且页面里必须含有本站的GA追踪代码，对于指向外部站点的链接无法进行追踪和记录，如友情链接、各种形式的广告等。

通过自定义_trackPageview函数的值，并配合JS事件可以对这部分的点击进行有效记录，例如我首页上的twitter follow me链接：

```
<a target="_blank" href="http://www.twitter.com/askcliff"><img
src="http://www.bluewhale.cc/image/twitter.jpg" alt="twitter" /></a>
```

通过加入JS的onClick事件并定义_trackPageview的值就可以追踪到用户的点击。

```
<a target="_blank" href="http://www.twitter.com/askcliff" onClick="javascript:pageTr
acker._trackPageview('/home/twitter');"><img src="http://www.bluewhale.cc/image/twitter.jpg"
alt="twitter" /></a>
```

这个数据将通过utmp参数汇报给GA服务器，并最终显示在我的报告里，如图9-1所示。

```
http://www.google-analytics.com/__utm.gif?……utmp=%2Fhome%2Ftwitter……
```

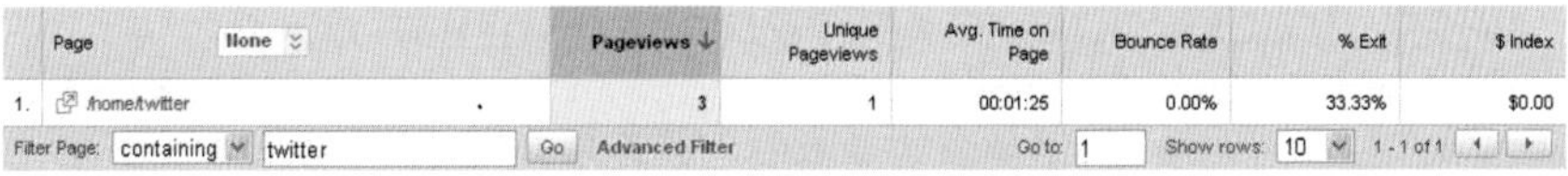

Page	None	Pageviews ↓	Unique Pageviews	Avg. Time on Page	Bounce Rate	% Exit	$ Index
1. /home/twitter	.	3	1	00:01:25	0.00%	33.33%	$0.00

Filter Page: containing twitter Go Advanced Filter　Go to: 1 Show rows: 10 1-1 of 1

图9-1　虚拟页面追踪报告

9.1.3　使用_trackPageview函数记录时间维度

_trackPageview函数不仅可以自定义页面名称和追踪出站链接，还可以从时间维度记录页面的表现，比如用户在特定页面的停留时间、页面加载时间等。在进行时间维度记录前需要编写一段JS来配合_trackPageview一起工作，这里以追踪用户在页面的停留时间为例。

```
<script type="text/javascript">
pageopen = new Date();
function bluewhale ()
{
pageClose = new Date();
minutes = (pageClose.getMinutes() - pageOpen.getMinutes());
seconds = (pageClose.getSeconds() - pageOpen.getSeconds());
bluewhaletime = (seconds + (minutes * 60)+"seconds");
pageTracker._trackPageview(bluewhaletime);
}
</script>
```

这里填入_trackPageview的值是一个变量名，不能加引号，否则时间将不会被显示在报告里。然后在<body>里加入unonload事件。

```
<body unonload=" bluewhale ()">
```

273

当用户离开页面时，_trackPageview就会向GA服务器发送一条页面停留时间的数据。如果将unonload事件替换为onload事件，_trackPageview就会记录页面的加载时间。

```
http://www.google-analytics.com/__utm.gif? ……utmp=1%2520seconds……….
```

在GA的报告中看到的数据如图9-2所示。

	Page	llone ☑	Pageviews ↓	Unique Pageviews	Avg. Time on Page	Bounce Rate	% Exit	$ Index
1.	/0 seconds		117	89	00:01:32	11.25%	10.26%	CN¥0.00
2.	/1 second		71	57	00:01:24	14.29%	14.08%	CN¥0.00
3.	/3 seconds		13	12	00:00:48	0.00%	7.69%	CN¥0.00
4.	/2 seconds		10	10	00:00:25	22.22%	20.00%	CN¥0.00
5.	/5 seconds		4	4	00:00:56	0.00%	0.00%	CN¥0.00

图9-2　页面停留时间报告

9.1.4　使用_trackPageview函数记录页面状态

_trackPageview还可以用来监测关键页面在用户浏览器中的状态，比如页面里的焦点图是否被正确显示，使用JS的onload和onerror两个事件就可以完成监测。代码如下：

```
<img src="http://www.bluewhale.cc/image/twitter.jpg " onload="javascript:pageTracker._trackPageview('imgloaded');" >
<img src="http://www.bluewhale.cc/image/twitter.jpg " onerror="javascript:pageTracker._trackPageview('imgerror');" >
```

9.1.5　使用_trackPageview函数记录用户行为

最后是通过_trackPageview与JS事件对用户行为的记录，比如用户的鼠标行为。当用户将鼠标移到某个焦点图或按钮上时进行记录。

```
<img src=""http://www.bluewhale.cc/image/twitter.jpg"onmouseover="javascript:pageTracker._trackPageview('jsevent/mouseover');" >
```

在GA的报告中看到的数据如图9-3所示。

	Page	llone ☑	Pageviews ↓	Unique Pageviews	Avg. Time on Page	Bounce Rate	% Exit	$ Index
1.	/jsevent/mousemove		373	4	> 00:00:00	0.00%	0.00%	CN¥7.07
2.	/jsevent/mouseover		63	5	00:00:03	0.00%	0.00%	CN¥5.66

图9-3　虚拟页面记录鼠标行为报告

用户把鼠标放在图片或按钮上的行为大多是无意识的，并不能表明用户对这个页面或这个按钮的活动感兴趣，所以单纯记录这个行为没有太大意义，不过可以改进一下而使这个数据有参考价值。

9.2 按需求创建个性化报告

"亲，帮我查一下所有付费搜索的流量和转化率。""亲，帮我看下这周专题页的流量。""亲，给我一个Banner广告的数据。"在公司中，每个部门都会对数据有着不同的需求，尽管我们为每个部门都设置了单独的Google Analytics报告，但依然会有这种需求存在，为什么呢？因为每个浏览报告的人都希望获取数据的过程足够简单，简单的操作、简单的浏览、简单的结果。而默认的Google Analytics报告无法满足这些需求，它对于浏览者不够简单、不够个性化、不够智能。

怎样才算是合格的Google Analytics报告呢？合格的Google Analytics报告可以让浏览者轻松地看到本部分最关注的数据及指标，并且在这些数据发生变化时收到智能的提醒。下面详细介绍创建Google Analytics个性化智能报告的过程。

9.2.1 创建报告前的准备工作

创建Google Analytics报告的第一步是什么？新建一个配置文件吗？绝对不是。如果你想建立一个满足需求的个性化Google Analytics报告，首先需要清晰并详细地了解报告使用者的需求。所以，第一步应该确定各部门对报告和数据的需求。

1. 确定各部门的数据需求

确定需求是创建报告的必要前提条件。所谓个性化的报告就是可以满足阅读者的特定需求，报告阅读者是谁？他需要什么样的数据？他最关心哪些指标的变化？他还有什么特殊的需求？这些都是在创建和配置报告前必须了解清楚的。而获得这些信息最简单、最有效的方式，就是直接去问报告的需求部门。在清楚地了解了需求的细节后，就可以开始新建一个配置文件了。

2. 创建个性化的配置文件

在清楚地了解了阅读者对报告的需求后，开始创建一个新的配置文件，而此时创建个性化智能报告的工作也已经开始。这个报告中需要哪些功能、如何设置目标、是否需要Adwords成本数据、需要过滤哪些参数，等等。这些工作都需要在创建配置文件时确定，甚至连配置文件的名称都需要单独设置，让阅读者通过名称里的信息就可以知道报告中包含的主要内容。上面这些只是对报告功能和形式的简单设置，在创建好配置文件后，还需要对报告中包含的数据内容进行控制，恰到好处的数据控制可以保证每一个阅读者都只能看到与自己相关的数据，这样既可以减轻报告阅读者的负担，也可以增加网站数据的保密性。

3. 使用自定义过滤器控制报告数据

控制报告数据最有效的工具就是自定义过滤器，Google Analytics的过滤器功能非常强大，可以让我们对报告中的数据进行随意修改和控制。如果你略懂一些正则表达式，就完全可以创建出任一数据子集的报告，例如付费搜索报告、品牌词报告、任意一类广告形式的报告、网站频道报告等不同数据子集的报告，而这些都是创建个性化智能报告的基础工作。如图9-4、图9-5、图9-6所示的是不同情况下的设置。

图9-4　付费搜索过滤器设置　　　图9-5　品牌词过滤器设置　　　图9-6　广告内容过滤器设置

9.2.2　设置自定义信息中心

调整数据展现形式的第二个工具就是自定义信息中心。在设置完过滤器，创建完自定义报告后，所有的数据和报告都已经完成了个性化设置，但这些数据和报告都分散或隐藏在整个配置文件的不同位置。当报告阅读者需要这些数据时，他们需要理解我们对数据设置的逻辑，以及数据在报告中的位置。很多时候我们已经设置好了数据和报告，但依然有提取数据的需求存在。解决这个问题最简单的方法，就是为报告阅读者设置一个个性化的信息中心，如图9-7所示。

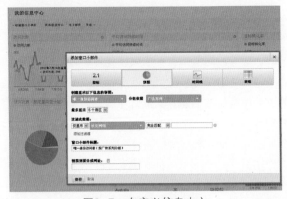

图9-7　自定义信息中心

在Google Analytics中，几乎每个报告的顶部都有一个添加到信息中心的按钮，无论是默认的报告还是自定义报告。按照报告阅读者的需求和关注的指标将报告添加到信息中心。这样简单直接的方式可以让阅读者以最简单的方式获得所需要的数据。当他们关注细节数据时，只需要在信息中心中选择相应的报告就可以了，如图9-8所示。

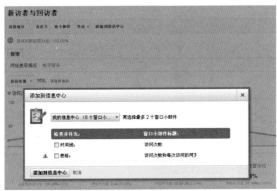

图9-8　添加报告到信息中心

9.2.3　对报告的用户权限进行管理

完成对报告的数据和展现形式的自定义设置后，就可以为报告需求方设置浏览权限了。因为每个报告中的数据和内容都是按照不同的需求来设置的，有很强的针对性，所以，只需要将报告开放给对应的浏览者就可以了，如图9-9所示。

图9-9　报告用户权限管理

9.2.4　设置智能提醒和邮件报告

最后，完成智能报告的设置。在创建报告前的准备工作中，我们了解了每个报告阅读者对数据的需求和关注度。通过前面的设置，已经实现了报告的个性化设置。现在，再提高一步，将报告定期发送到报告阅读者的邮箱中，并在他最关注的数据发生变化时发出提醒，帮助阅读者及时了解这些变化，如图9-10、图9-11所示。

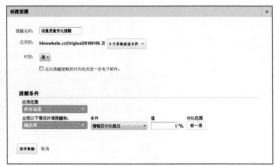

图9-10　电子邮件报告设置　　　　　　图9-11　智能提醒设置

9.3　控制报告中的数据

过滤器是Google Analytics中一个非常强大的功能，Google Analytics的过滤器共分为三种，即预定义过滤器、自定义过滤器和高级过滤器，如图9-12所示。通过过滤器可以分割网站流量，控制报告的数据范围，梳理报告内容。

图9-12　Google Analytics过滤器类别

9.3.1　过滤器基础

过滤器通常和配置文件一起使用，其效果体现在配置文件的报告内容里。将过滤器应用到指定的配置文件上，就可以按我们的需要在该配置文件中显示需要的报告内容了。比如可以对一个网站创建多个配置文件，并通过过滤器控制让其中一个配置文件只显示来自Google搜索的访问量报告，而让另一个配置文件只显示网站中某个频道的访问量报告。

1. 过滤器的四大特点

过滤器的特点如图9-13所示。

图9-13 Google Analytics过滤器特点

★ 过滤器作用于配置文件

过滤器位于配置文件的前端，只有被应用到配置文件后过滤器才会对数据起作用。一个过滤器可以同时应用到多个配置文件上，并对数据进行过滤。

★ 过滤后的数据不可逆转

Google无法对过滤后的数据进行恢复，这是一个不可逆转的过程。所以，为了避免数据损失和错误过滤，需要为每个过滤器创建一个单独的配置文件，并始终保留一个没有使用任何过滤器的原始配置文件。这样，即使出现问题也不会影响到原始数据。

★ 过滤器只对新数据起作用

过滤器只对应用后新产生的数据进行过滤，而不会对应用前的数据进行过滤。所以，当对网站流量进行追踪和创建配置文件时，需要先想清楚流量的过滤和分割策略，然后预先创建相对应的过滤器及配置文件。

★ 过滤器按先后顺序执行

在对一个配置文件同时应用多个过滤器时，Google会按照过滤器的顺序对数据进行依次过滤。有时这些过滤器间可能会产生冲突，比如在一个配置文件中包含Google和Baidu的搜索流量，如果对这两个来源分别创建过滤器，后一个过滤器可能会不起作用。正确的做法是只创建一个过滤器，过滤规则是Google|Baidu，如图9-14所示。

图9-14 调整过滤器顺序

或者也可以通过指定不同过滤器的前后顺序来调整数据在进入配置文件时被过滤的顺序（默认过滤器会按照创建顺序进行排序）。

2．如何创建过滤器

"修改"需要应用过滤器的配置文件，在"配置文件设置"面板中可以看到应用过滤器选项，选择添加过滤器，依次输入过滤器的名称和过滤规则，然后选择保存，一个新的过滤器就创建完成了。新创建的过滤器会显示在"配置文件设置"面板的应用过滤器部分，并且可以随时对过滤器进行修改和调整过滤顺序，如图9-15所示。

图9-15　创建新过滤器

3．如何管理过滤器

创建了很多过滤器之后，可以通过过滤器管理器对过滤器进行管理（网站配置文件界面中）。这里包含了账户下所有配置文件的过滤器，在这里可以对过滤器进行添加、删除和修改操作，所有操作都会马上应用到相对应的配置文件中。

在过滤器管理器中，除了已经应用到配置文件的过滤器外，还有一种过滤器，就是在配置文件中已经被删除的过滤器。有些过滤器在配置文件的过滤器部分就已经被删掉了，但这个过滤器依然会保存在过滤器管理器中，在这里可以随时重新修改或应用这个过滤器。你可以在创建过滤器时选择"将现有过滤器应用到配置文件"选项，在可用过滤器中看到这类过滤器，并重新使用它们，如图9-16所示。

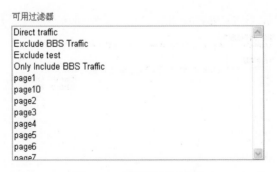

图9-16　管理可用过滤器

4. 过滤器的复用

过滤器管理器的另一个好处是，可以对已有的过滤器在不同配置文件之间进行复用。比如，你创建了一个过滤内部IP的过滤器，需要应用到8个配置文件中，此时只需要在创建新过滤器时选择"将现有过滤器应用到配置文件"选项，在可用过滤器选项中直接添加需要应用的过滤器就可以了，而不用再分别创建8个同样的过滤器，如图9-17所示。

图9-17　向配置文件添加现有过滤器

5. 创建预定义过滤器

预定义过滤器是Google Analytics中是最简单的一种过滤器，说它简单是因为这种过滤器创建方便，不用进行过多复杂的设置就可以完成，如图9-18所示。

图9-18　设置预定义过滤器

预定义过滤器有以下三种功能。

★ 从报告中排除内部点击量

通过输入内部的IP地址，可以在报告中排除来自公司或网站内部的访问量。预定义过滤器中只允许输入一个固定IP地址，IP地址段或动态IP的过滤需要使用自定义过滤器才可以。

★ 跟踪网站特定目录的流量

在我的博客的URL中，不同的目录代表不同的页面或内容，比如：

http://bluewhale.cc/documents 代表资源文档页面

http://bluewhale.cc/web-analytics-library 代表网站分析库页面

http://bluewhale.cc/bbs 代表网站分析讨论组的内容

使用预定义过滤器的"访问子目录流量"可以对不同子目录的内容访问量进行分割，例如将网站分析讨论组的流量(/bbs/)与网站分析博客的流量分别显示在不同的配置文件中。

★ 排除来自相应域的流量

Google Analytics使用反向IP查询功能来获取用户的网域，使用该过滤器可以排除来自特定网域的点击量。网域通常代表访问者的ISP（互联网服务提供商），大公司在映射IP地址时可能会选择自己的域名，而不会使用ISP的域名，如google.com/intl/zh-CN/。例如，要排除来自bluewhale.cc的访问者的点击量数据，可以输入"bluewhale\.cc$"。

9.3.2 高级过滤器

高级过滤器虽然也属于自定义过滤器的一种，但它的功能和自定义过滤器有很大区别。高级过滤器的基本工作原理是，通过对现有的32个字段或字段的内容进行提取与组合，对报告中的字段进行替换或重写，如图9-19所示。

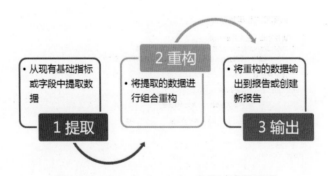

图9-19 Google Analytics高级过滤器原理

1. 高级过滤器设置

高级过滤器共分为三个部分。

★ 提取区：提取字段或字段内容；

★ 构造区：组合并输出新字段；

★ 设置区：其他必要的设置。

高级过滤器的具体设置步骤是，先选择提取字段和提取内容，然后选择新字段的组合方式及要输出的位置，最后对过滤器进行必要的设置并保持，如图9-20所示。

图9-20　Google Analytics高级过滤器

2. 提取区

提取区是选择字段并提取字段内容的区域。在提取区共有两个字段可以选择，即字段A和字段B，两个字段可任选其一，也可以同时选择。提取区共有两部分，第一部分用于选择字段名称，字段A和字段B提供了相同的32个固定字段和两个自定义字段，如请求URL、推介链接和访问者类型等；提取字段的第二部分用于选择提取的字段内容，在这里可以使用正则表达式限定选定字段中要提取的具体内容。

例如，对字段A对请求URL字段中的ref参数值进行提取：

	字段A	提取A
表达式	请求URL	(ref=[^&]*)
实际值	/book/?ref=123	ref=123

3. 构造区

构造区是提取字段的输出区域。构造区也有两部分，第一部分用于选择提取字段的输出区域（字段），在输出区域中提供的字段和提取区的字段是一样的；构造区的第二部分用于设置字段输出的结构，当同时提取了A、B两个字段的内容时，这里可以设定两者的组合方式。

例如，将字段A和字段B中提取的值输出到请求URL字段，结构是字段A字段B：

字段A($A1)	主机名	(.*)
字段B($B1)	请求URL	(.*)
构建器	请求URL	$A1$B1
实际值		Bluewhale.cc/book/?ref=123

4. 设置区

设置区是高级过滤器的第三部分。在设置区中共有三组选项，分别是必填字段选项、输出字段覆盖选项和区分大小写选项。

第一组选项是询问提取字段A和提取字段B是否为必填字段。这组设置的结果将用于高级过滤器的逻辑控制，如果选择其中一个字段为必填字段，当该字段与提取模式不匹配时，过滤器将停止工作。

第二组选项询问是否覆盖输出字段。如果选择是，构造器中输出的新数据将永久地改变原有字段的内容值。

第三组选项询问在高级过滤器的工作过程中是否区分大小写字母，如果没有特殊要求的话，建议选择不区分大小写。

5. 完善报告中的现有字段

通过设置高级过滤器，可以在Google Analytics的部分报告中获得更多有用的信息。最简单的例子就是当网站有多个子域的时候，使用过滤器为内容报告中的请求URL增加子域信息，了解不同子域的流量情况，如图9-21所示。

在流量来源的推介网站报告中，Google Analytics默认提供的信息是访前域的数据，而没有具体的访前链接数据，通过设置高级过滤器并对原有的推介字段进行重写可以方便地获得每个访前链接的具体数据，如图9-22所示。

图9-21　增加主机名过滤器　　　　　图9-22　完整引荐链接过滤器

6. 对报告中的字段进行重组

通过高级过滤器还可以对报告中的维度进行交叉组合，以获得细分的数据。如图9-23所示，使用访问者类型字段和访问者所在的地理位置字段进行组合，将结果输出至用户定义报告中。在用户定义报告中，来自不同地理区域的访问者将被细分为不同的访问者类型，例如来自上海的访客通过与访客类型交叉后将变为"上海-新访访客"和"上海-回访访客"，并拥有各自的度量值。

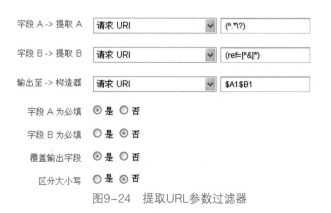

图9-23　字段重组过滤器

使用高级过滤器进行报告维度交叉组合有几个缺点。

★　操作较复杂：设置高级过滤器比较复杂；

★　数据作用范围有限：过滤器只对新数据起作用，无法应用到以前的数据中；

★　结果不可逆：经过过滤器的数据无法恢复。

所以，使用高级过滤器需要对Google Analytics中的各个字段都有所了解，并且事先规划好报告中所需要的数据内容。和过滤器相比，还有几种简单的方法可供选择，如报告中的第二维度、数据透视表、高级群组、自定义报告等。这些方法操作简单，可以对所有数据段的数据进行操作，并且可以随时取消，即使设置错误也不会对原始数据产生影响。

7.　报告中的URL进行重写

在Google Analytics的内容报告中经常会看到这样的URL信息：bluewhale.cc/book/?id=339133&ref=123这些参数大部分对于网站分析都没有作用。太多的参数造成了内容报告中的数据重复，使用高级过滤器可以对网站的请求URL进行重写，提取URL中有用的部分单独生成报告。如图9-24所示的例子中提取了URL的主干和其中的一个参数，将两者重写组合生成新的报告。

图9-24　提取URL参数过滤器

注意点！

　　Google Analytics并没有为高级过滤器预留空白的字段，也就是说，无论将结果输出到32个字段中的任何一个都会对现有的报告内容产生影响。所以，在使用高级过滤器之前请先做好准备工作。另外，以上所有过滤器对数据的操作都是不可逆的，所以千万不要在网站的主配置文件或其他有重要数据的配置文件中测试过滤器。

9.4　快速数据导出工具

　　Excellent Analytics是一款基于Google Analytics Data Export API开发的免费开源数据导出工具。它的功能是将Google Analytics中的数据自动导出到Excel中，并实现了数据动态更新，基于这两点，可以说Excellent Analytics是一款非常优秀的Google Analytics数据导出工具。说其优秀主要有三个原因：

- ★　Excellent Analytics是一款免费的软件；
- ★　Excellent Analytics嵌入Excel里，可以完成全自动的数据导出，每次最多导出一万条数据；
- ★　Excellent Analytics可以实现Excel报表数据的一键更新功能（原来只在Omniture里见过，现在Google Analytics也可以实现了）。

　　Excellent Analytics是免费软件，不需要注册，可以在官网和我的资源文档里直接下载。安装Excellent Analytics有两个必备条件：

- ★　电脑的系统必须是XP或Vista，Excel版本必须是2007或更新的版本；
- ★　必须安装有Microsoft .NET Framework 3.5 SP1。

　　软件的安装过程很简单，完成后可以直接在Excel的主窗口顶部看到Excellent Analytics菜单，打开菜单会出现三个功能选项，从左到右分别是登录账户、导出数据和更新数据按钮，如图9-25所示。

图9-25　Excellent Analytics菜单

　　每次打开Excel后都需要通过登录按钮先与你的Google Analytics账户连通，然后才可以导出数据。单击同登录账户按钮，在弹出的窗口中输入你的Google Analytics用户名和密码即可。

　　成功登录后就可以开始导出数据了，首先选中要生成数据报表的起始单元格，然后单击导出数据按钮，在弹出的窗口中会列出你有浏览权限的所有账户的配置文件，选择要导出数据的配置文件，依次选择日期范围、维度和指标，也可以为要导出的数据添加过滤器，设置好后点击执行就可以了，如图9-26所示。

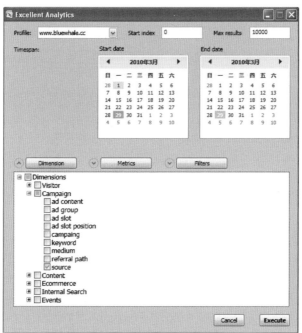

图9-26　Excellent Analytics配置面板

顶部的Start index和Max results分别可以限制导出数据的起始位置和导出数据条数。Start index的默认值是0，每次导出数据都将从第一条开始，Max results的默认值是10000，每次导出数据上限是10000条（Google Analytics API限制）。

如果只希望导出10条数据，需要把Max results值改为10，如果希望导出2万条数据，需要先按默认值导出一次，第二次把Start index值改为10001，Max results值改为20000就可以了。

	A	B
83	*www.bluewhale.cc [2010-*	
84	country	bounces
85	(not set)	2
86	Argentina	1
87	Brazil	1
88	Canada	0
89	China	207
90	Egypt	0

图9-27　Excellent Analytics导出数据

一键更新数据是Excellent Analytics的最大亮点。很多时候我们的报表模板是统一的，只需要按周期更新里面的数据，这时可以先用Excellent Analytics创建报表并保存，需要更新数据时重新打开文件，登录你的Google Analytics账户，选中需要更新的报表标题，点击更新数据按钮（Update Query），这时你会发现上次的设置都被保存了，只需要重新选择日期访问就可以更新报表数据了。

注意点！

　　1. 如果在Excellent Analytics的登录框内三次输错密码就需要打开Google Analytics登录页进行登录了，因为三次密码错误后Google Analytics会要求输入验证码。

　　2. 使用Excellent Analytics一次导出大量数据时会比较慢，有时会造成Excel无响应或者对这个软件的警告提示，直接忽略就可以了。

　　3. 导出数据时，有些维度和指标的组合是无效的，需要自己判断。

　　4. Excellent Analytics没有错误提示，即使选择了无效的组合或是配置文件内数据为空，Excellent Analytics也不会有任何提示，其结果就是数据导出为空。遇到这种情况需要自己多检查一下。

9.5　数据分析高级应用

　　如果已经看完了前面的所有内容，那么网站的日常分析工作对你来说已经得心应手了，上面介绍的知识足够你看懂网站分析报表，从指标表现中发现问题，找到网站可以改进优化的地方了。现在很多大型互联网公司都建立了自己的BI（Business Intelligence）部门，其实BI是一个比较宽泛的概念，广义的BI应该是以网站可获取的数据为基础，借助数据仓库的数据处理和存储能力，利用数据分析和数据挖掘的方法为企业提供决策支持（Decision Support）。我在博客中贴过一张数据仓库的基础架构图，如图9-28所示。

图9-28　数据仓库基础架构图

　　每个公司的数据仓库基础架构都会有所不同，但大体包含的几个部分都在图9-28中了。如果说数据仓库是中间的蓝色部分，那么整张图构成的就是一个企业的BI系统。价值和产出的关键在于最上面的"数据应用"层，但真正的难点和构建成本在下面两层。

看到图9-28，很多人可能会更多地关注数据统计、数据分析和数据挖掘这三个概念，我们应该如何区分它们？我个人的理解是这样的：

数据统计更加偏向于描述数据的形态和特征，一般统计学开始讲解的都是数据特征描述和数据分布，之后就会涉及假设检验、方差分析、相关分析、回归分析等，这些方法基本都定位在数据本身，很少上升到具体问题的层面。

数据分析注重从数据中发现问题、寻找规律，与数据统计的区别在于数据统计的结果可以只是数据或者报表，而数据分析必须从数据中得到一个结论，而且这个结论最好是可以实施的。数据分析的方法包括趋势分析、比较分析、细分分析等，这些方法都落到了具体问题的层面。

数据挖掘更多地上升到了预测的层面，关联规则、监督学习、无监督学习这些都是根据现有数据做出一些规律性的预测。同样是针对具体的问题展开，与数据分析不同的是数据挖掘借助了一些复杂的算法，借助计算机强大的计算能力从海量的数据中寻找规律。

这三个概念没有明显的分界线，相互之间存在交叉，用一些数据统计的方法得出的某些数据特征可以直接说明某些问题，因此这时已经完成了数据分析的过程。而在进行数据分析时，我们往往会借助数据挖掘中的一些思路和简单的算法来完成。同样，数据挖掘的某些算法借用数据统计的方法或者以数据统计为基础。所以这三个概念的关系应该是如图9-29所示的关系。

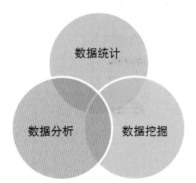

图9-29 数据统计、数据分析和数据挖掘的关系

但数据分析不局限于从数据中发现问题、分析问题，有些数据分析的方法可以直接用来做一些业务层面的应用，下面就来介绍几个面向应用的数据分析模型。

9.5.1 网站内容关联推荐

说到关联推荐，相信很多人的第一反应是"啤酒和尿布"，沃尔玛的这个案例可以说是家喻户晓，无论真实与否它都为数据挖掘的应用起到了很好的引路作用，让更多的人相信数据挖掘技术可以在实践领域发挥出巨大的价值。

关联推荐可以帮助用户在满足一类需求之后迅速发现其他潜在需求，促进用户的使用或消费。关联推荐在营销上被分为两类。

★ 向上营销（Up Marketing）：根据既有客户过去的消费喜好，提供更高价值或者其他用以加强其原有功能或用途的产品或服务。

★ 交叉营销（Cross Marketing）：从客户的购买行为中发现客户的多种需求，向其推销相关的产品或服务。

向上营销是基于同类产品线的升级或优化产品的推荐，而交叉营销是基于相似但不同类的产品的推荐。举个简单的例子，如苹果的产品线，如图9-30所示。

图9-30　向上营销和交叉营销

图9-30是一张由苹果公司各产品拼凑起来的图片，苹果公司推出了不同种类的产品，如PC产品Macbook、音乐播放器iPod、智能手机iPhone以及平板电脑iPad，正如图中横向展示的产品；而其中的iPod系列产品为满足不同用户的需要又进一步细分，而有了Shuffle、Nano和Touch等，如图中纵向罗列的产品。所以当你购买一台iPod Nano产品之后，如果继续向你推荐Nano的下一代产品（Nano系列也在不断更新换代），或者向你推荐功能更加强大的iPod Touch，这种营销就是"向上营销"，因为推荐的产品是基于原产品的升级；如果向你推荐iPhone或者iPad，那么就是"交叉营销"，因为它们属于不同的产品范畴，如果你是果粉，你很可能会喜欢这些产品。

正如上面的向上营销和交叉营销的方式，网站的内容关联推荐也是基于类似的思路，既会考虑内容本身的相关性，也会考虑用户对内容需求的相关性，前一种我们会在下面进行介绍，这里先介绍后一种，基于用户需求相关性的内容推荐。

　　这类推荐基于用户的历史行为，从用户会同时购买的商品中寻找规律，使用数据挖掘中**关联规则**（Association Rules）的算法，推荐的结果更有利于发现用户的潜在需求，帮助用户更好地选择他们需要的产品，并由用户决定是否购买，也就是所谓的"拉式"营销，从用户的需求出发满足用户的需求，从而有效提升用户的满意度。关联推荐目前比较多地应用于电子商务网站的商品购买推荐中，但对于内容类网站同样适用，只是电子商务的关联推荐来源于用户的历史交易数据，而内容网站则更多地利用用户的内容浏览、订阅、评论等数据。因为电子商务网站的购买关系及数据相对比较清晰，所以这里还是以电子商务网站为例进行介绍。如果网站要实现商品的关联推荐，需要满足几个前提条件：

★　准确地记录了用户的订单和交易数据，最好同时记录了用户浏览商品的数据；

★　网站的用户可以被唯一识别；

★　拥有一个强大的数据计算平台来处理数据。

　　一般的电子商务网站都已经具备这些条件，如果网站商品的交易数据不够丰富的话，可以使用商品的浏览进行弥补。而且，对于大部分电子商务网站，用户在购买的时候都要进行注册，所以使用用户唯一身份来识别同一个用户会同时购买哪些商品也不是什么难事了。而数据对于电子商务网站的重要性致使数据计算的平台在电商网站成为一个不可或缺的配备，关联规则的算法需要消耗一定的计算成本，而且数据需要持续更新，会对数据平台造成一定压力。

　　关联规则的实现原理是从所有的用户购物数据中（如果数据量过大，可以选取一定的时间区间，如一年、一个季度等）**寻找用户购买了A商品的基础上，又购买了B商品的人数所占的比例，当这个比例达到了预设的目标水平时，我们就认为这两个商品是存在一定关联的**，所以当用户购买了A商品但还未购买B商品时，我们就可以向该类用户推荐B商品，如图9-31所示。

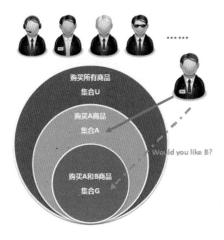

图9-31　关联规则示例图

从图9-31可以看到其中有3个集合，即购买所有商品的用户全集U、购买了A商品的用户集合A以及购买了A商品之后又购买了B商品的用户集合G。基于这3个集合可以计算关联规则挖掘中的两个关键指标——**支持度（Support）**和**置信度（Confidence）**。

> 支持度＝购买了A和B商品（集合G）的人数÷购买所有商品（集合U）的人数
>
> 置信度 ＝购买了A和B商品（集合G）的人数÷购买了A商品（集合A）的人数

得到这两个指标后，需要为这两个指标设立一个最低门槛，即**最小支持度**和**最小置信度**。因为在用户的购买行为中，购买A商品的用户可能不仅购买B商品，还购买了C、D、E一系列商品，所以首先需要选出满足最小支持度的频繁项集，然后计算所有频繁项集的置信度，只有置信度大于最小置信度的这些商品组合才被认为是有关联的，是值得推荐的。

这里需要注意一些问题，因为商品种类间差异较大，用户购买各类商品的频率也有较大差异，比如我们几乎每周都要去超市购买牛奶、面包，而牙膏、牙刷、纸巾等日用品可能一两个月才会买一次，杯子、碗筷等可能一年买一次，如果我们用同一个最小支持度去限制所有这些类别的商品显然是不合适的，那样购买频率低的商品组合永远不会出现在频繁项集里面，也就没有了满足关联规则的推荐，但即使是购买频率低的商品也存在关联性，比如购买碗碟和购买筷子，所以我们必须想办法弥补这个不足。有一个解决方案就是使用不同的最小支持度，根据购买频率对商品进行分类，然后为每个不同购买频率分类下商品设定不同的最小支持度，如购买频率高的商品可以设定最小支持度为0.1，中等频率的为0.01，低购买频率的商品设为0.001，这样根据多个最小支持度分别选择频繁项集，然后计算置信度输出关联规则就可以解决上面的问题。

关联规则的另外一个问题就是可能存在一些极度热销的商品导致某些推荐失效，比如去超市购物的顾客经常会购买牛奶，每天购买牛奶的顾客占所有顾客的比例高达60%，那么对于那些已经购买了茶杯的顾客，购买牛奶的比例同样也会很高，很可能接近60%，这样对于从购买茶杯到推荐购买牛奶的关联规则的置信度就非常容易达到，如果茶杯和牛奶被同时购买的支持度满足最小支持度的要求，茶杯到牛奶就会形成关联推荐，但显然这个关系不一定成立，因为对于所有顾客而言，无论之前是否购买了茶杯，他们来到店里都有很高的概率去购买牛奶，牛奶的购买本身就存在，而不是由于购买茶杯带动的，这个推荐关系不成立。因此必须修正这类错误，于是就有了"**提升度（Lift）**"这个概念。

> 提升度＝购买了A商品之后购买B商品的人数比例÷所有用户中购买了B商品的人数比例

当提升度大于1时，我们才认为这个关联规则是有效的，如果提升度小于1，即使支持度和置信度满足要求，也很有可能是因为B商品是热销商品而引起的，并不能产生真正有效的推荐。

上面提到的两点是进行关联推荐时需要格外注意规避的，使用多个最小支持度的方法可以弥补支持度过滤选择频繁项集上的缺陷，而使用提升度可以弥补热销商品对置信度造成的误导，考虑这两点因素之后可以让关联规则的结果更加有效。

如果不是电子商务网站，同样可以用用户浏览网站的点击流数据实现关联推荐的功能。同样是基于用户历史行为，比如浏览了A页面的用户也浏览了B页面、观看了A视频的用户也观看了B视频、下载了A文件的用户也下载了B文件……

9.5.2　KNN相关内容推荐

"关联规则"是基于用户的历史行为的，所以我们需要处理大量的用户行为数据，而且用户行为的不断变化我们需要不断去更新关联规则，这个难免需要巨大的维护成本，所以我们可以选择一些相对简单的方法。我们知道一般内容都具有一些固有的属性，这些固有属性本身就说明了内容间的相似度，并且这些属性相对固定地附着在内容上，借助这些属性，我们就可以仅限于内容数据定位相关内容，而与用户的行为数据脱离关系，这让数据的处理过程变得相对简单。

因为相关内容推荐完全不借助用户行为的数据，所以底层数据不依赖于网站的点击流日志，唯一的基础数据就是内容的固有属性及完整信息。豆瓣是一个内容分享社区，这里以豆瓣网的几大块内容为例来看看对于这些内容一般包含哪些固有属性，见表 9-1。

表 9-1　豆瓣内容的固有属性

书籍	书名、作者、出版时间、出版社、分类、标签
音乐	专辑名、歌手、发行时间、发行方、风格流派、标签
电影	电影名称、导演、演员、上映时间、制片方、类型、标签

豆瓣的很多地方都使用了"标签"这个词，用贴标签的形式来完成内容的分类和标识，但其实标签又分为很多种，有些标签是在内容生成时就被贴上的，有些可能是用户后续贴上去的。而且豆瓣一般为内容和标签定义了原始分类，如书籍分为文学、流行、文化等。既然分类和标签内容源生就带有，那同样可以作为内容的固有属性。

这里介绍的KNN相关内容推荐的方法不涉及文本挖掘、字符切分、模糊匹配等，虽然通过这些方法对内容的标题、简介和全文等处理之后会更加有效，但这又涉及另外的方法，这里暂不讨论。下面选择内容的一些固有属性来分析内容的相关性，如图9-32所示。

图9-32中，"作者"就是指内容的创造者，如书的作者、音乐的歌手；"来源"指内容的发布方或获取渠道，如书籍的出版社、音乐的发行方；"分类"为内容归属的类

图9-32　内容相关分析的固有属性

293

别；"标签"可以包含对内容的各类描述信息和关键词等。这里为了能够尽可能清晰地描述整个分析模型和思路，只选取了大部分内容都包含的一些属性，如果要构建更加高效的相关内容分析模型，需要更完整的内容属性，可以根据自身内容的特征进行属性的定义和选取。下面介绍KNN算法的基本思路。

KNN（K-Nearest Neighbor algorithm），K最近邻算法，通过计算个体间的距离或者相似度寻找与每个个体最相近的K个个体，算法的时间复杂度与样本的个数直接相关，需要完成一次两两比较的过程。KNN一般被用于分类算法，在给定分类规则的训练集的基础上对总体的样本进行分类，是一种监督学习（Supervised Learning）方法。可以用如图9-33所示那样可视化地表现算法实现过程。

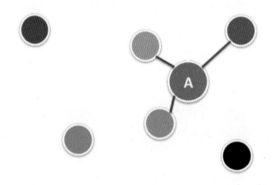

图9-33　KNN算法示例图

这里不用KNN来实现分类，而是使用KNN最原始的算法思路，即为每个内容寻找K个与其最相似的内容推荐给用户。相当于每个内容之间都会完成一次两两比较的过程，如果你的网站有n个内容，那么算法的时间复杂度为C_n^2，即$n(n-1)/2$。但是用内容固有属性有一个好处就是因为固有属性一旦创建后基本保持不变，因此算法输出的数据一旦计算好之后不需要重复计算刷新，也就是对于网站内容而言，原有内容的数据在首次初始化之后可以不断重复使用，只要计算新内容的数据，使用增量的方式计算新内容与所有内容的两两相关性，这样可以有效地减少服务器的计算压力。

有了基础数据和算法的支持，就可以创建数据模型了。先看基础数据的类型，作者、分类、来源和标签都是字符型，其中作者、分类、来源基本可以当成单个值的属性，标签一般包含多个值。首先由于都是字符，可以确定属性之间相似性的判定只能通过"是否相同"，而无法体现数值上的差异。所以对于作者、分类、来源这几个单值属性而言，比较的结果就是一个布尔型的度量，相同或者不相同；对于标签这个多值属性可以考虑使用Jaccard相关系数，但因为每个内容标签的个数存在较大差异，使用验证后的结果并不理想，所以不考虑使用。当然，如果内容的标签个数比较固定，Jaccard相关系数是有效的。因此，直接创建加权相似度模型如下，首先是标签的相似度分值设定，见表9-2。

表 9-2 标签相似度分值表

相同标签数	图书比例	相似度分值
0	70%	0
1	20%	1
2	6%	2
3	3%	4
>=4	1%	5

表9-2统计了所有图书两两比较结果的组合中，具有相同标签数的图书分布比例，比如所有两两图书组合中有70%是没有相同标签的，20%的组合有1个相同标签……这里相似度分制的设定根据图书比例的分布情况，因为相同标签数超过4个的组合已经不到1%，所以没有再细分赋予分值的必要了。因此，根据相同标签数的多少分成5类，考虑到一般在具有3个及以上相同标签时，图书间的相关性已经属于较高了，所以这里没有使用顺序赋值，给具有2个相同标签的组合赋值为2，而具备3个相同标签时赋值直接跳到了4。

所以标签这个属性给出的分值的分布区间是[0，5]，然后结合作者、分类和来源，通过加权设定总体的相似度分值，见表9-3。

表 9-3 内容固有属性加权分值表

属性	相同时分值	不同时分值	权重	加权分值分布
作者	1	0	25	[0,25]
分类	1	0	10	[0,10]
来源	1	0	15	[0,15]
标签	[1,5]	0	10	[0,50]

对于这种简单的加权相似度评分模型，估计有很多人会问权重是怎么确定的。确实，这里的权重并没有通过任何定量分析模型的方法计算，只是简单的经验估计，但估计的过程经过反复地调整和优化，也就是不断地尝试调整各属性的权重系数并输出结果，抽样检验结果是否符合预期、是否有提升优化的空间。但权重的设定必须满足最终加权求和的总分值分布在[0，100]（这里假设使用100分制），例如这里作者、分类和来源属性都是要么相同要么不同，及1或者0去乘以权重得到相应的分值，标签根据表9-2的分值定义乘以权重10得到最终的分值，最右边一列4个属性加权分值分布求和的结果保持在[0，100]，所以类似的权重设定是有效的，这时就可以用百分制的评分来评估两两内容的相关度，见表9-4。

表 9-4　内容相关度评分示例表

		相关度评分	相关性排序
内容A	内容F	75	1
	内容E	65	2
	内容C	55	3
	内容H	40	4
	内容B	35	5
	内容D	35	6
	内容G	30	7

　　表9-4罗列了与内容A进行比较的一系列内容的相关性评分，最终可以根据评分进行降序排列，然后确定KNN算法中k值的大小，比如只需要选择与每个内容最相关的5个内容，那么只要取排序前5位的内容就可以，如表中浅蓝色填充的部分。这里需要注意一个问题，如表格中排序第5位和第6位的内容B和内容D与内容A的相似度评分是一样的，都是35分，如果k固定是5，那么内容B和内容D如何取舍？这里建议具有相同评分的内容能够进行随机的排序，即这里的内容B和内容D会有近似的概率随机抢占第5位的排名，这样有一个好处就是在展现内容A的相关内容的时候既能保证显示的是最相关的k个内容，又能保证具有相同相似度评分的内容得到近似的曝光机会，增加相关内容的展现丰富度。在实际情况中，如果使用上述类似的加权赋分值的方法，内容两两组合得到的相似度评分的数值是不连续的，较为离散，甚至可能得到的最终分值是可以枚举出来的，所以必然存在很多相同的相关度评分组合，使用上面的相同分值随机排序的方法可以很好地解决这个问题。

　　上面两个分析模型一个是以用户行为为基础，另一个是以内容固有属性为基础，同样都是基于内容为主题，在应用的时候都是通过在内容页面添加相应的推荐模块，其实两个方法各有利弊。

1. 内容关联推荐

　　优势：以用户的行为数据为基础，考虑了用户的实际需求，因为结果能够较好地贴合用户的需要和习惯；随着用户行为的变化不断更新推荐结果，使内容推荐具备时效性。

　　缺陷：需要以用户的行为数据为基础，无法对一些新发布的内容做出有效的推荐，也就是"冷启动"的问题；用户行为数据的不断变化需要定时对推荐结果进行更新，而关联推荐的算法决定这个过程需要消耗比较大的计算成本和比较长的计算时间。

2. KNN相关内容

　　优势：基于内容的固有属性，不存在"冷启动"的问题，即使是新发布的内容，只要其固有属性完整，同样可以选择最相关的内容；因为内容的固有属性一般在内容生成时就固定下来了，因此原有内容间的相关性是固定的，每次只要增量计算新加入内容与所有内容的相关性即可。

　　缺陷：仅考虑了内容之间的固有关系，因此很难做出像关联推荐中内容类别跨度很大的推荐，在满足用户需求方面有所欠缺；同时无法考虑到内容的重叠和替代关系而可能有重复推荐，以及存在一些已过时内容的推荐，比如可能同时推荐内容非常相似的两本书，但读者只要购买其中一本就可以，或者对于那些已经购买了第二版的书的用户再推荐第一版的书，那么这个推荐显然是无效的。

从上面对两个方法的优势和缺陷的分析来看，两个方法完全可以实现互补，新发布的内容可以采用固有属性的KNN相关内容推荐，以解决"冷启动"的问题；当数据有了一定的积累之后可以更多地依靠关联推荐的方法，以便更有效地满足用户的需求，同时因为关联推荐算法有比较严苛的规则，当关联推荐方法关联到的内容不足时也可以用KNN相关内容进行补全。

可以看到上面两个分析推荐模型的结果都是面向应用的，这样就会出现一个有趣的现象：我们都知道对于网站数据分析而言，一般我们的原始数据都是从网站的前台应用层面获取的，而数据的处理和分析一般放在了后台，也就是数据的流向在大部分时间内都是从前台流向后台；而这时我们从后台的数据中通过模型计算得到了可以用于前台进行内容推荐的数据，这个时候数据就要从后台流回到前台，这就是数据仓库的"数据回流"，是数据仓库价值产出的一个重要途径，如图9-34所示。

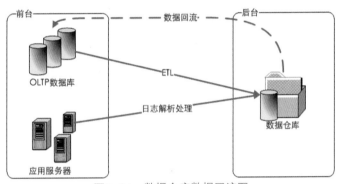

图9-34　数据仓库数据回流图

经过数据仓库的数据回流实现的数据应用可以有很多，借助数据仓库的海量数据存储和处理能力，将那些时效性要求不高的数据放到后台进行处理，再将结果推送到前台可以有效缓解前台服务器的压力。包括很多的内容榜单、个性化推荐都可以借助数据仓库来实现，数据仓库集成了所有的用户行为数据和运营数据，结合这些数据构建模型的分析效果无疑会更加有效，但后台的数据处理无可避免地存在一定的滞后性，所以对于需要实时交互的功能不宜使用数据回流的方式。

9.5.3　如何评估内容推荐的效果

上面介绍了两种相关内容推荐的方法，但我们还不了解应用这些方法之后是否能够起到积极的效果，如果这些方法的使用无法为网站带来价值，那么又何必消耗这么大的计算成本去处理和统计这些数据呢？所以下面主要对相关内容推荐的效果做一个合理的评估。

目前很多网站都具有内容推荐，它会出现在网站的很多地方，但相关内容推荐的模块基本都会在内容页面显示，比如电子商务网站在商品页会显示相关商品或可能感兴趣的商品，新闻或内容聚合网站会在内容页显示相关咨询或文章的推荐。这些相关内容的推荐模块一般会显示内容的标题，或者内容的概要，也许也配上一张缩略图，这些模块促成了相关内容的展现或曝光（Impression）。当然这些推荐模块的作用就是避免用户在浏览完相关内容之后直接退出，希望能够通过展现相关性较高的内容推荐给用户引导用户继续浏览，最终目的是引导用户实现转化，达成网站目标，如图9-35所示。

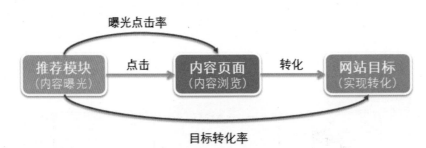

图9-35　内容推荐转化流程图

图9-35就是通过推荐模块中的内容实现转化的一个全过程，内容在推荐模块中被展现曝光，这个时候往往只是内容的标题或简介，如果用户对这个内容感兴趣，就会促成用户的点击进入相应的内容页面，这里展现了内容的详情。在用户浏览内容详情之后，觉得内容符合用户的需求就会促成购买、下载、订阅等相关的动作，这些动作可能就是网站目标的实现。整个过程我们主要衡量两个转化率，第一个是从推荐模块的内容曝光到点击进入内容详情页的转化，即**CTR**（Click Through Rate），一般叫"点击率"，这里为了区分而被称为**曝光点击率**，这会更加形象一点；第二部其实是从内容页面到实现网站目标过程的转化，但我们不去计算这一步的转化率，而是可以直接计算从推荐模块的内容曝光到实现网站目标整个过程的转化率，这里叫**目标转化率**，使用整个过程的目标转化率可以更直观地衡量内容推荐模块生成价值的过程。

所以我们需要统计这些指标用于评估相关内容的推荐效果，这里先介绍Google Analytics内容模块下面非常实用的两个功能——Navigation Summary和In-Page Analytics。这两个功能都可以在内容模块下面找到，我更习惯称Navigation Summary为"页面上下游"，用来分析每个页面的上游页面（从哪个页面点击过来的）和下游页面（从该页面点击进入的下一页面）。

图9-36所示的是我的博客中的一篇文章的Navigation Summary数据，上面的Current Selection显示当前页面的URL，左侧显示上游页面的统计数据，右侧显示下游页面的统计数据。

这里需要注意的是这个功能主要针对网站内部的页面，对于来源外部和去往外部的页面只有一个比例，没有细分，如图片上部Entrances和Exits后面显示的百分比数据就是从外部进入该页面以及从该页面退出网站（直接退出或者点击到了其他网站）的比例；而下方的Previous Page Path和Next Page Path分别罗列了来源和去往的网站内容页面的统计数据，包括了Pageviews和Pageviews的占比。

Current Selection: /data-analysis-method/t-test-and-chi-square-test/

| Entrances Apr 12, 2012 - May 12, 2012: 73.35% | Exits Apr 12, 2012 - May 12, 2012: 74.71% |
| Previous Pages Apr 12, 2012 - May 12, 2012: 26.65% | Next Pages Apr 12, 2012 - May 12, 2012: 25.29% |

Previous Page Path	Pageviews	% Pageviews
(entrance)	589	73.35%
/category/data-analysis-method/	69	8.59%
/	65	8.09%
/web-quantitative-analysis/comparative-testing/	20	2.49%

Next Page Path	Pageviews	% Pageviews
/	45	26.79%
/category/data-analysis-method/	32	19.05%
/web-quantitative-analysis/comparative-testing/	13	7.74%
/data-analysis-method/control-chart/	8	4.76%

图9-36　GA的Navigation Summary功能

　　这样就很好理解为什么可以使用Navigation Summary的功能来评估内容推荐模块的效果了，使用下游页面的统计数据，查找内容推荐模块中对应的内容链接，就可以分析这个内容在该页面的曝光点击率了。但是用Navigation Summary功能还是无法衡量内容推荐的目标转化率，所以这里就要用到Google Analytics的另外一个功能——In-Page Analytics。

　　图9-37就是我的博客某篇文章页面中"相关文章"模块在In-Page Analytics的截图，其实GA自动帮我们统计了页面中每个可点击的内部链接的点击情况，图中气泡显示的百分比就是每个链接的曝光点击率CTR。而且GA提供的不仅仅是点击情况，同时提供了每个链接的目标转化情况，如图上方有可选的下拉框，可以选择在GA中已设定的网站目标，选择相应目标之后，每个链接的气泡中显示的就是该目标的转化率了。所以In-Page Analytics既能直观地展现数据，还包含了曝光点击率和目标转化率，无疑对分析内容推荐模块的效果非常适用。

图9-37　GA的In-Page Analytics功能

　　但无论是Navigation Summary还是In-Page Analytics，这里有个细节问题必须格外注意，

Google Analytics对页面中链接的统计都是以链接的URL作为唯一标识，无法区分来自不同页面模块的相同URL的数据。图9-37中，"相关文章"的推荐模块只是上部分，下面还有两个链接分别指向上一篇和下一篇发布的文章，而刚好"下一篇：比较测试的设定和分析"是与相关文章推荐模块有重复的，而这里显示的曝光点击率都为6.0%，GA将来自同一页面的所有相同链接的点击数加了起来，所以每个相同链接显示的数据都是相同的，是所有相同链接在页面点击的总和数据。GA的这个处理方式给针对某个模块点击效果的评估造成了一定的困难，因为点击次数无法区分是否来源于某个模块，或者是由其他相同链接的点击带来。当然，解决方案还是有很多的，其中一个方法就是为模块的链接加上参数，如"相关文章"模块的链接都带上?from=related-content，这样就可以通过from参数来区分该链接位于来源页面的哪个模块了。

下面我们就借助一些指标来评估相关内容的推荐到底有没有预期的效果。我们尝试通过两次比较来说明问题，首先可以说明对于网站的内容页面，添加内容推荐模块能否对用户的后续动作做出有效的引导；然后再尝试比较在内容页面添加相关内容推荐是否一定比添加简单的随机内容推荐具有更好的效果，从而说明相关内容推荐的实际效果。

这里可以考虑使用**多变量测试**（Multivariate Testing，MVT），多变量测试类似于A/B测试，也是通过比较多个不同的版本的数据来评估哪个版本的效果更好；不同于A/B测试的是，多变量测试关注的是页面中的模块和元素的调整，而非整个页面布局设计等，比如页面某个模块使用图片还是文字链，按钮的位置、大小和颜色等元素的调整和优化会考虑使用多变量测试进行评估。Google Website Optimizer同时提供了A/B测试和多变量测试的功能，只要进行简单的设置后在相应的页面后嵌入代码就可以启动测试。Website Optimizer会为测试结果输出报表，里面对每个版本方案的转化率及与原版本差异的显著性等做出了评估，能够直观地看到哪个版本方案的效果更优。这里我们要评估的是内容推荐这个模块在内容页面的效果，同样可以使用多变量测试，我们先设定要比较的3个方案。

★ **原方案**：内容页面不添加任何内容推荐模块；
★ **A方案**：内容页面添加随机内容推荐模块（推荐的内容与内容页面的内容无直接相关性）；
★ **B方案**：内容页面添加相关内容推荐模块（根据一定的算法得到的相关内容）。

这里不用Google Website Optimizer这个工具，这样可以获取我们想用的指标进行比较，而不仅仅局限于转化率，不是不推荐使用工具，如果有其他合适的工具（现在国外确实有很多网站分析、用户体验测试的相关工具，而且很多都提供免费的版本和试用功能，有些工具做得确实非常棒），使用工具的效率会明显高于我们自己去获取和计算数据。接下来就要选择比较的指标，这里选择3个指标，即退出率（Exit Rate）、曝光点击率（CTR）和目标转化率（Conversion Rate）。退出率指内容页面的退出率，这个指标3个方案都可以计算得到，我们比较退出率可以评估上面提到的第一个问题，就是添加内容推荐模块是不是对用户后续动作的引导有效，从另一方面来说就是能否减少用户的直接退出；曝光点击率指推荐模块内容的点击情况，只有添加的推荐模块的A方案和B方案才有这个指标，通过比较B方案内容的曝光点击率是否明显大于A方案来说明相关内容推荐是否一定比随机内容推荐的效果更好；目标转化率是指推荐模块中的内容在被点击后进而完成网站目标的转化率，当然这个指标能够获取的前提就是网站有明确的目标定义，比如电商的商品推荐模块就是为了促成该商品的销售，比较A方案和B方案在目标转化率上的差异比，比较曝光点击率更具说服力，因为它追踪到了最终目标的实现。有些内容聚合网站可能对目标的定义就没有那么明确，那么更多的就是只是通过比较曝光点击率来说明问题，现有如表 9-5 的一组数据。

表 9-5　评估内容推荐模块的效果

	退出率	曝光点击率	目标转化率
原方案	41.51%	—	—
A方案	39.80%	5.18%	0.32%
B方案	36.22%	12.61%	1.10%

　　根据上表的数据可以看到A方案和B方案的退出率均低于原方案，但A方案与原方案的差异并没有那么大，如果你认为直接比较的置信度不够，那么可以借助一些统计的方法，比如卡方检验。从曝光点击率和目标转化率来看，B方案的数据表现都明显优于A方案，说明使用相关内容推荐模块要比使用随机内容推荐具有更好的效果，用户更倾向于寻找与预期兴趣相符的内容，而不是漫无目的地浏览。

　　上面的比较过程有效地说明了相关内容推荐到底有没有对用户的引导和网站目标的实现起到一定的效果，但即使得出了相关内容推荐具备应用的价值，如果我们对B方案使用不同的算法去实现相关内容推荐，最终的效果和数据表现仍然可能存在较大的差异。基于内容的推荐算法本身必然存在优劣，所以实现相关内容推荐只是第一步，之后需要对推荐的算法进行不断优化，同样可以用多变量测试结合上面的比较曝光点击率和目标转化率的方法来评估各类算法的优劣，进而不断优化并提升效果。

9.6　本章小结

　　借助Google Analytics强大的定制功能可以实现**自定义页面、追踪出站链接、记录时间维度、记录页面状态、记录用户行为**。

　　Google Analytics的**个性化报告**使个性化的数据定制需求的实现成为可能。

　　通过Google Analytics的**过滤器**和**高级过滤器**可以筛选数据，得到我们想要的数据集。

　　Google Analytics同时提供**数据导出**的功能，使用一些免费的工具可以实现数据的导出，导出的数据可以更加灵活地使用。

　　如果你并不满足于对数据报表的分析，那么可以尝试应用下网站分析中的数据，**内容推荐**是一个很好的数据应用方向，同时对于数据应用的效果需要做出有效的评估，我们的目的始终是为了网站能够变得更好。

　　在你掌握了这些网站分析的高级技巧之后，你已经成功跨过了网站分析的入门门槛，但是"从新手到专家"的过程不是一蹴而就的，一两本书无法让你一跃成为某方面的专家，不断学习和实践才是网站分析师的成长之路。当你掌握了这些基础知识和工具方法之后，接下来就是实践和应用的过程了，始终关注对方法和工具的灵活使用，始终注重网站数据分析与网站业务特征、网站战略目标的结合，我们相信只要你喜欢这个职业，就会成为一名优秀的网站分析师，祝每一位行进在网站分析道路上的分析师好运！